电气工程、自动化专业系列教材

电力系统课程设计与综合实验教程

宋关羽　主　编
王智颖　苏　江　副主编

电子工业出版社
Publishing House of Electronics Industry
北京·BEIJING

内 容 简 介

本书面向电气工程及其自动化专业本科生，可用于"电力系统基础""电力系统分析"等课程的配套实验或电力系统课程设计等独立实验。全书共 4 章，包括配电系统稳态计算课程设计、电力系统电磁暂态仿真课程设计、电力系统物理模拟实验、分布式发电与智能微电网虚拟仿真实验。本书选用先进的电力系统软硬件实验教学设备，具有良好的推广应用前景。

本书可作为高等院校电气工程及其自动化专业本科生的教材，也可供从事电气工程研究、设计、生产工作的科研及工程技术人员参考。

未经许可，不得以任何方式复制或抄袭本书之部分或全部内容。
版权所有，侵权必究。

图书在版编目（CIP）数据

电力系统课程设计与综合实验教程 / 宋关羽主编. —北京：电子工业出版社，2024.2
ISBN 978-7-121-47272-5

Ⅰ. ①电⋯ Ⅱ. ①宋⋯ Ⅲ. ①电力系统－课程设计－高等学校－教材 Ⅳ. ①TM7

中国国家版本馆 CIP 数据核字（2024）第 037071 号

责任编辑：孟宇
印　　刷：北京天宇星印刷厂
装　　订：北京天宇星印刷厂
出版发行：电子工业出版社
　　　　　北京市海淀区万寿路 173 信箱　　邮编：100036
开　　本：787×1092　1/16　印张：13.75　字数：344 千字
版　　次：2024 年 2 月第 1 版
印　　次：2024 年 2 月第 1 次印刷
定　　价：59.80 元

凡所购买电子工业出版社图书有缺损问题，请向购买书店调换。若书店售缺，请与本社发行部联系，联系及邮购电话：(010) 88254888，88258888。
质量投诉请发邮件至 zlts@phei.com.cn，盗版侵权举报请发邮件至 dbqq@phei.com.cn。
本书咨询联系方式：mengyu@phei.com.cn。

前　言

党的二十大报告指出："教育、科技、人才是全面建设社会主义现代化国家的基础性、战略性支撑。必须坚持科技是第一生产力、人才是第一资源、创新是第一动力，深入实施科教兴国战略、人才强国战略、创新驱动发展战略，开辟发展新领域新赛道，不断塑造发展新动能新优势。"

电气工程及其自动化专业是电气工程科学与计算机科学、控制科学等多学科交叉的重要工科专业，其专业核心课程具有理论性强、概念抽象等特点，学生理解起来较为困难。自2016年中国正式加入《华盛顿协议》后，工程教育专业认证中"开发、选择与使用恰当的技术、资源、现代工程工具和信息技术工具"的毕业要求，对采用专业软件辅助教育教学提出了更高的要求。与此同时，2017年"新工科"倡导的项目式教学理念，对学生使用专业工具解决专业问题提出了新要求。实践环节作为"新工科"和工程教育专业认证人才培养的重要支撑，是培养学生实践技能、科研素养的必要条件。本书面向实践教学需求，编写内容既体现了传统专业特色，又兼顾了能源新技术，满足"新工科"体系下卓越工程师的培养要求。

本书包括配电系统稳态计算课程设计、电力系统电磁暂态仿真课程设计、电力系统物理模拟实验、分布式发电与智能微电网虚拟仿真实验。

（1）配电系统稳态计算课程设计。其涵盖配电系统元件模型、潮流计算和短路计算等内容，采用"智能配电网分析仿真系统"软件工具，分别在IEEE标准算例和我国实际配电网算例上开展课程设计。

（2）电力系统电磁暂态仿真课程设计。其通过建立电路详细模型模拟系统暂态过程，采用PSCAD/EMTDC与EMTP-RV软件作为仿真工具，开展新能源发电装置并网运行暂态特性模拟与分析课程设计。

（3）电力系统物理模拟实验。其可开展电力系统动态模拟与继电保护实验，模拟操作同步发电机并网，测量其运行极限，验证电磁型继电器和使用微机线路成套保护的方向距离继电器特性。

（4）分布式发电与智能微电网虚拟仿真实验。其以海岛和工业园区微电网工程为范例，以虚拟仿真的形式再现了微电网规划设计、能量管理和运行控制全过程，设计了三层次、五模块的实验教学方案。

本书由天津大学电气自动化与信息工程学院宋关羽老师担任主编，负责全书的策划和统稿；由学院一线教师组成编写组，其中冀浩然老师编写第 1 章，王智颖老师编写第 2 章，苏江老师编写第 3 章，于浩老师编写第 4 章。天津大学电气工程学科的多位老师为本书的编写提供了指导和帮助，本书的出版是编写组集体智慧的结晶。

由于编者水平有限，书中难免存在疏漏和不足之处，敬请广大读者不吝赐教，以提高本书的质量和水平。

目 录

第 1 章 配电系统稳态计算课程设计 1

1.1 配电系统元件模型与稳态计算方法 1
1.1.1 配电系统元件模型 1
1.1.2 配电系统稳态计算方法 21

1.2 课程设计软件 34
1.2.1 操作界面 34
1.2.2 算例搭建 36
1.2.3 参数设置 38
1.2.4 计算功能 41

1.3 典型课程设计案例 46
1.3.1 案例一：IEEE 33 节点测试算例 46
1.3.2 案例二：IEEE 123 节点测试算例 48
1.3.3 案例三：实际农村配电网算例 53

第 2 章 电力系统电磁暂态仿真课程设计 59

2.1 电磁暂态仿真基本理论 59
2.1.1 电磁暂态仿真方法 59
2.1.2 典型电磁暂态仿真模型 61
2.1.3 新能源发电与储能电磁暂态仿真模型 66

2.2 课程设计软件 106
2.2.1 PSCAD/EMTDC 107
2.2.2 EMTP-RV 121

2.3 典型课程设计案例 130
2.3.1 案例一：IEEE 39 节点测试算例 130

  2.3.2 案例二：欧盟低压微电网算例 132
  2.3.3 案例三：PG&E-69 节点测试算例 134

第3章 电力系统物理模拟实验 138

3.1 电力系统动态模拟实验 138
  3.1.1 电力系统动态模拟基本原理 138
  3.1.2 电力系统动态模拟实验台 152
  3.1.3 同步发电机参数在线测定 155
  3.1.4 同步发电机静态安全运行极限测定 158
  3.1.5 电力系统静态稳定性测定 162

3.2 电力系统保护与控制实验 166
  3.2.1 电力系统保护与控制实验台 166
  3.2.2 保护测试仪 168
  3.2.3 电磁型电流电压和时间继电器特性验证实验 183
  3.2.4 使用微机线路成套保护的方向距离继电器特性验证实验 187
  3.2.5 同步发电机励磁调节装置比较整定电路验证实验 189

第4章 分布式发电与智能微电网虚拟仿真实验 192

4.1 实验目的 192
4.2 实验原理 193
4.3 实验网址及登录操作 193
4.4 实验系统参数 197
4.5 实验步骤要求 198
4.6 实验评价 209

参考文献 212

第 1 章

配电系统稳态计算课程设计

配电系统是由多种配电元件和配电设施组成的变换电压和直接向终端用户分配电能的电力网络系统。配电系统作为电力系统面向用户的最后环节，与用户的联系最为紧密，对用户的影响也最为直接。配电系统稳态计算课程设计涵盖配电系统元件模型、潮流计算和短路计算等内容，采用"智能配电网分析仿真系统"软件工具，分别在 IEEE 标准算例和我国实际配电网算例上开展课程设计相关内容，夯实理论课学习的模型与方法，加深对配电系统相关课程内容的理解和认识。

1.1 配电系统元件模型与稳态计算方法

配电系统的典型元件包括配电线路、配电变压器、配电负荷、配电电容器等，考虑到配电系统的三相不对称特征，一般需要建立各元件的三相模型。配电系统的潮流计算和短路计算是配电系统分析的重要内容，潮流计算可以根据给定的网络结构及运行条件来计算整个配电网的电气状态，短路计算可以分析其故障特征，计算短路电流。

1.1.1 配电系统元件模型

1. 配电线路模型

配电线路包括架空线和地下电缆。配电线路的三相 π 型等值电路图如图 1-1 所示。其中，母线 i 和母线 j 分别为线路的入端母线和出端母线，Z_l 为线路的串联阻抗矩阵，Y_l 为线路的并联（对地）导纳矩阵。Z_l 和 Y_l 皆为 $n \times n$ 的复矩阵，n 为线路的相数，当 n 取值为 1、2 和 3 时，分别代表单相线路、两相线路和三相线路。

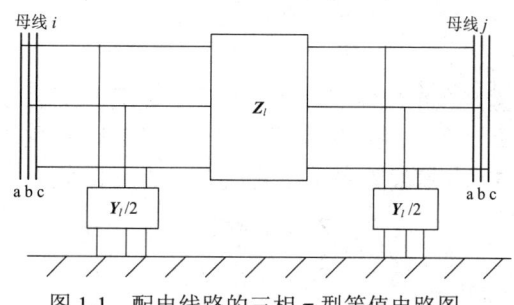

图 1-1 配电线路的三相 π 型等值电路图

配电线路精确模型对应的导纳矩阵 Y_L 为

$$Y_L = \begin{bmatrix} Z_l^{-1} + \dfrac{1}{2}Y_l & -Z_l^{-1} \\ -Z_l^{-1} & Z_l^{-1} + \dfrac{1}{2}Y_l \end{bmatrix} \tag{1-1}$$

配电线路的精确模型为图 1-2 所示的三相 π 型等值电路，其中线路的串联阻抗矩阵 Z_l 为

$$Z_l = \begin{bmatrix} Z_{aa} & Z_{ab} & Z_{ac} \\ Z_{ba} & Z_{bb} & Z_{bc} \\ Z_{ca} & Z_{cb} & Z_{cc} \end{bmatrix} \tag{1-2}$$

线路的并联（对地）导纳矩阵 Y_l 为

$$Y_l = \begin{bmatrix} Y_{aa} & Y_{ab} & Y_{ac} \\ Y_{ba} & Y_{bb} & Y_{bc} \\ Y_{ca} & Y_{cb} & Y_{cc} \end{bmatrix} \tag{1-3}$$

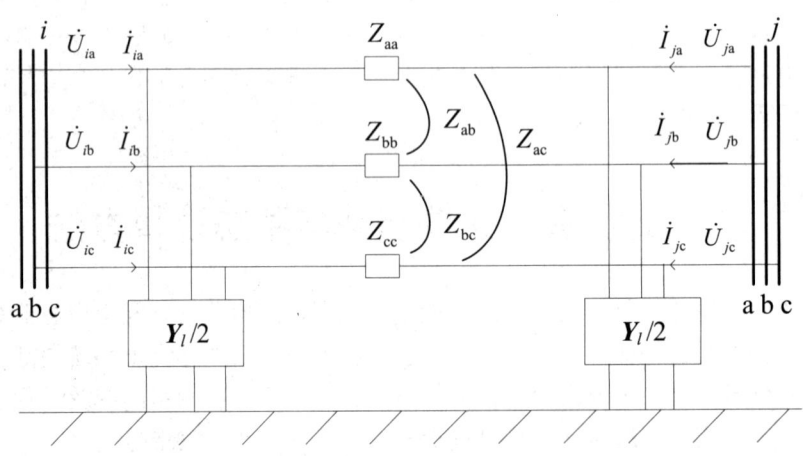

图 1-2 配电线路的精确模型

将式（1-2）和式（1-3）代入式（1-1），即可得到配电线路精确模型对应的导纳矩阵 Y_L。因此，计算配电线路精确模型对应的导纳矩阵 Y_L 的过程实际上就是计算线路的串联阻抗矩阵 Z_l 和并联（对地）导纳矩阵 Y_l 的过程。

本节介绍 3 种计算线路的串联阻抗矩阵 Z_l 和并联（对地）导纳矩阵 Y_l 的方法。

一是直接给出配电线路的电阻矩阵 R_{mat}、电抗矩阵 X_{mat} 和电容矩阵 C_{mat}。先由式（1-4）得到线路的串联阻抗矩阵 Z_l 和并联（对地）导纳矩阵 Y_l，再由式（1-1）计算出导纳矩阵 Y_L。

$$\begin{cases} Z_l = R_{mat} + jX_{mat} \\ Y_l = j2\pi f C_{mat} \end{cases} \tag{1-4}$$

二是对称阻抗法，假定配电线路三相完全对称，这样可得到线路的简化模型。采用线路的序参数，包括正序电阻 R_1、零序电阻 R_0、正序电抗 X_1、零序电抗 X_0、正序电容 C_1、负序电容 C_0，由式（1-5）计算线路的正序阻抗 Z_1 和零序阻抗 Z_0。

$$\begin{cases} Z_1 = R_1 + jX_1 \\ Z_0 = R_0 + jX_0 \end{cases} \tag{1-5}$$

考虑到线路的正序阻抗 Z_1 和负序阻抗 Z_2 相等,可得到线路的序阻抗矩阵 $\boldsymbol{Z}_l^{012}$:

$$\boldsymbol{Z}_l^{012} = \begin{bmatrix} Z_0 & 0 & 0 \\ 0 & Z_1 & 0 \\ 0 & 0 & Z_1 \end{bmatrix} \quad (1\text{-}6)$$

从而可以得到线路的近似相阻抗矩阵 $\boldsymbol{Z}_l'$:

$$\boldsymbol{Z}_l' = \boldsymbol{T}\boldsymbol{Z}_l^{012}\boldsymbol{T}^{-1} = \frac{1}{3}\begin{bmatrix} 2Z_1 + Z_0 & Z_0 - Z_1 & Z_0 - Z_1 \\ Z_0 - Z_1 & 2Z_1 + Z_0 & Z_0 - Z_1 \\ Z_0 - Z_1 & Z_0 - Z_1 & 2Z_1 + Z_0 \end{bmatrix} \quad (1\text{-}7)$$

式中,$\boldsymbol{T}$ 为对称分量变换矩阵,该矩阵及其逆矩阵分别为

$$\boldsymbol{T} = \begin{bmatrix} 1 & 1 & 1 \\ 1 & a^2 & a \\ 1 & a & a^2 \end{bmatrix} \quad (1\text{-}8)$$

$$\boldsymbol{T}^{-1} = \frac{1}{3}\begin{bmatrix} 1 & 1 & 1 \\ 1 & a & a^2 \\ 1 & a^2 & a \end{bmatrix} \quad (1\text{-}9)$$

式中,$a = e^{j120°} = -\frac{1}{2} + j\frac{\sqrt{3}}{2}$ 为复数算子。

同理,可以采用式(1-10)计算出线路的并联(对地)导纳矩阵 $\boldsymbol{Y}_l$:

$$\boldsymbol{Y}_l = j\frac{1}{3}\begin{bmatrix} 2Y_{C1} + Y_{C0} & Y_{C0} - Y_{C1} & Y_{C0} - Y_{C1} \\ Y_{C0} - Y_{C1} & 2Y_{C1} + Y_{C0} & Y_{C0} - Y_{C1} \\ Y_{C0} - Y_{C1} & Y_{C0} - Y_{C1} & 2Y_{C1} + Y_{C0} \end{bmatrix} \quad (1\text{-}10)$$

式中,$Y_{C1} = 2\pi f C_1$,$Y_{C0} = 2\pi f C_0$。

把式(1-7)、式(1-10)计算出线路的串联阻抗矩阵 $\boldsymbol{Z}_l$ 和并联(对地)导纳矩阵 $\boldsymbol{Y}_l$ 代入式(1-1)可以计算配电线路的导纳矩阵 $\boldsymbol{Y}_L$。

三是利用线路的几何参数。根据线路类型的不同分为架空线和地下电缆,其中地下电缆又分为同心中性线电缆(Concentric Neutral Cable)和屏蔽电缆(Shielded Type Cable)。线路类型不同,利用线路几何参数计算线路的串联阻抗矩阵 $\boldsymbol{Z}_l$ 和并联(对地)导纳矩阵 $\boldsymbol{Y}_l$ 的方法也不同,这里不再赘述。

2. 配电变压器模型

由于配电系统普遍存在三相不平衡现象,传统输电网采用的单相变压器模型已经不再适用于配电系统,因此建立三相变压器模型对配电系统的分析和研究十分重要。变压器通常有公共铁芯,使得各绕组之间相互耦合。根据变压器的联结类型和一、二次侧的分接头及漏电抗,可以形成变压器的节点导纳矩阵 $\boldsymbol{Y}_T$,也称为漏磁导纳矩阵。由于配电系统中变压器的铁芯损耗占系统损耗的比重较大,因此在建模时需要考虑铁芯损耗,可以用铁芯损耗等值导纳矩阵 $\boldsymbol{Y}_G$ 来表示。本节采用的三相变压器模型等值电路图如图 1-3 所示。

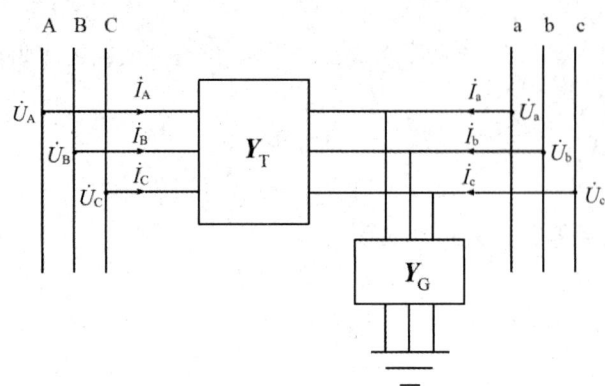

图 1-3 三相变压器模型等值电路图

我国三相双绕组变压器标准采用的联结组标号为 Y,yn0、Y,zn11、Y,d11、D,yn11。通常规定，容量超过 160MVA 的变压器一般采用 Y,d11 接线，低于 160MVA 的一般采用 Y,yn0 接线。

对配电变压器的建模主要是对节点导纳矩阵 Y_T 和铁芯损耗等值导纳矩阵 Y_G 的计算。下面介绍节点导纳矩阵 Y_T 的计算方法。

首先说明变压器常用参数的计算方法。记变压器的短路损耗为 ΔP_s，短路电压百分值为 $U_s\%$，空载损耗为 ΔP_0，空载电流百分值为 $I_0\%$，则可以由式（1-11）~式（1-15）得到变压器的电阻 R_T、电抗 X_T、电导 g_T、电纳 b_T 和一次侧短路导纳（又称漏导纳）y_T。

$$R_T = \frac{\Delta P_s \cdot U_N^2}{S_N^2} \times 10^3 \, \Omega \tag{1-11}$$

$$X_T \approx \frac{U_s\% \cdot U_N^2}{100 S_N} \times 10^3 \, \Omega \tag{1-12}$$

$$g_T = \frac{\Delta P_{Fe}}{U_N^2} \times 10^3 \approx \frac{\Delta P_0}{U_N^2} \times 10^3 \, S \tag{1-13}$$

$$b_T \approx \frac{I_0\% \cdot S_N}{100 U_N^2} \times 10^{-3} \, S \tag{1-14}$$

$$y_T = \frac{1}{R_T} + j\frac{1}{X_T} \tag{1-15}$$

然后只考虑变压器中的一相，从图 1-3 中抽取出的三相变压器的单相等值电路图如图 1-4 所示。

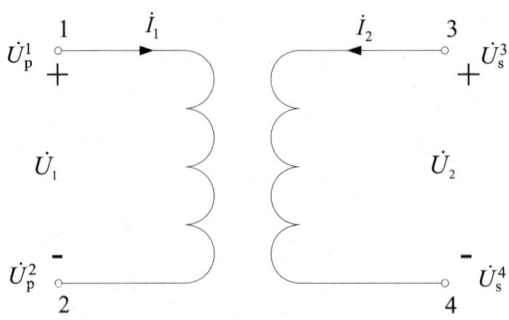

图 1-4 三相变压器的单相等值电路图

对可能用到的符号进行以下说明。

$\dot{U}_1$、$\dot{I}_1$ 分别表示一次侧绕组支路的电压和电流。

$\dot{U}_2$、$\dot{I}_2$ 分别表示二次侧绕组支路的电压和电流。

$\dot{U}_b$、$\dot{I}_b$ 分别表示变压器绕组的支路电压向量和支路电流向量。对于双绕组变压器，即

$$\dot{U}_b = \begin{bmatrix} \dot{U}_1 & \dot{U}_2 \end{bmatrix}^T$$

$$\dot{I}_b = \begin{bmatrix} \dot{I}_1 & \dot{I}_2 \end{bmatrix}^T$$

$\dot{U}_p^1$、$\dot{U}_p^2$ 和 $\dot{I}_p^1$、$\dot{I}_p^2$ 分别表示一次侧绕组节点（不是变压器与外部实际网络连接的端点，而是内部绕组的端点，参考图 1-4）的电压和电流。

$\dot{U}_s^3$、$\dot{U}_s^4$ 和 $\dot{I}_s^3$、$\dot{I}_s^4$ 分别表示二次侧绕组节点的电压和电流。

$\dot{U}_n$、$\dot{I}_n$ 分别表示变压器单相绕组的节点电压向量和节点电流向量。对于双绕组变压器，即

$$\dot{U}_n = \begin{bmatrix} \dot{U}_p^1 & \dot{U}_p^2 & \dot{U}_s^3 & \dot{U}_s^4 \end{bmatrix}^T$$

$$\dot{I}_n = \begin{bmatrix} \dot{I}_p^1 & \dot{I}_p^2 & \dot{I}_s^3 & \dot{I}_s^4 \end{bmatrix}^T$$

由变压器绕组的参数可以得到变压器绕组的导纳矩阵 $\boldsymbol{Y}_b$，它反映了变压器单相绕组的支路电压向量 $\dot{U}_b$ 和支路电流向量 $\dot{I}_b$ 之间的关系：

$$\dot{I}_b = \boldsymbol{Y}_b \dot{U}_b \tag{1-16}$$

由于变压器一次侧绕组和二次侧绕组的自导纳为 y_T，一次侧绕组与二次侧绕组之间的互导纳为 $-y_T$，因此变压器绕组的导纳矩阵 $\boldsymbol{Y}_b$ 为

$$\boldsymbol{Y}_b = \begin{bmatrix} y_T & -y_T \\ -y_T & y_T \end{bmatrix} \tag{1-17}$$

再考虑变压器的实际变比，记 α 为变压器一次侧的分接头；β 为变压器二次侧的分接头。对变压器的 4 个节点进行编号，如图 1-4 所示，可以得到变压器单相绕组的节点导纳矩阵 $\boldsymbol{Y}_T$，它反映了变压器单相绕组的节点电压向量 $\dot{U}_n$ 和节点电流向量 $\dot{I}_n$ 之间的关系

$$\dot{I}_n = \boldsymbol{Y}_T \dot{U}_n \tag{1-18}$$

对双绕组变压器来说，一次侧绕组的自导纳为 $\dfrac{y_T}{\alpha^2}$；一次侧绕组之间的互导纳为 $-\dfrac{y_T}{\alpha^2}$；二次侧绕组的自导纳为 $\dfrac{y_T}{\beta^2}$；二次侧绕组之间的互导纳为 $-\dfrac{y_T}{\beta^2}$；一次侧绕组与二次侧绕组之间同名端的互导纳为 $-\dfrac{y_T}{\alpha\beta}$，异名端的互导纳为 $\dfrac{y_T}{\alpha\beta}$。因此，双绕组变压器的节点导纳矩阵变为

$$\boldsymbol{Y}_\mathrm{T} = y_\mathrm{T} \begin{bmatrix} \dfrac{1}{\alpha^2} & -\dfrac{1}{\alpha^2} & -\dfrac{1}{\alpha\beta} & \dfrac{1}{\alpha\beta} \\ -\dfrac{1}{\alpha^2} & \dfrac{1}{\alpha^2} & \dfrac{1}{\alpha\beta} & -\dfrac{1}{\alpha\beta} \\ -\dfrac{1}{\alpha\beta} & \dfrac{1}{\alpha\beta} & \dfrac{1}{\beta^2} & -\dfrac{1}{\beta^2} \\ \dfrac{1}{\alpha\beta} & -\dfrac{1}{\alpha\beta} & -\dfrac{1}{\beta^2} & \dfrac{1}{\beta^2} \end{bmatrix} \tag{1-19}$$

也可以写成以下形式：

$$\boldsymbol{Y}_\mathrm{T} = \boldsymbol{A}^\mathrm{T} \boldsymbol{Y}_\mathrm{b} \boldsymbol{A} \tag{1-20}$$

式中，系数矩阵 $\boldsymbol{A} = \begin{bmatrix} \dfrac{1}{\alpha} & -\dfrac{1}{\alpha} & 0 & 0 \\ 0 & 0 & \dfrac{1}{\beta} & -\dfrac{1}{\beta} \end{bmatrix}$；$\boldsymbol{A}^\mathrm{T} = \begin{bmatrix} \dfrac{1}{\alpha} & 0 \\ -\dfrac{1}{\alpha} & 0 \\ 0 & \dfrac{1}{\beta} \\ 0 & -\dfrac{1}{\beta} \end{bmatrix}$。

三相变压器的 B 相和 C 相的绕组节点导纳矩阵也可以用式（1-19）表示。图 1-5 所示为 D,yn11 型变压器的等值电路图。

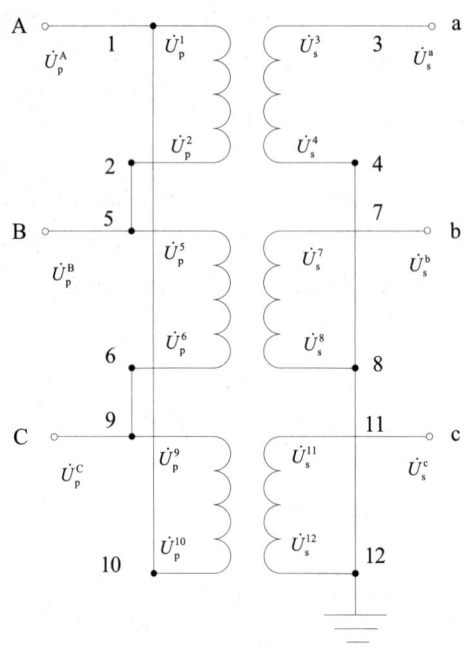

图 1-5　D,yn11 型变压器的等值电路图

$\dot{U}_\mathrm{p}^\mathrm{A}$、$\dot{U}_\mathrm{p}^\mathrm{B}$、$\dot{U}_\mathrm{p}^\mathrm{C}$ 分别表示一次侧三相节点（变压器与外部实际网络连接的端点）的电压，$\dot{U}_\mathrm{s}^\mathrm{a}$、$\dot{U}_\mathrm{s}^\mathrm{b}$、$\dot{U}_\mathrm{s}^\mathrm{c}$ 分别表示二次侧三相节点的电压，$\dot{U}_\mathrm{p}^\mathrm{N}$、$\dot{U}_\mathrm{s}^\mathrm{N}$ 分别表示一次侧和二次侧

中性点的电压，$\dot{U}_p^N = \dot{U}_s^N = 0$。$\dot{U}_n$ 表示三相变压器的节点电压向量，即

$$\dot{U}_n = \begin{bmatrix} \dot{U}_p^A & \dot{U}_p^B & \dot{U}_p^C & 0 & \dot{U}_s^a & \dot{U}_s^b & \dot{U}_s^c & 0 \end{bmatrix}$$

相应地，$\dot{I}_n$ 表示三相的节点电流向量，即

$$\dot{I}_n = \begin{bmatrix} \dot{I}_p^A & \dot{I}_p^B & \dot{I}_p^C & 0 & \dot{I}_s^a & \dot{I}_s^b & \dot{I}_s^c & 0 \end{bmatrix}$$

变压器的节点导纳矩阵 Y_T 表达了变压器的节点电压向量 $\dot{U}_n$ 与节点电流向量 $\dot{I}_n$ 之间的关系：

$$\dot{I}_n = Y_T \dot{U}_n \tag{1-21}$$

考虑三相不对称时，形成矩阵 Y_T 的方法如下。

首先对各相进行编号。1 代表变压器一次侧 A 相，2 代表变压器一次侧 B 相，3 代表变压器一次侧 C 相，4 代表接地，5 代表变压器二次侧 a 相，6 代表变压器二次侧 b 相，7 代表变压器二次侧 c 相，8 代表接地。根据变压器的连接方式，得到每相绕组的 4 个节点分别连接的相的序号。以 D,yn11 型变压器为例，由于变压器 A 相的节点 1、2、3、4 分别连接 A 相、B 相、a 相及二次侧地，因此 A 相绕组的节点编号分别为 1、2、5、8，同理，B 相绕组的节点编号分别为 2、3、6、8，C 相绕组的节点编号分别为 3、1、7、8，我们用一个数组进行表示，即[1, 2, 5, 8, 2, 3, 6, 8, 3, 1, 7, 8]。

然后根据得到的节点编号数组对各相的节点导纳矩阵 Y_T 的行与列进行编号，把矩阵中的元素逐一加入一个 8 阶空矩阵。以 A 相为例，A 相的节点导纳矩阵 Y_T 的行与列编号变为 1、2、5、8，此时把 A 相的节点导纳矩阵 Y_T 中的元素加入一个 8 阶空矩阵。下面是以 D,yn11 型变压器为例形成的 Y_T 矩阵：

$$Y_T = y_T \begin{bmatrix} \frac{2}{\alpha^2} & -\frac{1}{\alpha^2} & -\frac{1}{\alpha^2} & 0 & -\frac{1}{\alpha\beta} & 0 & \frac{1}{\alpha\beta} & 0 \\ -\frac{1}{\alpha^2} & \frac{2}{\alpha^2} & -\frac{1}{\alpha^2} & 0 & \frac{1}{\alpha\beta} & -\frac{1}{\alpha\beta} & 0 & 0 \\ -\frac{1}{\alpha^2} & -\frac{1}{\alpha^2} & \frac{2}{\alpha^2} & 0 & 0 & \frac{1}{\alpha\beta} & -\frac{1}{\alpha\beta} & 0 \\ 0 & 0 & 0 & 0 & 0 & 0 & 0 & 0 \\ -\frac{1}{\alpha\beta} & \frac{1}{\alpha\beta} & 0 & 0 & \frac{1}{\beta^2} & 0 & 0 & -\frac{1}{\beta^2} \\ 0 & -\frac{1}{\alpha\beta} & \frac{1}{\alpha\beta} & 0 & 0 & \frac{1}{\beta^2} & 0 & -\frac{1}{\beta^2} \\ \frac{1}{\alpha\beta} & 0 & -\frac{1}{\alpha\beta} & 0 & 0 & 0 & \frac{1}{\beta^2} & -\frac{1}{\beta^2} \\ 0 & 0 & 0 & 0 & -\frac{1}{\beta^2} & -\frac{1}{\beta^2} & -\frac{1}{\beta^2} & \frac{3}{\beta^2} \end{bmatrix} \tag{1-22}$$

对于其他类型的变压器，转换方法类似，只是各相所连接的绕组的节点不同而已。

表 1-1 给出了 9 种常见变压器接法的节点导纳矩阵。

表 1-1 9 种常见变压器接法的节点导纳矩阵

类别	连接类型		自导纳		互导纳	
	一次侧	二次侧	Y_T^{pp}	Y_T^{ss}	Y_T^{ps}	Y_T^{sp}
1	YN	yn	$\dfrac{Y_I}{\alpha^2}$	$\dfrac{Y_I}{\beta^2}$	$-\dfrac{Y_I}{\alpha\beta}$	$-\dfrac{Y_I}{\alpha\beta}$
2	YN	y	$\dfrac{Y_{II}}{\alpha^2}$	$\dfrac{Y_{II}}{\beta^2}$	$-\dfrac{Y_{II}}{\alpha\beta}$	$-\dfrac{Y_{II}}{\alpha\beta}$
3	YN	d	$\dfrac{Y_I}{\alpha^2}$	$-\dfrac{Y_{II}}{\alpha\beta}$	$\dfrac{Y_{III}}{\alpha\beta}$	$\dfrac{Y_{III}^T}{\alpha\beta}$
4	Y	yn	$\dfrac{Y_{II}}{\alpha^2}$	$-\dfrac{Y_{II}}{\alpha\beta}$	$-\dfrac{Y_{II}}{\alpha\beta}$	$-\dfrac{Y_{II}}{\alpha\beta}$
5	Y	y	$\dfrac{Y_{II}}{\alpha^2}$	$-\dfrac{Y_{II}}{\alpha\beta}$	$-\dfrac{Y_{II}}{\alpha\beta}$	$-\dfrac{Y_{II}}{\alpha\beta}$
6	Y	d	$\dfrac{Y_{II}}{\alpha^2}$	$-\dfrac{Y_{II}}{\alpha\beta}$	$\dfrac{Y_{III}}{\alpha\beta}$	$\dfrac{Y_{III}^T}{\alpha\beta}$
7	D	yn	$\dfrac{Y_{II}}{\alpha^2}$	$\dfrac{Y_I}{\beta^2}$	$\dfrac{Y_{III}^T}{\alpha\beta}$	$\dfrac{Y_{III}}{\alpha\beta}$
8	D	y	$\dfrac{Y_{II}}{\alpha^2}$	$\dfrac{Y_I}{\beta^2}$	$\dfrac{Y_{III}^T}{\alpha\beta}$	$\dfrac{Y_{III}}{\alpha\beta}$
9	D	d	$\dfrac{Y_{II}}{\alpha^2}$	$\dfrac{Y_{II}}{\beta^2}$	$-\dfrac{Y_{II}}{\alpha\beta}$	$-\dfrac{Y_{II}}{\alpha\beta}$

在表 1-1 中，$Y_I = \begin{bmatrix} Y_T & 0 & 0 \\ 0 & Y_T & 0 \\ 0 & 0 & Y_T \end{bmatrix}$；$Y_{II} = \begin{bmatrix} 2Y_T & -Y_T & -Y_T \\ -Y_T & 2Y_T & -Y_T \\ -Y_T & -Y_T & 2Y_T \end{bmatrix}$；$Y_{III} = \begin{bmatrix} -Y_T & Y_T & 0 \\ 0 & -Y_T & Y_T \\ Y_T & 0 & -Y_T \end{bmatrix}$。

如果变压器的节点电压向量 $\dot{U}_n$ 与节点电流向量 $\dot{I}_n$ 是按标幺值处理的，那么

$$Y_{II} = \frac{1}{3}\begin{bmatrix} 2Y_T & -Y_T & -Y_T \\ -Y_T & 2Y_T & -Y_T \\ -Y_T & -Y_T & 2Y_T \end{bmatrix}, \quad Y_{III} = \frac{1}{\sqrt{3}}\begin{bmatrix} -Y_T & Y_T & 0 \\ 0 & -Y_T & Y_T \\ Y_T & 0 & -Y_T \end{bmatrix}, \quad Y_I \text{ 矩阵不变。}$$

下面对铁芯损耗等值导纳矩阵 Y_G 的计算过程加以说明。

先考虑变压器的单相模型。用变压器的导纳矩阵 Y_{b0} 表示只考虑铁芯损耗等值导纳矩阵 Y_G 时，变压器单绕组的支路电压向量 $\dot{U}_b$ 和支路电流向量 $\dot{I}_b$ 之间的关系：

$$\dot{I}_b = Y_{b0}\dot{U}_b \qquad (1-23)$$

$$Y_{b0} = \begin{bmatrix} 0 & 0 \\ 0 & g_T + jb_T \end{bmatrix} \qquad (1-24)$$

同样地，可以得到反映单相绕组的节点电压向量 $\dot{V}_n$ 和节点电流向量 $\dot{I}_n$ 之间关系的节点导纳矩阵

$$\dot{I}_n = Y_G \dot{U}_n \qquad (1-25)$$

双绕组变压器的单相绕组节点导纳矩阵为

$$Y_G = \begin{bmatrix} 0 & 0 & 0 & 0 \\ 0 & 0 & 0 & 0 \\ 0 & 0 & \dfrac{g_T + jb_T}{\beta^2} & -\dfrac{g_T + jb_T}{\beta^2} \\ 0 & 0 & -\dfrac{g_T + jb_T}{\beta^2} & \dfrac{g_T + jb_T}{\beta^2} \end{bmatrix} \qquad (1\text{-}26)$$

也可以写成以下形式：

$$Y_G = A^T Y_{b0} A \qquad (1\text{-}27)$$

式中，系数矩阵 $A = \begin{bmatrix} \dfrac{1}{\alpha} & -\dfrac{1}{\alpha} & 0 & 0 \\ 0 & 0 & \dfrac{1}{\beta} & -\dfrac{1}{\beta} \end{bmatrix}$；$A^T = \begin{bmatrix} \dfrac{1}{\alpha} & 0 \\ -\dfrac{1}{\alpha} & 0 \\ 0 & \dfrac{1}{\beta} \\ 0 & -\dfrac{1}{\beta} \end{bmatrix}$。

用上述转换方法得到反映 D,yn 型变压器的节点电压向量 $\dot{U}_n$ 和节点电流向量 $\dot{I}_n$ 之间关系的铁芯损耗等值导纳矩阵 Y_G：

$$Y_G = \begin{bmatrix} 0 & 0 & 0 & 0 & 0 & 0 & 0 & 0 \\ 0 & 0 & 0 & 0 & 0 & 0 & 0 & 0 \\ 0 & 0 & 0 & 0 & 0 & 0 & 0 & 0 \\ 0 & 0 & 0 & 0 & 0 & 0 & 0 & 0 \\ 0 & 0 & 0 & 0 & \dfrac{g_T + jb_T}{\beta^2} & 0 & 0 & -\dfrac{g_T + jb_T}{\beta^2} \\ 0 & 0 & 0 & 0 & 0 & \dfrac{g_T + jb_T}{\beta^2} & 0 & -\dfrac{g_T + jb_T}{\beta^2} \\ 0 & 0 & 0 & 0 & 0 & 0 & \dfrac{g_T + jb_T}{\beta^2} & -\dfrac{g_T + jb_T}{\beta^2} \\ 0 & 0 & 0 & 0 & -\dfrac{g_T + jb_T}{\beta^2} & -\dfrac{g_T + jb_T}{\beta^2} & -\dfrac{g_T + jb_T}{\beta^2} & 3\dfrac{g_T + jb_T}{\beta^2} \end{bmatrix} \qquad (1\text{-}28)$$

这样，由联结方式和一、二次侧的分接头及漏抗和铁芯损耗决定的变压器初始导纳矩阵为

$$Y_{\text{prim}} = Y_T + Y_G \qquad (1\text{-}29)$$

3. 配电负荷模型

配电负荷可以接成接地星形或不接地三角形的三相平衡或不平衡负荷，分别如图 1-6 和图 1-7 所示。

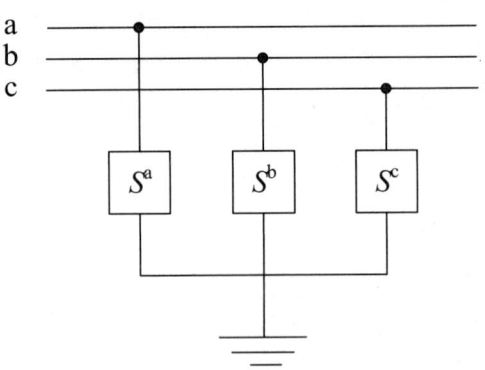

图 1-6 负荷星形连接图

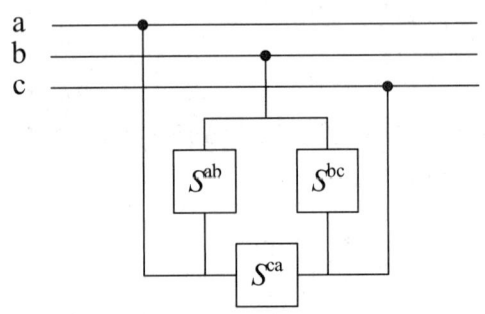

图 1-7 负荷三角形连接图

负荷作为一个端口的电力转换元件可转化为诺顿等效电路进行处理，包含具有线性特性的导纳和一个理想电流源，如图 1-8 所示。负荷注入电流 $\dot{I}$ 为该理想电流源的注入电流 $\dot{I}_{inj}$ 与流入导纳的电流 $\dot{I}_Y$ 的差值，如式（1-30）所示。针对不同的负荷类型，需要根据负荷的节点电压及给定功率等参数计算等效电路中的导纳和理想电流源的注入电流。

$$\dot{I} = \dot{I}_{inj} - \dot{I}_Y \quad (1\text{-}30)$$

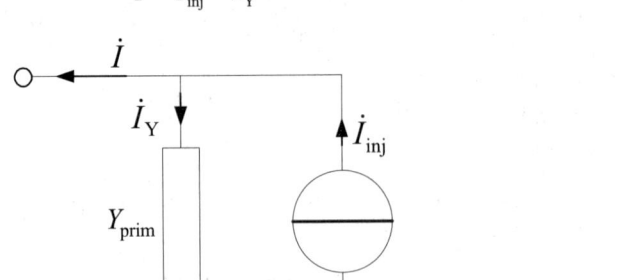

图 1-8 单相负荷模型等效电路图

考虑负荷的连接类型（星形连接和三角形连接），其三相负荷等效电路图如图 1-9 所示，为了方便建模和计算,两种结构可以采用统一的模型,如图 1-10 所示。对于两种连接类型,导纳矩阵 Y_{prim} 和电流源的注入电流的计算方法略有不同。

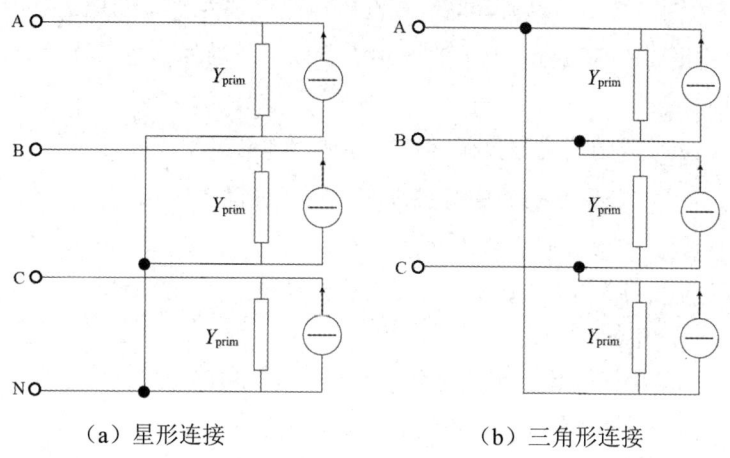

（a）星形连接　　　　　　　　（b）三角形连接

图 1-9　三相负荷模型等效电路图

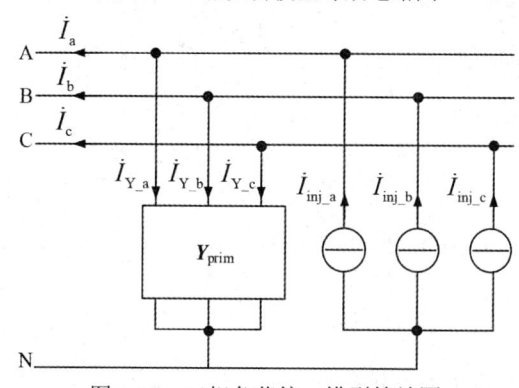

图 1-10　三相负荷统一模型等效图

此外,负荷的类型不同,负荷的导纳矩阵和负荷注入电流的计算方法也不同,通常有恒功率、恒电流和恒阻抗三种基本类型。表 1-2 所示为常见的负荷类型及描述。

表 1-2　常见的负荷类型及描述

负荷类型	描述
恒 PQ	恒功率类型,在不满足电压限制的情况下该类型会处理为恒阻抗类型,以保证收敛
恒 Z	恒阻抗类型,P、Q 随电压平方变化
Motor	P 为恒功率类型,Q 为恒阻抗类型
恒 I	恒电流幅值类型,P、Q 随电压幅值线性变化
Z_{IPV}	恒电流、恒功率、恒阻抗三种基本类型的组合
CVR	CVR 模型,负荷功率随电压的下降而减小
恒 P-固定 Q	P、Q 均为恒功率类型,但 Q 取给定基准值,不考虑负荷系数的影响
恒 P-固定 Q（Z）	P 为恒功率类型,Q 为恒阻抗类型,且 Q 取给定基准值,不考虑负荷系数的影响

为了便于后面对负荷模型的描述,首先对后面计算过程中出现的主要参数进行说明(参考图 1-10)。

$\dot{I}$ 是负荷注入到网络中的电流,其三相注入电流分别为 $\dot{I}_a$、$\dot{I}_b$、$\dot{I}_c$。

$\dot{I}_{ph}$ 是负荷各相的注入电流,与 $\dot{I}$ 的区别主要在于:当为三角形连接时,$\dot{I}_{ph}$ 为各相的电流,$\dot{I}$ 为线电流。

$\dot{I}_{Y\_a}$、$\dot{I}_{Y\_b}$、$\dot{I}_{Y\_c}$ 分别是流过负荷元件的导纳矩阵的电流。

$\dot{I}_{inj\_a}$、$\dot{I}_{inj\_b}$、$\dot{I}_{inj\_c}$ 分别是负荷的等效理想电流源的注入电流。

P_{base} 和 Q_{base} 是负荷的给定基准功率。

P_n、Q_n 分别是负荷每相的额定输出有功功率和额定无功功率。

U_{base} 为负荷基准电压。

$\dot{U}$ 为负荷的实际电压,其三相电压分别为 $\dot{U}_a$、$\dot{U}_b$ 和 $\dot{U}_c$。

$U_{min\,pu}$、$U_{max\,pu}$ 分别为允许的电压最大值与最小值(标幺值)。

Y_{eq} 是负荷的等效导纳,可由式(1-31)得到:

$$Y_{eq} = \frac{(P_n + jQ_n)^*}{U_{base}^2} \tag{1-31}$$

Y_N 是负荷中性点对地导纳。

Y_{eq95} 和 Y_{eq105} 分别是负荷在电压上限、下限时的等效导纳,可由式(1-32)计算得到:

$$\begin{cases} Y_{eq95} = \dfrac{Y_{eq}}{U_{min\,pu}^2} \\ Y_{eq105} = \dfrac{Y_{eq}}{U_{max\,pu}^2} \end{cases} \tag{1-32}$$

负荷每相的额定有功功率 P_n 和额定无功功率 Q_n 可由式(1-33)得到:

$$\begin{cases} P_n = P_{base} K_L^P K_G K_M \\ Q_n = Q_{base} K_L^Q K_G K_M \end{cases} \tag{1-33}$$

式中,K_G 是负荷年增长系数;K_M 是全系统负荷水平。可以给负荷指定负荷运行曲线(年负荷曲线、日负荷曲线等),用来模拟负荷随时间的变化情况,K_L^P、K_L^Q 分别是从负荷曲线中得到的负荷有功功率系数和无功功率系数。

下面以 PQ(恒功率)型负荷为例,对负荷模型进行介绍。在计算过程中,负荷的计算主要包括导纳矩阵 Y_{prim} 的形成、负荷注入电流 $\dot{I}$ 及负荷等效理想电流源注入电流 $\dot{I}_{inj}$ 的计算。

表 1-3 所示为 PQ 型负荷的连接方式及不同相数对应的导纳矩阵。

表 1-3　PQ 型负荷的连接方式及不同相数对应的导纳矩阵

连接方式	相数	导纳矩阵
星形连接	单相	$Y_{prim} = \begin{bmatrix} Y_{eq} & -Y_{eq} \\ -Y_{eq} & Y_{eq} + Y_N \end{bmatrix}$

续表

连接方式	相数	导纳矩阵
星形连接	两相	$\boldsymbol{Y}_{\text{prim}} = \begin{bmatrix} Y_{\text{eq}} & 0 & -Y_{\text{eq}} \\ 0 & Y_{\text{eq}} & -Y_{\text{eq}} \\ -Y_{\text{eq}} & -Y_{\text{eq}} & 2Y_{\text{eq}} + Y_{\text{N}} \end{bmatrix}$
	三相	$\boldsymbol{Y}_{\text{prim}} = \begin{bmatrix} Y_{\text{eq}} & 0 & 0 & -Y_{\text{eq}} \\ 0 & Y_{\text{eq}} & 0 & -Y_{\text{eq}} \\ 0 & 0 & Y_{\text{eq}} & -Y_{\text{eq}} \\ -Y_{\text{eq}} & -Y_{\text{eq}} & -Y_{\text{eq}} & 3Y_{\text{eq}} + Y_{\text{N}} \end{bmatrix}$
三角形连接	单相	$\boldsymbol{Y}_{\text{prim}} = \begin{bmatrix} Y_{\text{eq}} & -Y_{\text{eq}} \\ -Y_{\text{eq}} & Y_{\text{eq}} \end{bmatrix}$
	两相	$\boldsymbol{Y}_{\text{prim}} = \begin{bmatrix} Y_{\text{eq}} & -Y_{\text{eq}} & 0 \\ -Y_{\text{eq}} & 2Y_{\text{eq}} & -Y_{\text{eq}} \\ 0 & -Y_{\text{eq}} & Y_{\text{eq}} \end{bmatrix}$
	三相	$\boldsymbol{Y}_{\text{prim}} = \begin{bmatrix} 2Y_{\text{eq}} & -Y_{\text{eq}} & -Y_{\text{eq}} \\ -Y_{\text{eq}} & 2Y_{\text{eq}} & -Y_{\text{eq}} \\ -Y_{\text{eq}} & -Y_{\text{eq}} & 2Y_{\text{eq}} \end{bmatrix}$

根据负荷端电压及式（1-34）可求出导纳矩阵的注入电流 $\dot{I}_{\text{Y}}$：

$$\dot{I}_{\text{Y}} = \begin{bmatrix} \dot{I}_{\text{Y\_a}} \\ \dot{I}_{\text{Y\_b}} \\ \dot{I}_{\text{Y\_c}} \end{bmatrix} = \begin{bmatrix} \boldsymbol{Y}_{\text{prim}} \end{bmatrix} \begin{bmatrix} \dot{U}_{\text{aN}} \\ \dot{U}_{\text{bN}} \\ \dot{U}_{\text{cN}} \end{bmatrix} \tag{1-34}$$

对于 PQ 型负荷，由式（1-35）可以求出负荷各相的注入电流 $\dot{I}_{\text{ph}}$：

$$\dot{I}_{\text{ph}} = \begin{bmatrix} \dot{I}_{\text{ph\_a}} \\ \dot{I}_{\text{ph\_b}} \\ \dot{I}_{\text{ph\_c}} \end{bmatrix} = \left(\frac{P_{\text{n}} + \text{j}Q_{\text{n}}}{\dot{U}} \right)^* \tag{1-35}$$

式（1-35）及下面求解各种负荷类型各相的注入电流 $\dot{I}_{\text{ph}}$ 公式中，当负荷为星形连接时，公式中的 $\dot{U}$ 代表各相的相电压；当负荷为三角形连接时，公式中的 $\dot{U}$ 代表线电压。如果电压幅值低于 0.95 或高于 1.05，则负荷作为恒阻抗模型处理。

得到电流 $\dot{I}_{\text{ph}}$ 后，根据负荷的连接类型和相数利用表 1-4 中的关系式可以求出图 1-11 中的负荷注入到网络中的电流 $\dot{I}$。

表 1-4 负荷注入电流

连接方式	相数	负荷注入电流
星形连接	单相	$\dot{I}_{\text{a}} = \dot{I}_{\text{ph\_a}}$
	两相	$\begin{cases} \dot{I}_{\text{a}} = \dot{I}_{\text{ph\_a}} \\ \dot{I}_{\text{b}} = \dot{I}_{\text{ph\_b}} \end{cases}$
	三相	$\begin{cases} \dot{I}_{\text{a}} = \dot{I}_{\text{ph\_a}} \\ \dot{I}_{\text{b}} = \dot{I}_{\text{ph\_b}} \\ \dot{I}_{\text{c}} = \dot{I}_{\text{ph\_c}} \end{cases}$

续表

连接方式	相数	负荷注入电流
三角形连接	单相	$\begin{cases} \dot{I}_a = \dot{I}_{ph\_a} \\ \dot{I}_b = -\dot{I}_{ph\_b} \end{cases}$
	两相	$\begin{cases} \dot{I}_a = \dot{I}_{ph\_a} \\ \dot{I}_b = \dot{I}_{ph\_b} - \dot{I}_{ph\_a} \\ \dot{I}_c = -\dot{I}_{ph\_b} \end{cases}$
	三相	$\begin{cases} \dot{I}_a = \dot{I}_{ph\_a} - \dot{I}_{ph\_c} \\ \dot{I}_b = \dot{I}_{ph\_b} - \dot{I}_{ph\_a} \\ \dot{I}_c = \dot{I}_{ph\_c} - \dot{I}_{ph\_b} \end{cases}$

由表 1-4 可见,当负荷采用星形连接时,电流 $\dot{I}_{ph}$ 就是负荷的注入电流 $\dot{I}$;当负荷采用三角形连接时,可以根据图 1-11 中电流的关系得到上面的对应关系。

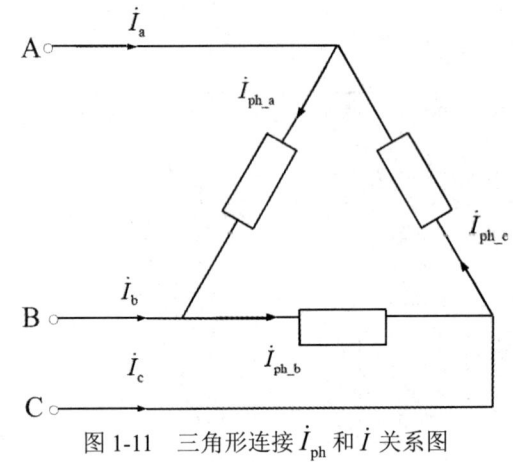

图 1-11 三角形连接 $\dot{I}_{ph}$ 和 $\dot{I}$ 关系图

对于不同类型的负荷,电流 $\dot{I}_{ph}$ 的计算方法不同,但是由 $\dot{I}_{ph}$ 得到负荷注入电流 $\dot{I}$ 都是依据表 1-4 中的关系,并且导纳矩阵的求解方法和 PQ 型负荷相同。表 1-5 所示为各种类型的负荷的电流 $\dot{I}_{ph}$ 的计算方法。

表 1-5 各种类型的负荷的电流 $\dot{I}_{ph}$ 的计算方法

负荷类型	电流 $\dot{I}_{ph}$
恒 PQ	$\dot{I}_{ph} = \begin{bmatrix} \dot{I}_{ph\_a} \\ \dot{I}_{ph\_b} \\ \dot{I}_{ph\_c} \end{bmatrix} = \left(\dfrac{P_n + jQ_n}{\dot{U}} \right)^*$
恒 Z	$\dot{I}_{ph} = Y_{eq} \times \dot{U}$
Motor	$\dot{I}_{ph} = \left(\dfrac{P_n}{\dot{U}} \right)^* + j \cdot \text{Im}(Y_{eq}) \cdot |\dot{U}|$, $\text{Im}(Y_{eq})$ 为导纳的虚部
恒 I	$\dot{I}_{ph} = \left(\dfrac{P_n + jQ_n}{U_{base} \dot{U} / |\dot{U}|} \right)^*$, U_{base} 为负荷基准电压

续表

负荷类型	电流 $\dot{I}_{ph}$
Z_{IPV}	$\dot{I}_{ph} = \dot{I}_I + \dot{I}_P + \dot{I}_Z$，混合模型，$\dot{I}_I$ 是恒电流部分，$\dot{I}_P$ 是恒功率部分，$\dot{I}_Z$ 是恒阻抗部分。其中，负荷电流由三部分构成，具体公式如下： $\begin{cases} \dot{I}_I = \left(\dfrac{P_n \beta_1 + jQ_n \beta_2}{U_{base} \dot{U} / \lvert \dot{U} \rvert} \right)^* \\ \dot{I}_P = \left(\dfrac{P_n \gamma_1 + jQ_n \gamma_2}{U_{base} \dot{U} / \lvert \dot{U} \rvert} \right)^* \\ \dot{I}_Z = (G\alpha_1 + jB\alpha_2)\dot{U} \end{cases}$ 这三部分的比重系数满足 $\begin{cases} \alpha_1 + \beta_1 + \gamma_1 = 1 \\ \alpha_2 + \beta_2 + \gamma_2 = 1 \end{cases}$，$G$ 和 B 分别为负荷导纳的电导和电纳
恒 P-固定 Q	$\dot{I}_{ph} = \left(\dfrac{P_n + jQ_{base} / N_{ph}}{\dot{U}} \right)^*$
恒 P-固定 Q（Z）	$\begin{cases} Y_{QF} = -\dfrac{Q_{base}}{N_{ph} U_{base}^2} \\ \dot{I}_{ph} = \left(\dfrac{P_n}{\dot{U}} \right)^* + jY_{QF}\dot{U} \end{cases}$

在图 1-11 中，根据表 1-4 和表 1-5 可以计算出负荷的注入电流 $\dot{I}_a$、$\dot{I}_b$、$\dot{I}_c$，利用求得的流过导纳矩阵的电流 $\dot{I}_{Y\_a}$、$\dot{I}_{Y\_b}$、$\dot{I}_{Y\_c}$，由式（1-36）可以计算出理想电流源的注入电流 $\dot{I}_{inj}$：

$$\dot{I}_{inj} = \begin{bmatrix} \dot{I}_{inj\_a} \\ \dot{I}_{inj\_b} \\ \dot{I}_{inj\_c} \end{bmatrix} = \begin{bmatrix} \dot{I}_{Y\_a} \\ \dot{I}_{Y\_b} \\ \dot{I}_{Y\_c} \end{bmatrix} + \begin{bmatrix} \dot{I}_a \\ \dot{I}_b \\ \dot{I}_c \end{bmatrix} \quad (1\text{-}36)$$

4．配电电容器模型

配电网中广泛采用投切电容器组进行无功功率补偿。电容器的一端与线路连接，另一端若不指定连接线路，默认为接地，此时就是并联电容器。当配电网的电压过低时，投入电容器来补偿无功功率，从而提高配电网的运行电压；当配电网的运行电压过高时，切断电容器来减少无功功率补偿，从而降低配电网的运行电压。当系统中有多组电容器，并且每组电容器的电容值都不相同时，可以计算每组电容器的原始导纳矩阵，最后求得各个原始导纳矩阵之和，即可得到并联在配电网中的电容器等效原始导纳矩阵。

并联电容器组有两种典型的接线方式，一种是接地星形接法；另一种是不接地三角形接法，分别如图 1-12 和图 1-13 所示。一般情况下将不考虑线路阻抗。

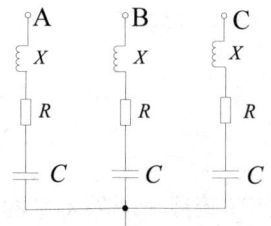
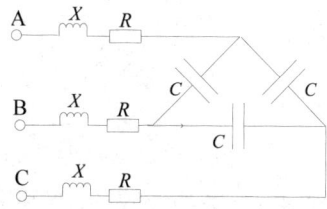

图 1-12　接地星形并联电容器组　　图 1-13　不接地三角形并联电容器组

如果三相电容器采用星形连接（简称星接），每相电容器的导纳为 y_c，则其对应的三相导纳矩阵为

$$\boldsymbol{Y}_\text{Y} = \begin{bmatrix} y_c & 0 & 0 \\ 0 & y_c & 0 \\ 0 & 0 & y_c \end{bmatrix} \tag{1-37}$$

如果三相电容器采用三角形连接（简称角接），可根据星形连接的三相导纳矩阵计算得

$$\boldsymbol{Y}_\text{D} = \boldsymbol{A}\boldsymbol{Y}_\text{Y}\boldsymbol{A}^\text{T} = \begin{bmatrix} 2y_c & -y_c & -y_c \\ -y_c & 2y_c & -y_c \\ -y_c & -y_c & 2y_c \end{bmatrix} \tag{1-38}$$

$$\boldsymbol{A} = \begin{bmatrix} 1 & -1 & 0 \\ 0 & 1 & -1 \\ -1 & 0 & 1 \end{bmatrix} \tag{1-39}$$

$$\boldsymbol{A}^\text{T} = \begin{bmatrix} 1 & 0 & -1 \\ -1 & 1 & 0 \\ 0 & -1 & 1 \end{bmatrix} \tag{1-40}$$

如果电容器当作二端口元件，那么可以根据电容器的三相导纳矩阵得到原始导纳矩阵：

$$\boldsymbol{Y}_\text{prim} = \begin{bmatrix} \boldsymbol{Y}_\text{C} & -\boldsymbol{Y}_\text{C} \\ -\boldsymbol{Y}_\text{C} & \boldsymbol{Y}_\text{C} \end{bmatrix} \tag{1-41}$$

式中，当电容器采用星形连接时，$\boldsymbol{Y}_\text{C} = \boldsymbol{Y}_\text{Y}$；当电容器采用三角形连接时，$\boldsymbol{Y}_\text{C} = \boldsymbol{Y}_\text{D}$。

根据计算过程中给定参数的不同，有以下三种方法求得电容器元件的电容量。

方法一：利用无功功率来计算电容器的电容量：

$$C = \frac{Q_\text{VAR}}{\omega U_\text{LN}^2} \tag{1-42}$$

式中，ω 为基准角频率；U_LN 为电容器的相电压；Q_VAR 为电容器无功功率。

方法二：直接给定电容器的电容量。

方法三：直接给定电容器的三相电容矩阵。

在形成导纳矩阵时，根据电容器的不同接线方式，可采用以下两种方式形成电容器的原始导纳矩阵。

（1）星接电容器原始导纳矩阵的形成：根据前两种给定参数的形式，用电容量与角频率的乘积形成电纳，如式（1-43）所示；将电纳写成复数形式，变成电容器自身的导纳，如式（1-44）所示。如果带有线路阻抗，则将电容器本身的导纳求逆，将所得的阻抗 z_c 与线路阻抗 z_l 求和，记为等值阻抗 z，如式（1-45）所示，最后对等值阻抗 z 求逆即可得到原始导纳矩阵的元素。

$$B_c = \omega C \tag{1-43}$$

$$y_c = \text{j}\omega C \tag{1-44}$$

$$z = z_l + z_c \tag{1-45}$$

根据第三种给定参数的形式，直接利用三相电容矩阵形成电容器本身的三相导纳矩阵，求逆形成阻抗矩阵。若有线路阻抗，则加上线路阻抗，二者阻抗之和求逆即可得到原始导

纳矩阵。计算方法与前两种参数形式相同。

（2）角接电容器原始导纳矩阵的形成：根据前两种给定参数的形式，用电容量与角频率的乘积形成电纳[见式（1-43）]，并写成复数形式变成电容器本身的导纳[见式（1-44）]，形成三相导纳矩阵。如果带有线路阻抗，则将电容器的三相导纳矩阵求逆，将所得的三相阻抗矩阵与线路的三相阻抗矩阵求和，记为等值阻抗矩阵。但是，角接电容器的三相导纳矩阵为奇矩阵不能直接求逆，所以在求逆之前需要修正电容器的三相导纳矩阵。

5. 光伏系统元件模型

光伏阵列作为一种直流电源，通常需要经电力电子装置将直流转换为交流后接入配电网。光伏阵列自身具有的伏安特性使其必须通过最大功率跟踪环节才能获得理想的运行效率。同时，为了提高光伏阵列并网运行的安全性和可靠性，光伏系统需要并网控制环节，以保证光伏阵列的输出在较大范围内变化时，始终以较高的效率进行电能转换。光伏阵列、电力电子变换装置、最大功率控制器、并网控制器等构成了一个完整的光伏并网发电系统。

本节采用的光伏系统元件模型（见图 1-14）适用于大于 1s 步长的仿真计算，模型假设逆变器可以快速找到最大功率点。目前，许多光伏系统的逆变器可以通过控制无功功率来调节电压。

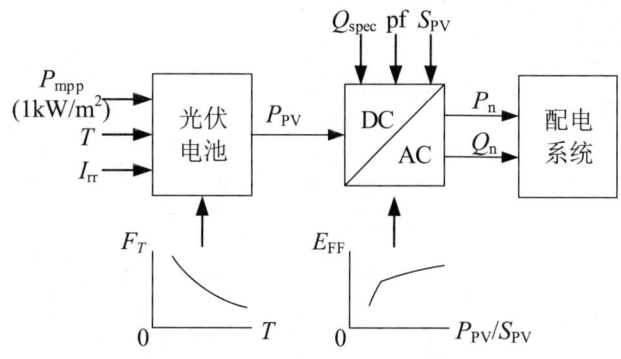

图 1-14 光伏系统元件模型图

图 1-14 所示的光伏系统元件模型由光伏阵列和逆变器组成。在图 1-14 中，P_{mpp} 是在给定温度下、辐射度为 $1kW/m^2$ 时，光伏阵列的输出功率的基准值；T 为当前温度；I_{rr} 是当前辐射度。利用各温度与对应输出功率系数 F_T 的 P_{mpp}-T 曲线和当前温度 T 可以得到的当前输出功率系数 F_T（当温度为定义 P_{mpp} 的温度时，$F_T=1$），由式（1-46）即可求出光伏阵列输出功率 P_{PV}：

$$P_{PV} = I_{rr}P_{mpp}F_T \tag{1-46}$$

逆变器设有启动功率和切断功率，当光伏阵列输出功率 P_{PV} 小于切断功率时，逆变器停止工作；当光伏阵列输出功率 P_{PV} 大于启动功率时，逆变器工作。考虑到逆变器的损耗，逆变器模型设置了效率系数,光伏阵列输出功率 P_{PV} 乘以其对应的效率系数 E_{FF} 得到整个光伏系统输出的有功功率 P_n：

$$P_n = P_{nel}E_{FF} \tag{1-47}$$

光伏阵列输出功率 P_{PV} 对应的效率系数 E_{FF} 由 P_{PV}-E_{FF} 曲线得到。由式（1-46）、式（1-47）可得

$$P_n = I_{rr}P_{mpp}F_TE_{FF} \tag{1-48}$$

光伏系统输出的无功功率有两种确定方法：①给定功率因数 PF，由式（1-49）计算光伏系统输出的无功功率；②给定光伏系统输出的无功功率值 Q_n。由式（1-50）可以得到当前光伏系统的视在功率 S_n。

$$Q_n = P_n \sqrt{\frac{1}{PF^2} - 1} \tag{1-49}$$

$$S_n = \sqrt{P_n^2 + Q_n^2} \tag{1-50}$$

但是，光伏系统规定了容量限制 S_{PV}，光伏系统的输出功率要考虑容量限制，不能超越该容量。当光伏系统当前的输出功率大于容量限制 S_{PV} 时，光伏系统会切去部分光伏以减小光伏阵列输出功率，这时会依据公式（1-51）重新调整光伏系统的输出功率。

$$\begin{cases} P_n = S_{PV}, \ Q_n = 0 & (S_n > S_{PV}, \ P_n > S_{PV}) \\ Q_n = \sqrt{S_{PV}^2 - P_n^2} & (S_n > S_{PV}, \ P_n \leqslant S_{PV}) \end{cases} \tag{1-51}$$

光伏系统可转化为诺顿等效电路进行处理，如图 1-15 所示。光伏系统的注入电流 $\dot{I}$ 为该理想电流源的注入电流 $\dot{I}_{inj}$ 与流入导纳的电流 $\dot{I}_Y$ 的差值，如式（1-52）所示。针对不同的光伏系统类型，需要根据光伏的节点电压及给定参数计算得到的光伏系统输出功率计算等效模型中的导纳和理想电流源的注入电流。

$$\dot{I} = \dot{I}_{inj} - \dot{I}_Y \tag{1-52}$$

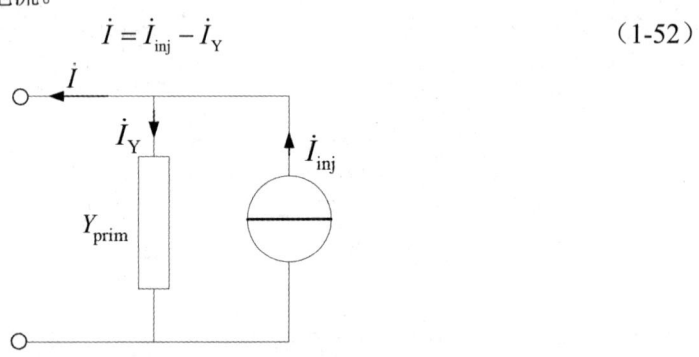

图 1-15 光伏系统模型等效电路图

图 1-16 所示为光伏系统三相模型等效电路图，其中 $\dot{I}_a$、$\dot{I}_b$、$\dot{I}_c$ 是光伏元件的注入电流；$\dot{I}_{Y\_a}$、$\dot{I}_{Y\_b}$、$\dot{I}_{Y\_c}$ 是流过光伏元件的导纳矩阵的电流；$\dot{I}_{inj\_a}$、$\dot{I}_{inj\_b}$、$\dot{I}_{inj\_c}$ 是光伏元件的等效理想电流源的注入电流。

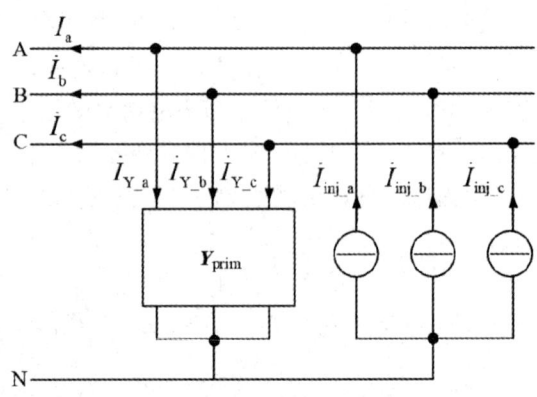

图 1-16 光伏系统三相模型等效电路图

注入电流的计算方法与配电负荷的类似，这里不再赘述。

6. 储能装置模型

储能是通过介质或设备把能量存储起来，在需要时再释放的过程。储能装置既可以独立运行，又可以通过储能控制器来进行控制。

储能装置有 3 种工作状态：充电状态、放电状态和闲置状态。当储能装置处于充电状态时，充电效率等于储能装置所吸收的有功功率与网络提供给储能装置的有功功率的比值；当储能装置处于放电状态时，放电效率等于最终流入网络中的有功功率与储能装置输出的有功功率的比值；当储能装置处于闲置状态时，考虑到装置本身存在一定的损耗，往往在模型中并联一个导纳来模拟。

当储能装置处于充电状态时，储能装置所存储的能量不断增加，当达到额定容量时，储能装置将切换到闲置状态。当储能装置处于放电状态时，储能装置所存储的能量不断减少，当达到最低允许容量时，储能装置将切换到闲置状态。同时考虑到储能装置自身的承受能力，充电功率和放电功率均不能太大，不能超过设定的最大充电功率和最大放电功率，否则储能装置将切换到闲置状态。此外，还可以设定储能装置切换到充电状态的时间，当运行到该时间时，如果储能装置不处于充电状态，则会自动切换到充电状态。

通过并网逆变器，储能装置可以发出或吸收一定的无功功率。储能装置的工作状态和充放电功率可以指定，也可以按照一定的运行曲线变化，以满足不同条件下对储能装置的需求。在不同的工作模式下，储能装置的工作状态和充放电功率均有不同的处理方法，本节介绍储能装置的常见工作模式。

（1）默认模式：储能装置按照设定好的工作状态和充放电功率工作。当储能装置处于充电状态，且储存的能量等于额定容量时，将不再充电，切换到闲置状态；当储能装置处于放电状态，且储存的能量低于最低允许值时，将切换到闲置状态。而且在此工作模式下，储能装置的充放电功率有所限制，必须在充放电所允许的范围内，否则储能装置将处于闲置状态。

（2）跟踪模式：储能装置按照设定好的运行曲线工作。当储能装置工作时，根据运行曲线来切换其工作状态。在此模式下，储能装置的充放电功率将不再受到限制，即使超出了允许范围仍然按照运行曲线工作，并不改变其工作状态，直到充电到额定容量或放电到最低允许容量时，将工作状态切换到闲置状态。

（3）负荷模式：储能装置根据配电网中的负荷水平切换工作状态及进行充放电功率控制。当配电网的负荷水平较高时，储能装置处于放电状态；当配电网的负荷水平较低时，储能装置处于充电状态。

（4）价格模式：储能装置充放电功率的大小决定了运行费用，功率越大费用越高。在此模式下，储能装置从节省运行费用的角度来切换其工作状态，并且其充放电功率必须在一定的范围内，与默认模式相同。

（5）外部模式：如果有外部控制器进行控制，储能装置完全通过储能控制器来切换其运行状态及充放电功率。其详细工作情况可参考储能控制器模型。在此模式下，储能装置的充放电功率必须在一定范围内，与默认模式相同。

对储能装置进行建模，将其等效为一个理想电流源和一个导纳的并联电路结构，如

图 1-17 所示。

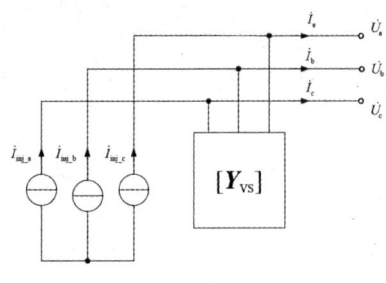
（a）三相角接等效电路图

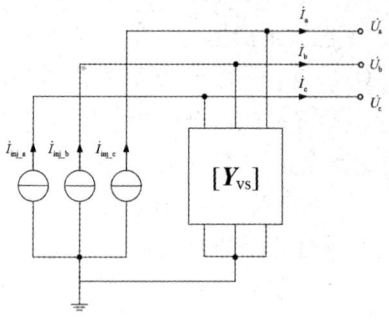
（b）三相星接等效电路图

图 1-17 储能装置模型等效电路图

与其他元件类似，储能装置同样需要形成原始导纳矩阵。储能装置有 3 种运行状态，不同运行状态下的导纳值不同。设定储能装置在充电状态和放电状态下计算导纳值 Y_{eq} 的方法相同，而在闲置状态下计算导纳值 Y_{idle} 的方法有所不同。下面将分别介绍不同运行状态下计算导纳值的方法。

（1）当储能装置处于充电或放电状态时，需要考虑储能装置当前的运行电压水平，式（1-53）表示在不同的运行电压水平下计算所得的导纳值：

$$Y_{eq} = \begin{cases} \dfrac{P_{out} - jQ_{out}}{U_{base}^2} & (U_{min} \leqslant U \leqslant U_{max}) \\ \dfrac{P_{out} - jQ_{out}}{U_{max}^2} & (U > U_{max}) \\ \dfrac{P_{out} - jQ_{out}}{U_{min}^2} & (U < U_{min}) \end{cases} \quad (1\text{-}53)$$

式中，P_{out} 为储能装置输出的有功功率；Q_{out} 为储能装置输出的无功功率；U_{base} 为储能装置的基准电压；U 为储能装置当前的运行电压水平；U_{max} 为储能装置所允许的最高运行电压水平，$U_{max}=1.1U_{base}$；U_{min} 为储能装置所允许的最低运行电压水平，$0.9U_{base}$；$U_{min}=0.9U_{base}$。当储能装置的工作电压过高或过低时，其导纳值将不再按照基准电压 U_{base} 来计算，而是按照 U_{max}、U_{min} 电压水平来计算。

（2）当储能装置处于闲置状态时，

$$Y_{idle} = \dfrac{(P_{idle}\% + Q_{idle}\%)P_{rate}}{U_{base}^2} \quad (1\text{-}54)$$

式中，$P_{idle}\%$、$Q_{idle}\%$ 分别为闲置状态下有功功率损耗和无功功率损耗的百分值；P_{rate} 为储能装置的额定充放电功率；U_{base} 为储能装置的基准电压。

当储能装置处于闲置状态时，其原始导纳矩阵只由 Y_{idle} 形成；当储能装置处于充放电状态时，其原始导纳矩阵由 Y_{idle} 和 Y_{eq} 共同形成。

将储能装置按照一端口元件处理，若储能装置采用星形连接，则其对应的原始导纳矩阵为

$$\boldsymbol{Y}_{\text{prim}} = \begin{bmatrix} Y & 0 & 0 \\ 0 & Y & 0 \\ 0 & 0 & Y \end{bmatrix} \tag{1-55}$$

若储能装置采用三角形连接，则其对应的原始导纳矩阵为

$$\boldsymbol{Y}_{\text{prim}} = \begin{bmatrix} 2Y & -Y & -Y \\ -Y & 2Y & -Y \\ -Y & -Y & 2Y \end{bmatrix} \tag{1-56}$$

与其他元件类似，在计算时，储能装置同样需要计算并联导纳的注入电流 $\dot{I}_c$。计算并联导纳的注入电流时，需要考虑两种类型，即恒功率类型、恒阻抗类型。

（1）在恒功率类型中，计算并联导纳的注入电流时，需要考虑储能装置当前的运行电压水平，式（1-57）表示不同运行电压水平下计算所得的注入电流：

$$\dot{I}_c = \begin{cases} Y_{\text{eq}}\dot{U} & (U_{\max} < |\dot{U}| < U_{\min}) \\ \dfrac{P_{\text{out}} - jQ_{\text{out}}}{\dot{U}^2} & (U_{\min} \leqslant |\dot{U}| \leqslant U_{\max}) \end{cases} \tag{1-57}$$

式中，$\dot{I}_c$ 为不同电压水平下并联导纳矩阵的注入电流；$\dot{U}$ 为当前运行相电压；U 为当前运行电压水平，$U = |\dot{U}|$；Y_{eq} 为不同运行电压水平下计算所得的导纳值[见式（1-53）]。

（2）在恒阻抗类型中，不考虑运行电压水平，即 $U_{\min} < |\dot{U}| < U_{\max}$，此时流入并联导纳矩阵的注入电流为

$$\dot{I}_c = Y_{\text{eq}}\dot{U} \tag{1-58}$$

式中，Y_{eq} 为式（1-53）计算所得的导纳值；$\dot{U}$ 为当前运行相电压。

以上导纳和注入电流的计算都是在星形连接条件下实现的，在三角形连接条件下的计算方法与星形连接的相同，只是将导纳值修正为在星形连接条件下计算导纳值的 $\dfrac{1}{3}$，即 $Y_D = \dfrac{1}{3}Y_Y$。Y_D 表示在三角形连接条件下计算所得的导纳值，Y_Y 表示在星形连接条件下计算所得的导纳值。

1.1.2 配电系统稳态计算方法

1. 潮流计算

配电系统潮流计算是配电系统分析的一项重要内容，它根据给定网络的结构及运行参数来确定整个网络的电气状态，主要是各节点的电压幅值和相角、网络中功率分布及功率损耗等，并进行电压、电流等越界检查，以了解和评价配电系统的运行状况。潮流计算是对配电系统规划设计和运行方式的合理性、可靠性及经济性进行定量分析的重要依据。

潮流计算问题本质上是对一组非线性方程进行求解。目前采用较多的是建立节点电压方程，即

$$\dot{\boldsymbol{I}} = \boldsymbol{Y}\dot{\boldsymbol{U}} \tag{1-59}$$

式中，$\dot{\boldsymbol{I}}$ 为系统各节点注入电流向量；$\dot{\boldsymbol{U}}$ 为系统各节点电压向量；$\boldsymbol{Y}$ 为系统节点导纳矩阵。

各节点的注入电流与该节点所连接的电力设备有关,以恒功率负荷(负荷的有功功率和无功功率恒定)为例,并网节点 i 的注入电流的计算方法如下:

$$\dot{I}_i = -\left(\frac{P_i + jQ_i}{\dot{U}_i}\right)^* = -\frac{P_i - jQ_i}{\dot{U}_i^*} \tag{1-60}$$

将式(1-60)代入式(1-59),即可得到一组非线性方程。求解该方程组,即可得到系统各节点电压,进而得到整个系统的潮流分布情况。

高压配电网的潮流计算方法比较成熟,典型的求解算法有高斯法、牛顿法、PQ 分解法等。然而,中低压配电网具有许多不同于高压配电网的特征,对潮流计算方法提出了一些特殊的要求。

(1)收敛性问题。由于低压配电网支路参数的电阻与电抗比值(r/x)较大,使原来在高压配电网中行之有效的算法,如快速解耦法等,在中低压配电网中不再有效。能否可靠收敛是评价配电网潮流算法的首要标准。

(2)多相不对称问题。由于中低压配电系统中存在大量不对称负荷和单相、两相、三相线路混合供电模式,使得配电网三相电压、电流不再对称,因此必须进行三相潮流计算。

(3)新能源接入问题。由于新能源种类繁多,并网方式复杂多样,运行模式灵活多变,因此对含有新能源的配电网进行潮流计算时往往需要考虑新能源装置的运行特性和控制策略。

(4)功能扩展问题。随着智能配电技术的发展,越来越多的新设备(如储能装置、电动汽车、软开关装置、智能空调)出现在配电网中,层出不穷的智能装置如何建模,潮流算法能否不断兼容这些新模型,都值得进一步思考。

1)简单配电网潮流模型

这里以简单的 4 节点配电网为例介绍潮流计算方法的实现过程,算例结构如图 1-18 所示,节点 B_0 接无穷大电源,作为平衡节点。

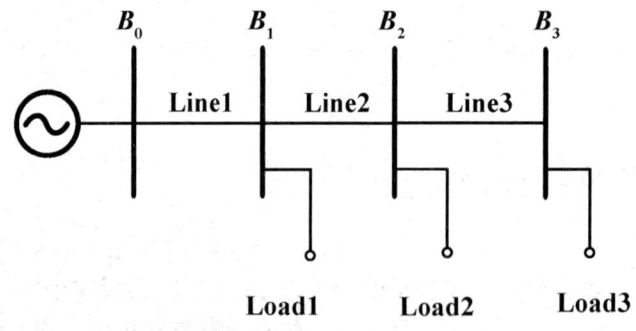

图 1-18 简单的 4 节点算例结构

假定该配电网络为三相对称网络,节点 $B_0 \sim B_3$ 的电压分别为 $\dot{U}_0 \sim \dot{U}_3$;节点 $B_1 \sim B_3$ 上的负荷有功功率分别为 $P_1 \sim P_3$,无功功率分别为 $Q_1 \sim Q_3$;无穷大电源的供电有功功率和无功功率分别为 P_0 和 Q_0,线路 Line1~Line3 的导纳分别为 Y_{01}、Y_{12}、Y_{23},忽略线路对地电容。根据 KCL 和 KVL 定律,可以得到

$$\begin{bmatrix} Y_{01} & -Y_{01} & 0 & 0 \\ -Y_{01} & Y_{01}+Y_{12} & -Y_{12} & 0 \\ 0 & -Y_{12} & Y_{12}+Y_{23} & -Y_{23} \\ 0 & 0 & -Y_{23} & Y_{23} \end{bmatrix} \begin{bmatrix} \dot{U}_0 \\ \dot{U}_1 \\ \dot{U}_2 \\ \dot{U}_3 \end{bmatrix} = \begin{bmatrix} \dot{I}_0 \\ \dot{I}_1 \\ \dot{I}_2 \\ \dot{I}_3 \end{bmatrix} = \begin{bmatrix} (P_0-jQ_0)/\dot{U}_0^* \\ -(P_1-jQ_1)/\dot{U}_1^* \\ -(P_2-jQ_2)/\dot{U}_2^* \\ -(P_3-jQ_3)/\dot{U}_3^* \end{bmatrix} \quad (1-61)$$

式中，$\dot{U}_0$ 为平衡节点电压，其值给定，故无须求解。因此，式（1-61）总共包含了 3 个待求解方程和 3 个未知量，利用特定的方程组求解方法即可得到其他节点的电压。各支路的潮流情况根据 KCL 和 KVL 定律计算即可得到。

对于不对称配电网，图 1-18 所示的 4 节点算例需要采用三相潮流计算来实现，原理与三相对称网络相同，但是需要采用三相建模技术。三相不对称网络变量描述如表 1-6 所示。

表 1-6 三相不对称网络变量描述

系统变量	三相对称情况	三相不对称情况
节点电压	$\dot{U}$：一维变量	$[\dot{U}_a \ \dot{U}_b \ \dot{U}_c]^T$：3×1 维变量
节点注入电流	$\dot{I}$：一维变量	$[\dot{I}_a \ \dot{I}_b \ \dot{I}_c]^T$：3×1 维变量
设备功率	$P+jQ$：一维变量	$\begin{bmatrix} P_a+jQ_a \\ P_b+jQ_b \\ P_c+jQ_c \end{bmatrix}$：3×1 维变量
支路导纳	Y：一维变量	$\begin{bmatrix} Y_{aa} & Y_{ab} & Y_{ac} \\ Y_{ba} & Y_{bb} & Y_{bc} \\ Y_{ca} & Y_{cb} & Y_{cc} \end{bmatrix}$：3×3 维矩阵

采用三相建模技术后的配电网潮流方程为

$$\begin{bmatrix} [\mathbf{Y}_{01}]_{3\times3} & -[\mathbf{Y}_{01}]_{3\times3} & 0 & 0 \\ -[\mathbf{Y}_{01}]_{3\times3} & [\mathbf{Y}_{01}]_{3\times3}+[\mathbf{Y}_{12}]_{3\times3} & -[\mathbf{Y}_{12}]_{3\times3} & 0 \\ 0 & -[\mathbf{Y}_{12}]_{3\times3} & [\mathbf{Y}_{12}]_{3\times3}+[\mathbf{Y}_{23}]_{3\times3} & -[\mathbf{Y}_{23}]_{3\times3} \\ 0 & 0 & -[\mathbf{Y}_{23}]_{3\times3} & [\mathbf{Y}_{23}]_{3\times3} \end{bmatrix} \dot{\mathbf{U}} = \dot{\mathbf{I}} \quad (1-62)$$

式中，$\dot{\mathbf{U}}=[\dot{U}_{0a} \ \dot{U}_{0b} \ \dot{U}_{0c} \ \dot{U}_{1a} \ \dot{U}_{1b} \ \dot{U}_{1c} \ \dot{U}_{2a} \ \dot{U}_{2b} \ \dot{U}_{2c} \ \dot{U}_{3a} \ \dot{U}_{3b} \ \dot{U}_{3c}]^T$；$\dot{\mathbf{I}}=[\dot{I}_{0a} \ \dot{I}_{0b} \ \dot{I}_{0c} \ \dot{I}_{1a} \ \dot{I}_{1b} \ \dot{I}_{1c} \ \dot{I}_{2a} \ \dot{I}_{2b} \ \dot{I}_{2c} \ \dot{I}_{3a} \ \dot{I}_{3b} \ \dot{I}_{3c}]^T$。各节点负荷的注入电流计算公式为

$$\dot{I}_{ip} = -\left(\frac{P_{ip}+jQ_{ip}}{\dot{U}_{ip}}\right)^* = -\frac{P_{ip}-jQ_{ip}}{\dot{U}_{ip}^*} \quad (1-63)$$

式中，i 表示节点编号，p=a,b,c 表示相。

2）配电网潮流计算方法

针对式（1-59）所建立的潮流方程，采用准确有效的求解算法是潮流计算成功的关键。目前常用的算法包括隐式 Zbus 高斯法、牛顿法、改进快速解耦法、前推回代法、回路阻抗法等。这些算法在计算收敛性、计算效率、适用性、程序实现上均有所不同。这里主要介绍 Zbus 高斯法、牛顿法和前推回代法三种。

（1）Zbus 高斯法。

如果将配电系统的源节点和其他节点分离，则可以将系统方程写为式（1-64）的形式。

$$\begin{bmatrix} \dot{I}_1 \\ \dot{I}_2 \end{bmatrix} = \begin{bmatrix} Y_{11} & Y_{12} \\ Y_{21} & Y_{22} \end{bmatrix} \begin{bmatrix} \dot{U}_1 \\ \dot{U}_2 \end{bmatrix} \tag{1-64}$$

式中，$\dot{I}_1$ 和 $\dot{U}_1$ 分别为源节点的电流向量和电压向量；$\dot{I}_2$ 和 $\dot{U}_2$ 分别为其他节点的电流向量和电压向量。就配电系统而言，一般源节点电压 $\dot{U}_1$ 是给定的，如果系统负荷节点的注入电流 $\dot{I}_2$ 是已知的恒定电流，则系统中除源节点外其他节点的电压即可求出，如式（1-65）所示。

$$\dot{U}_2 = Y_{22}^{-1}[\dot{I}_2 - Y_{21}\dot{U}_1] \tag{1-65}$$

若负荷为恒定功率类型，可以用估计电压下的等值注入电流来代替，则节点的注入电流向量成为节点电压向量的函数，即式（1-65）。在高斯迭代算法中，在第 k 次迭代时，利用了第 k–1 次迭代产生的 $\dot{U}_2$ 值，如式（1-66）所示。

$$\dot{U}_2^{(k)} = Y_{22}^{-1}[\dot{I}_2(\dot{U}_2^{(k-1)}) - Y_{21}\dot{U}_1] \tag{1-66}$$

当两次迭代间电压变化值小于精度要求时，算法终止。

由上述迭代过程可以看出，该算法等价于不断左乘阻抗矩阵 Y_{22}^{-1}，因此称为 Zbus 高斯法，而在算法的具体实现中，由于阻抗矩阵 Y_{22}^{-1} 并不需要显式形成，实际程序中存储和利用的是 Y_{22} 的因子表，因此该算法称为隐式算法。Zbus 高斯法的实现过程包括两部分：计算 $\dot{I}_2(\dot{U}_2^{(k-1)})$ 和对式（1-66）利用 Y_{22} 的因子表进行前代运算和回代运算。Zbus 高斯法的具体计算步骤如下。

①输入原始数据，并初始化各节点电压。
②形成和存储节点导纳矩阵 Y，并将并联电容器和恒定阻抗负荷一起加入 Y。
③分离配电系统的源节点和其他节点，得到 Y_{22}。
④对 Y_{22} 进行因子分解。
⑤利用上一次迭代得到的节点电压计算除源节点外其他节点的注入电流向量 $\dot{I}_2$。
⑥利用高斯迭代法求解方程，得到 $\dot{U}_2$ 的值。
⑦对各节点计算电压差，并同收敛精度进行比较，判断是否收敛。若不收敛，转至⑤，若收敛，迭代结束。

Zbus 高斯法是以系统节点导纳矩阵为基础的一种潮流算法，原理比较简单，要求的内存量也比较小，虽然是一阶收敛算法，但具有接近牛顿法的收敛速度和收敛特性，对于规模不大的系统具有较好的适应性。

（2）牛顿法。

电力系统元件的节点电流向量一般为节点电压向量的函数，如果将该函数代入式（1-59），并进行整理，即可得到 $F(X)=0$ 的形式。式中，X 为需要求解的未知数，即系统节点电压。

传统的牛顿法是先将 $F(X)=0$ 用泰勒级数展开，再略去二阶以上的高阶项，然后求解。它的实质是逐次线性化，求解过程的核心是反复形成并求解修正方程。其迭代格式为

$$\begin{cases} F(X^{(k)}) = -J^{(k)}\Delta X^{(k)} \\ X^{(k+1)} = X^{(k)} + \Delta X^{(k)} \end{cases} \tag{1-67}$$

式中，X 和 ΔX 分别为 n 个状态变量和其修正量组成的 n 维列向量；J 是雅可比矩阵；$F(X)$ 是由 n 个函数组成的 n 维列向量。

利用牛顿法求解系统潮流方程时，多数情况下采用极坐标的形式，节点电压表示为

$\dot{U}_i = U_i \angle \theta_i = U_i(\cos\theta_i + \mathrm{j}\sin\theta_i)$，用节点电压的幅值和相角表示的节点功率方程为

$$\begin{cases} P_i = U_i \sum_{j=1}^{n} U_j (G_{ij}\cos\theta_{ij} + B_{ij}\sin\theta_{ij}) \\ Q_i = U_i \sum_{j=1}^{n} U_j (G_{ij}\sin\theta_{ij} - B_{ij}\cos\theta_{ij}) \end{cases} \quad (1\text{-}68)$$

式中，$\theta_{ij} = \theta_i - \theta_j$ 为节点 i 和 j 的电压相角差。

若取给定的节点注入功率 P_i^s 和 Q_i^s 与由节点电压求得的节点注入有功功率和无功功率之差作为节点有功功率和无功功率的不平衡量，则节点功率方程可以写为

$$\begin{cases} \Delta P_i = P_i^s - U_i \sum_{j=1}^{n} U_j (G_{ij}\cos\theta_{ij} + B_{ij}\sin\theta_{ij}) = 0 \\ \Delta Q_i = Q_i^s - U_i \sum_{j=1}^{n} U_j (G_{ij}\sin\theta_{ij} - B_{ij}\cos\theta_{ij}) = 0 \end{cases} \quad (1\text{-}69)$$

其牛顿法的修正方程可以表示为

$$\begin{bmatrix} \Delta P \\ \Delta Q \end{bmatrix} = -\begin{bmatrix} H & N \\ K & L \end{bmatrix} \begin{bmatrix} \Delta \theta \\ \Delta U/U \end{bmatrix} \quad (1\text{-}70)$$

式中，雅可比矩阵的各元素为

$$\begin{cases} H_{ij} = \dfrac{\partial P_i}{\partial \theta_j} = -U_i U_j (G_{ij}\sin\theta_{ij} - B_{ij}\cos\theta_{ij}) \\ H_{ii} = \dfrac{\partial P_i}{\partial \theta_i} = U_i \sum_{j\in i, j\neq i} U_j (G_{ij}\sin\theta_{ij} - B_{ij}\cos\theta_{ij}) \\ N_{ij} = U_j \dfrac{\partial P_i}{\partial V_j} = -U_i U_j (G_{ij}\cos\theta_{ij} + B_{ij}\sin\theta_{ij}) \\ N_{ii} = U_i \dfrac{\partial P_i}{\partial V_i} = -U_i \sum_{j\in i, j\neq i} U_j (G_{ij}\cos\theta_{ij} + B_{ij}\sin\theta_{ij}) \\ K_{ij} = \dfrac{\partial Q_i}{\partial \theta_j} = U_i U_j (G_{ij}\cos\theta_{ij} + B_{ij}\sin\theta_{ij}) \\ K_{ii} = \dfrac{\partial Q_i}{\partial \theta_i} = -U_i \sum_{j\in i, j\neq i} U_j (G_{ij}\cos\theta_{ij} + B_{ij}\sin\theta_{ij}) \\ L_{ij} = U_j \dfrac{\partial Q_i}{\partial V_j} = -U_i U_j (G_{ij}\sin\theta_{ij} - B_{ij}\cos\theta_{ij}) \\ L_{ii} = U_i \dfrac{\partial Q_i}{\partial V_i} = -U_i \sum_{j\in i, j\neq i} U_j (G_{ij}\sin\theta_{ij} - B_{ij}\cos\theta_{ij}) + 2U_i^2 B_{ii} \end{cases} \quad (1\text{-}71)$$

式中，$j \in i$ 表示与节点 i 通过线路直接相连的节点结合。

先通过求解修正方程可以得到节点电压幅值和相角的修正量，再利用式（1-72）进行修正，做进一步迭代。

$$\begin{cases} \theta_i^{(k+1)} = \theta_i^{(k)} + \Delta\theta_i^{(k)} \\ U_i^{(k+1)} = U_i^{(k)} + \Delta U_i^{(k)} \end{cases} \quad (1\text{-}72)$$

牛顿法的计算过程如下。

①输入原始数据，并初始化各节点电压。

②形成和存储节点导纳矩阵 Y，并将并联电容器和恒定阻抗负荷一起加入 Y。

③由上一次迭代计算出的节点电压 $U_i^{(k)}$ 和相角 $\theta_i^{(k)}$ 计算功率不平衡量 $\Delta P_i^{(k)}$ 和 $\Delta Q_i^{(k)}$，如果是第一次，则用初始节点电压和相角。

④检验是否收敛，即判断误差是否小于给定误差限值 ε，若满足 $\max\{\Delta P_i^{(k)}, \Delta Q_i^{(k)}\} < \varepsilon$，则迭代结束，否则继续。

⑤利用节点电压的幅值 $U_i^{(k)}$ 和相角 $\theta_i^{(k)}$ 计算雅可比矩阵的各个元素。

⑥求解修正方程式（1-70），求得各节点电压的修正量 $\Delta U_i^{(k)}$ 和 $\Delta\theta_i^{(k)}$。

⑦通过式（1-72）修正各节点电压幅值和相角，并转至③做下一步迭代。

对于牛顿法，也可以采用直角坐标系的表示方法，甚至采用电流形式的方程来描述，求解思路类似。牛顿法的突出优点是收敛速度快，若算法收敛，则牛顿法具有平方收敛特性，即迭代误差按平方的速率减小，一般迭代 4~6 次便可得到很精确的解，且迭代次数与配电网规模的大小基本无关。牛顿法的缺点是每次迭代需要重新计算雅可比矩阵，计算量较大。并且，牛顿法对计算的初始值比较敏感，初值选择不当易造成迭代不收敛的问题。为此，有研究对牛顿法进行改进，提出伪牛顿法、改进牛顿法等。

（3）前推回代法。

前推回代法是求解辐射型配电网潮流的有效方法。配电网的显著特征是从任一个给定母线到源节点具有唯一的路径。前推回代法正是充分利用了配电网的这一特征，沿这些唯一的供电路径修正电压和电流（或功率流）。前推回代法的收敛性能不受配电网高电阻与电抗比值（r/x）的影响。虽然该类方法处理多个网孔的能力较差，但是考虑到配电网正常运行时为开环辐射状，即使为了倒换负荷需要出现短时环路运行的情况，网孔的数目一般也不会多于一个，而且处理少网孔的弱环网并不困难。前推回代法以其简单、灵活、方便等优点，在配电网潮流计算中获得了广泛的应用。

前推回代法在回代过程中计算各负荷节点的注入电流或功率流，从末梢节点开始，通过对支路电流或功率流的求和计算，获得各条支路始端的电流或功率流，同时修正节点电压；在前推过程中利用已设定的源节点电压作为边界条件计算各支路电压降和末端电压，同时修正支路电流或功率；如此不断重复前推和回代两个步骤，直至收敛。

图 1-19 所示为配电网潮流计算的基本单元，母线 k 的进支又称为支路 k，可以是配电线路、开关或变压器，其三相导纳矩阵表示为式（1-73）所示的形式，该导纳矩阵联系起了支路两端的电流和相对地电压。

$$Y_k^{BR} = \begin{bmatrix} Y_k^{11} & Y_k^{12} \\ Y_k^{21} & Y_k^{22} \end{bmatrix} \tag{1-73}$$

$$\begin{bmatrix} \dot{I}_k \\ \dot{I}_k' \end{bmatrix} = \begin{bmatrix} Y_k^{11} & Y_k^{12} \\ Y_k^{21} & Y_k^{22} \end{bmatrix} \begin{bmatrix} \dot{U}_{k-1} \\ \dot{U}_k \end{bmatrix} \tag{1-74}$$

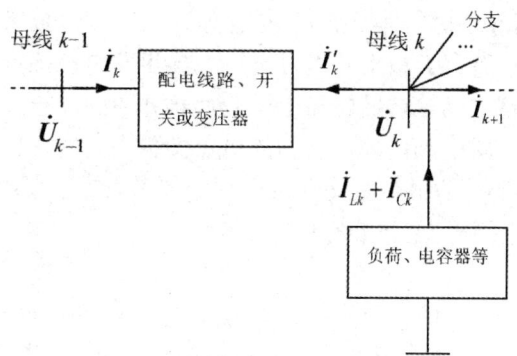

图 1-19 配电网潮流计算的基本单元

①回代过程。由母线 k 的三相电压向量 $\dot{U}_k$ 和进支电流三相向量 $\dot{I}'_k$，求母线 $k-1$ 的三相电压向量 $\dot{U}_{k-1}$ 和出支电流三相向量 $\dot{I}_k$，计算公式如下：

$$\dot{U}_{k-1} = \left(Y_k^{12}\right)^{-1}\left(\dot{I}'_k - Y_k^{22}\dot{U}_k\right) \tag{1-75}$$

$$\dot{I}_k = Y_k^{11}\dot{U}_{k-1} + Y_k^{12}\dot{U}_k \tag{1-76}$$

式中，$\dot{I}'_k$ 为母线 k 的进支电流三相向量，其值等于负荷、电容器等元件的注入电流减去母线 k 的所有出支电流。

②前推过程。由母线 $k-1$ 的三相电压向量 $\dot{U}_{k-1}$ 和出支电流三相向量 $\dot{I}_k$，求母线 k 的三相电压向量 $\dot{U}_k$ 和进支电流三相向量 $\dot{I}'_k$，计算公式如下：

$$\dot{U}_k = \left(Y_k^{12}\right)^{-1}\left(\dot{I}_k - Y_k^{11}\dot{U}_{k-1}\right) \tag{1-77}$$

$$\dot{I}'_k = Y_k^{21}\dot{U}_{k-1} + Y_k^{22}\dot{U}_k \tag{1-78}$$

前推回代法每次迭代的计算量与母线数成正比。因此，如果迭代次数恒定，那么计算的复杂性随网络的规模呈线性增长，这说明前推回代法适用于求解大规模辐射型配电系统。但是，前推回代法必须对节点和支路按一定的规则进行分层和编号，这对大规模配电网和实际工程中的应用来说是一件很麻烦的事情。此外，经典的前推回代法不能用于含有回路的配电网，这是阻碍前代回推法应用于工程实际的一个重要原因。

（4）初始迭代值选取。

潮流算法的收敛性和计算的成败与所选取的电压初值有很大的关系，尤其是牛顿法，要求初值在系统解的附近才能计算成功。并且，在计算多电压等级的配电网潮流时，由于变压器存在一定的调压和移相能力，系统各节点电压很难预测，因此，采用一种有效的节点电压初值估算方法对潮流计算来说意义重大。

由于电压初值估算只是一个系统解的大致估计，不需要精确的计算，因此考虑忽略系统的负荷、电容器等非线性设备，或者对其进行线性化处理，使得所建立的潮流方程为线性方程。此时，潮流计算不需要迭代，只需要进行一次系统方程的求解即可，计算速度较快，获得的系统节点电压与实际电压较为贴近。该方法基于一种直接求解的方式，如果配电系统元件本身都是线性元件，那么该方法计算得到的电压就是系统的潮流解，便无须进行迭代求解。因此，该方法本质上是对特定情况下配电系统的一种潮流计算方法。

3）分布式电源处理方法

传统配电网中一般仅包含两种节点类型：Vθ节点和 PQ 节点。变电站出口母线通常视为 Vθ 节点，而其他节点（包括负荷节点和中间节点）都视为 PQ 节点。分布式电源种类很多，并网运行方式多样，既有类似于同步发电机、异步发电机等直接并网的分布式电源，又有类似于光伏电池、蓄电池等通过电力电子变换器并网的分布式电源。在进行潮流计算时，必须针对不同的分布式电源，采用不同的节点类型来处理。目前，有大量研究将分布式电源类型分为以下几种：①P 恒定、Q 恒定的 PQ 节点类型；②P 恒定、U 恒定的 PV 节点类型；③P 恒定、电流幅值 I 恒定的 PI 节点类型。

（1）PQ 节点类型。

在潮流计算中，对分布式电源的简化处理方法是，将其视为"负的负荷"，当成 PQ 节点来处理。例如，对采用异步发电机的风力发电机节点的简化处理方法就是将其考虑成 PQ 节点，此时风力发电机的有功功率和无功功率是定值。根据风力发电机的风速-功率曲线，在给定风速情况下可以先计算出每台风力发电机从风电场中获得的机械功率，再求得整个风电场的有功功率，然后根据给定的风电场处的功率因数，计算出整个风电场消耗的无功功率。这种计算方法极其简单，但很粗糙，理论计算值与实际值的偏差可能会很大。

（2）PV 节点类型。

内燃机和传统燃气轮机等分布式电源一般采用同步发电机并网。所有同步发电机和通过电压控制逆变器接入配电网的分布式电源都可以按 PV 节点处理。在迭代过程中，若经过修正后的节点的无功功率越限，将其转换成对应的 PQ 节点。如果在后续迭代中，又出现该节点电压越限，重新将其转换成 PV 节点。

由于配电线路的 r/x 比较大，且分布式电源多数采用 PV 节点处理，容易导致潮流不收敛。为了改善潮流算法的收敛性，有学者提出了一种基于同伦分析法的潮流计算方法。同伦分析法是求解非线性方程的有效手段之一，克服了传统方法和摄动方法存在的局限性，在求解许多不同类型的自然科学、力学和金融的非线性问题中，证明了其普遍具有有效性和适用性。

（3）PI 节点类型。

光伏发电系统、部分风力发电机组、微型燃气轮机和燃料电池等分布式电源一般通过逆变器接入配电网。在使用逆变器的情况下，分布式电源可以用输出限定的逆变器来建模。逆变器可以分为电流控制逆变器和电压控制逆变器两种。电流控制逆变器可以建模为有功功率和配电网注入的电流恒定的 PI 节点。相应的无功功率可以由前次迭代得到的电压、恒定的电流幅值和有功功率计算得出，即

$$Q_{k+1} = \sqrt{|I|^2 U_k^2 - P^2} \tag{1-79}$$

式中，Q_{k+1} 为第 $k+1$ 次迭代的分布式电源的无功功率；U_k 为第 k 次迭代得到的电压幅值；I 为恒定的分布式电源的电流向量的幅值；P 为恒定的有功功率。在进行潮流计算时，每次迭代前可以先求出 PI 节点的无功功率注入量，这样在第 $k+1$ 迭代过程中便可将 PI 节点处理成有功输出 P 和无功输出 Q_{k+1} 的 PQ 节点。

2. 短路计算

短路是指电力系统正常运行情况之外的一切相与相之间或相与地之间的短接。引起短路的原因很多，如电力设备的自然老化、机械损伤，雷击引起的过电压，自然灾害引起的杆塔倒地或断线，鸟兽跨接导线引起的短路，电力工作人员的误操作等。短路故障会产生非常严重的后果，可能导致电流激增，使设备受损，也可能对人身安全造成危害。所以，

短路电流是智能配电网规划、设计、运行阶段需要考虑的重要指标。

1) 短路故障类型

配电系统中常见的短路故障可以分为三相短路故障、单相接地短路故障、两相短路故障和两相接地短路故障等类型，下面分别介绍其基本特点。

(1) 三相短路故障。

当中压配电系统发生三相短路故障（见图1-20）时，若为金属性接地，则a、b、c三相的电压为零或接近于零；若为非金属性接地，则a、b、c三相的电压大于零但小于相电压。

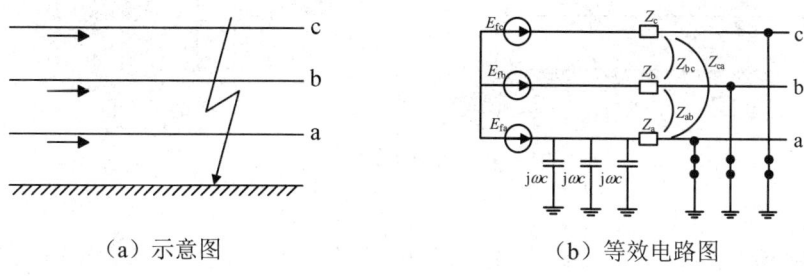

(a) 示意图　　　　　　　　　　(b) 等效电路图

图1-20　三相短路故障

(2) 单相接地短路故障。

当中压配电系统发生单相接地短路故障（见图1-21）时，若为金属性接地，则故障相的电压为零或接近于零，非故障相的电压上升为线电压或接近于线电压；若为非金属性接地，则故障相的电压大于零但小于相电压，非故障相的电压大于相电压但小于线电压。

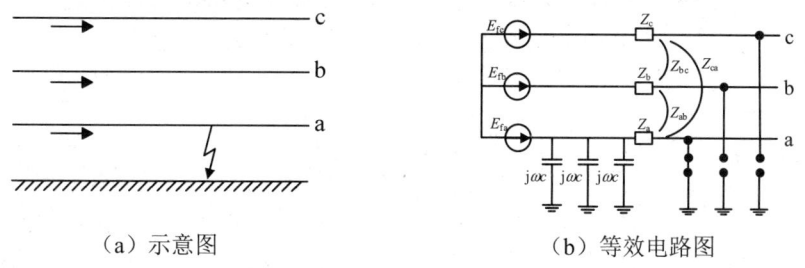

(a) 示意图　　　　　　　　　　(b) 等效电路图

图1-21　单相接地短路故障

(3) 两相短路故障。

当中压配电系统发生两相短路故障（见图1-22）时，在短路处，非故障相的电流为0；两故障相的电流大小相等但方向相反；若为两相金属性短接，则两故障相的电压相等。

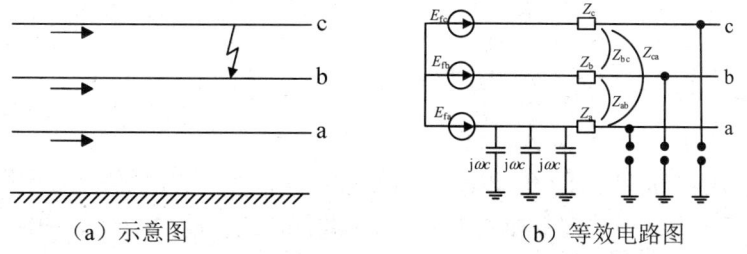

(a) 示意图　　　　　　　　　　(b) 等效电路图

图1-22　两相短路故障

(4) 两相接地短路故障。

当中压配电系统发生两相接地短路故障（见图 1-23）时，若为金属性接地，则故障相的电压为零或接近于零，非故障相的电压上升，大于相电压但小于线电压；若为非金属性接地，则故障相的电压大于零但小于相电压，非故障相的电压大于相电压但小于线电压。

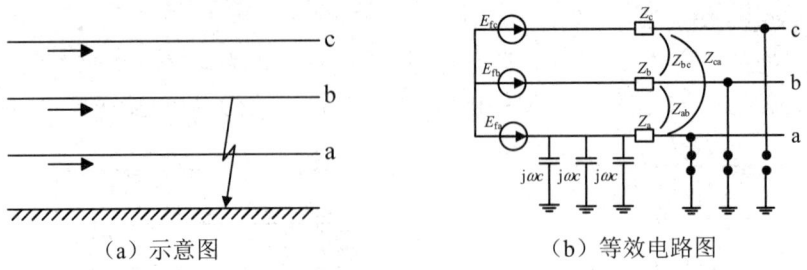

（a）示意图　　　　　　　　（b）等效电路图

图 1-23　两相接地短路故障

2）短路故障分析方法

短路故障分析方法可以分为等效电压源法、等效元件法、叠加法、相-零回路电流法、暂态仿真法等，这几种方法对短路故障分析的精细程度不同和应用场景不同。本书选取等效元件法进行介绍。

等效元件法可以在潮流计算基础上进行扩展实现，编程容易，计算准确，且能方便处理各种形式的短路故障。其原理是通过模拟短路故障等效电路，先改变潮流计算中的网络导纳矩阵元素，再利用潮流计算方法来求解故障电流，然后将稳态短路电流折算为最大短路电流瞬时值。对于任何不对称故障，总可以在故障端口处将不对称故障电路从电力网络中分离开。图 1-24 所示为从电力网络中分离出的故障电路示意图。

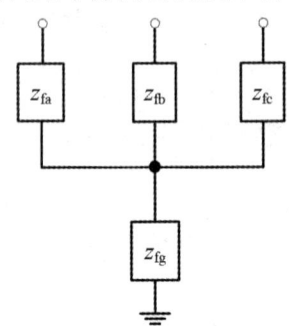

图 1-24　从电力网络中分离出的故障电路示意图

由图 1-24 可知，故障电路的阻抗矩阵为

$$\mathbf{Z}_\mathrm{f} = \begin{bmatrix} z_\mathrm{fg} + z_\mathrm{fa} & z_\mathrm{fg} & z_\mathrm{fg} \\ z_\mathrm{fg} & z_\mathrm{fg} + z_\mathrm{fb} & z_\mathrm{fg} \\ z_\mathrm{fg} & z_\mathrm{fg} & z_\mathrm{fg} + z_\mathrm{fc} \end{bmatrix} \qquad (1\text{-}80)$$

通过对 z_fa、z_fb、z_fc 和 z_fg 的不同取值，可以模拟各种类型的金属短路故障和非金属短路故障，几种典型故障的阻抗取值如表 1-7 所示。此外，z_fa、z_fb、z_fc 和 z_fg 的值可以取 $0 \sim 10^6$ 之间的任意值来模拟各种类型的非金属短路故障。

表 1-7　几种典型故障的阻抗取值

故障类型	z_{fa}、z_{fb}、z_{fc} 和 z_{fg} 的取值
a 相接地故障	$z_{fa}=z_{fg}=0$，$z_{fb}=z_{fc}=0$
ab 相间短路故障	$z_{fa}=z_{fb}=0$，$z_{fc}=z_{fg}=10^6$
ab 两相接地故障	$z_{fa}=z_{fb}=z_{fg}=0$，$z_{fc}=10^6$
三相短路故障	$z_{fa}=z_{fb}=z_{fc}=0$，$z_{fg}=10^6$
三相接地故障	$z_{fa}=z_{fb}=z_{fc}=z_{fg}=0$

先对求得的故障阻抗矩阵求逆，得到故障导纳矩阵，再根据短路故障所在节点的系统编号，将故障导纳矩阵并入系统导纳矩阵，即可进行短路计算，其原理和实现方法与潮流计算相同。

3）分布式电源故障处理方式

在进行配电网短路计算时，需要正确计算各种分布式电源在短路时的注入电流，由于分布式电源的短路特性差异性很大，因此有很多需要进一步考虑的因素。

当系统发生短路故障时，由于所在节点的电压偏低，所以分布式电源可能不满足并网运行的条件，在此情况下，分布式电源将退出运行。然而，随着分布式电源（尤其是分离发电系统）在配电网中的比例日益增长，它与配电网之间的相互影响越来越深，已经达到不能忽视的程度。为此，欧洲、美国等已出台风力发电系统并网标准，规定风力发电机组在配电网电压跌落时能够保持不脱网运行，甚至能够向配电网提供适当的无功功率，使配电网电压能够尽可能快地上升，直到风力发电系统能够正常运行，即要求风力发电系统具备低压穿越（LVRT）的能力，其中以德国的 E.ON 标准影响最为深远。图 1-25 所示为 E.ON 低压标准。该标准规定配电网电压在曲线以上时，风力发电系统必须保持正常并网运行；在曲线以下时，风力发电系统才能脱离配电网；当配电网电压在阴影区域内时，还要求发电机向配电网提供一定的无功功率，使配电网电压能够快速地上升，以协助配电网恢复正常运行。

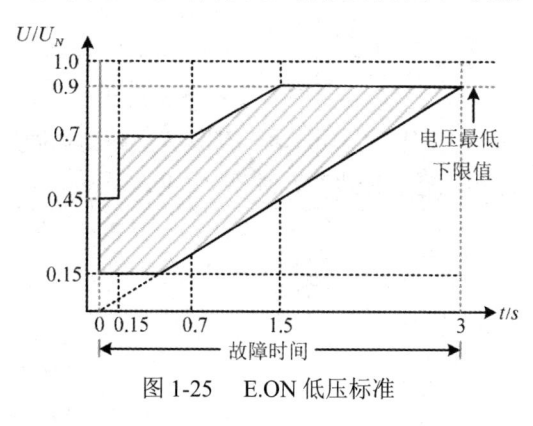

图 1-25　E.ON 低压标准

因此，对于分布式电源处理，可以分为以下 3 种情况。

（1）分布式电源直接退出运行，短路计算时不予考虑。

（2）分布式电源具有低压穿越能力，需要正确计算短路发生时该类电源所提供的注入电流。

（3）分布式电源具有低压穿越能力，但是出口电压过低致使分布式电源退出运行，此时短路计算也不予考虑。

对于第 3 种情况的分布式电源，先将其按照第 2 种情况处理，通过计算发现分布式电源出口电压过低（低于最小允许值），则认为该电源退出运行，之后重新进行短路计算即可。

因此，只需要考虑没有退出运行的分布式电源，在保证计算结果有效性的前提下简化计算，得到稳态短路电流，进而折算为最大短路电流瞬时值。

4）分布式电源短路计算模型

分布式电源种类繁多，按照并网形式分为同步发电机并网型分布式电源、异步发电机并网型分布式电源和电力电子装置并网型分布式电源三大类。针对不同的并网装置建立相应的配电系统短路计算模型，实现含分布式电源的配电系统短路计算。

（1）同步发电机并网型分布式电源。

由于接入配电网的分布式电源容量一般都不大，同时为了使配电网短路计算的结果更加接近于真实值，在进行故障分析时，必须考虑同步发电机的暂态过程。为了简化分析，假定 d 轴次暂态电抗与 q 轴次暂态电抗相等，即 $X''_d = X''_q$，计算阻尼绕组时的电压方程如式（1-81）所示。

$$\dot{E}'' = \dot{U} + j\dot{I}X''_d + \dot{I}R_a \tag{1-81}$$

式中，$\dot{E}''$ 为次暂态电动势；R_a 为同步发电机定子等值电阻；$\dot{U}$ 为同步发电机端电压；$\dot{I}$ 为同步发电机输出电流。

同步发电机的次暂态等效电路图如图 1-26 所示。

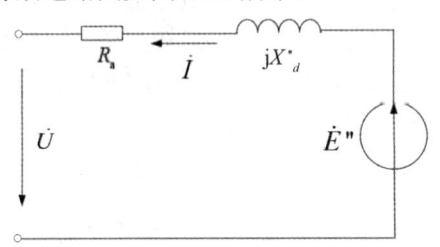

图 1-26 同步发电机的次暂态等效电路图

由于次暂态电动势 $\dot{E}''$ 具有短路前后瞬间保持不变的特性，所以可由故障前稳态潮流计算的状态量来求得，如式（1-82）所示。

$$\dot{E}'' = \dot{E}''_{0^-} = \dot{U}_{0^-} + j\dot{I}_{0^-} X''_d + \dot{I}_{0^-} R_a \tag{1-82}$$

通过式（1-83）的相序变换，即可得到同步发电机并网型分布式电源在故障时的内部等效电势。

$$\begin{cases} \dot{E}_a = \dot{E}'' \\ \dot{E}_b = e^{j240°} \dot{E}'' \\ \dot{E}_c = e^{j120°} \dot{E}'' \end{cases} \tag{1-83}$$

由同步发电机出口电压可得到故障发生时同步发电机输出的三相电流：

$$\begin{cases} \dot{I}_a = \dfrac{\dot{E}_a - \dot{U}_a}{R_a + jX''_d} \\ \dot{I}_b = \dfrac{\dot{E}_b - \dot{U}_b}{R_a + jX''_d} \\ \dot{I}_c = \dfrac{\dot{E}_c - \dot{U}_c}{R_a + jX''_d} \end{cases} \tag{1-84}$$

(2) 异步发电机并网型分布式电源。

异步发电机可以看作同步发电机的特例，即励磁电压恒为零，d 轴、q 轴参数相等，转速为非同步转速。在外部电网故障时，与同步发电机相似，异步发电机的定子绕组和转子鼠笼式短路条构成的等值绕组的磁链均不会突变，在定子和转子绕组中均感应有直流分量电流。因此，异步发电机可以用一个与转子绕组交链的磁链成正比的电动势，即次暂态电动势 $\dot{E}''$，以及相应的次暂态电抗 X'' 和定子等值电阻 R_a 作为定子暂态过程的等值电动势和阻抗。其次暂态等值电路图与同步发电机相似。其中，次暂态电抗 X'' 的表达式为

$$X'' = X_{a\sigma} + \frac{X_{r\sigma} X_{ad}}{X_{r\sigma} + X_{ad}} \tag{1-87}$$

式中，$X_{a\sigma}$ 为定子漏抗；$X_{r\sigma}$ 为转子漏抗；X_{ad} 为直轴电枢反应电抗，其物理意义等同于励磁电抗。

次暂态电动势 $\dot{E}''$ 也具有短路前后瞬间维持不变的特性，可由故障前稳态潮流计算的状态量求得。因此，基于异步发电机的分布式电源短路计算处理方法与同步发电机相同。

(3) 电力电子装置并网型分布式电源。

通常，光伏发电、燃料电池和蓄电池等都通过逆变器接入电网，电力电子逆变器控制模式一般可分为电压控制模式和电流控制模式。图 1-27 所示为逆变器主电路结构图。

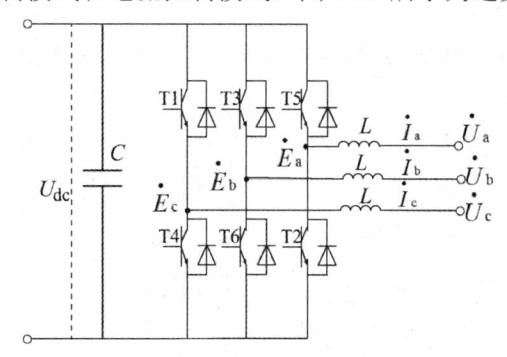

图 1-27 逆变器主电路结构图

基于电流控制模式的逆变器，其输出电流在短路前后保持不变，在次暂态过程中可认为输出电流保持不变，将其等效为电流源处理，如式（1-86）所示。

$$\dot{I}_{inv} = \dot{I}_{inv,0^-} \tag{1-86}$$

式中，$\dot{I}_{inv}$ 为逆变器输出电流；$\dot{I}_{inv,0^-}$ 为故障前逆变器输出电流。

基于电压控制模式的逆变器在次暂态过程中出口电压 $\dot{E}$ 保持恒定，且在故障前后不变。因此，逆变器出口电压可以根据故障前的稳态潮流计算得到，在已知故障前逆变器的输出功率 P 和 Q 的情况下，计算公式如下：

$$\dot{E} = U + \Delta U + \mathrm{j}\delta U \tag{1-87}$$

$$\Delta U = \frac{PR + QX}{U} \tag{1-88}$$

$$\delta U = \frac{PX - QR}{U} \tag{1-89}$$

式中，X 为逆变器输出滤波器的电抗；R 为逆变器输出滤波器的等效电阻。

然后，利用相序变换，得到逆变器出口各相电压，即可求得逆变器各相的注入电流，处理方法与同步发电机类似。

需要注意的是，逆变器中晶闸管承受过电流的能力有限，在外部电网短路时，可能导致流过逆变器的电流过大，损害晶闸管。故逆变型分布式电源装有过电流保护装置，一般在输出电流大于两倍的额定电流时，就会把逆变器和电网断开。

1.2 课程设计软件

本节采用"智能配电网分析仿真系统"为工具软件，开展电力系统稳态计算课程设计。智能配电网分析仿真系统是应用于配电网分析、计算的工具软件，以潮流计算、短路计算为核心。该软件可支持配电网规划设计、分布式电源与多元化负荷接入等业务。智能配电网分析仿真系统软件不仅具有完备的配电系统元件模型库及典型参数库，可实现多时间尺度下的配电系统稳态仿真计算，还具备配电系统运行优化、分布式电源与储能优化配置等功能。

1.2.1 操作界面

软件安装之后，"智能配电网分析仿真系统"主界面如图 1-28 所示，图 1-29 给出了算例绘制界面。

图 1-28 "智能配电网分析仿真系统"主界面

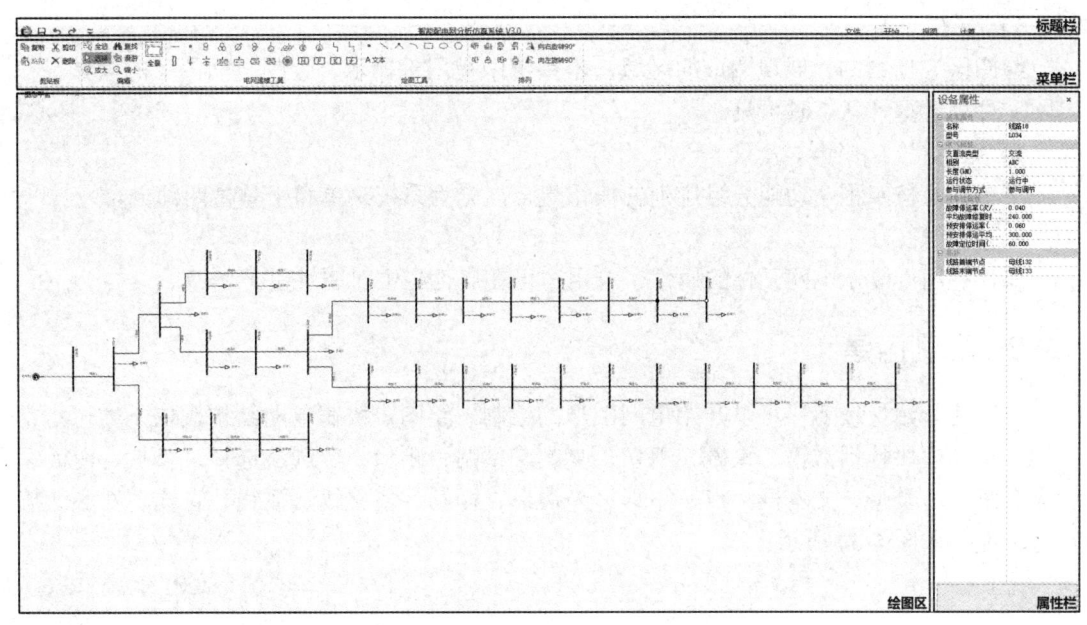

(a)

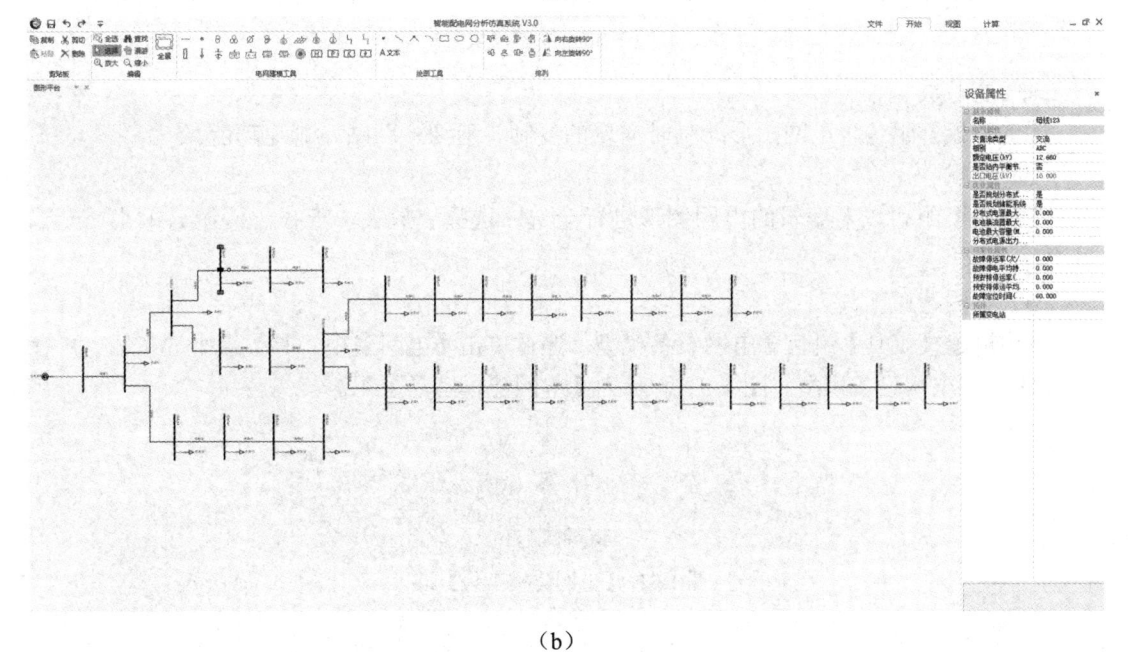

(b)

图 1-29 算例绘制界面

软件主要功能区如下。
1) 主界面
主界面显示登录界面与算例绘制界面的整体布局。
2) 标题栏
标题栏显示系统名称，控制系统主界面的状态。

3）绘图区

绘图区专指绘制、展现图形的区域，本系统中是用于显示、绘制电网图形的区域，在电网文件处于打开状态时可见。

4）菜单栏

菜单栏是按照程序功能分组排列的按钮集合，分为系统菜单和工具栏两部分。

5）属性栏

属性栏用于显示电网元件的属性，且用户可在属性栏中对属性进行修改。

1.2.2 算例搭建

单击【开始】按钮，可以开始电网图形的绘制。绘图模块在电网结构模块下才可正常使用。绘图模块包括撤销、重做、剪切、复制、粘贴、删除、全选、选择、查找、漫游、放大、缩小、全景、文本框、点、矩形、多边形、椭圆、多义线、弧线、直线、对齐、旋转等功能，如图 1-30 所示。

图 1-30 绘图模块

1）剪贴板

【剪贴板】组包含电网图形绘制时需要的复制、剪切、粘贴、删除功能。

2）编辑

【编辑】组可以对编辑的电网图形进行全选、选择、放大、查找、漫游、缩小、全景操作。

3）电网建模工具

【电网建模工具】组包含电网设备模型。通过单击【电网建模工具】组中的按钮，可在绘图区绘制电网设备模型。图 1-31 所示为【电网建模工具】组。

图 1-31 【电网建模工具】组

典型模型介绍如下。

（1）母线。

母线有线状和点状两种图例形式，有交流和直流两种类型。在本系统中，线状母线常用于表示变电站或开闭站中的母线，而点状母线常用于表示杆塔节点或电缆接头等分段点，从而作为其他设备元件的连接点。

（2）线路。

线路图例为实线，表示架空线、电缆等线路，有交流和直流两种类型，可以从典型元件参数库中选择相应的型号，常用作节点间的连接。连接线图例为虚线，仅表示元件之间的连接关系，不具备真实线路的其他物理属性，也没有录入参数。通过设置线路元件的相别参数，可以搭建三相平衡或三相不平衡系统。

（3）开关。

当开关处于闭合状态时，图例填充为黑色；当开关处于断开状态时，图例填充为白色。开关元件包括断路器、隔离开关、负荷开关和联络开关四种类型。

（4）负荷。

负荷有交流负荷和直流负荷两种类型，其中交流负荷根据工作特性分为恒功率负荷、恒阻抗负荷和恒电流负荷三种；根据连接方式，负荷分为接地负荷和不接地负荷两种。此外，根据三相是否平衡，负荷又分为平衡负荷和不平衡负荷。

恒功率负荷的有功功率和无功功率不会随连接点电压的变化而变化，而在短路计算时，为了避免电压过低而造成潮流迭代无法收敛的现象，会将其强制转化为恒阻抗负荷进行处理。恒阻抗负荷的有功功率和无功功率会随连接点电压的平方发生变化。恒电流负荷的有功功率和无功功率会随连接点电压呈线性变化。接地负荷为星形连接，不接地负荷为三角形连接。三相平衡负荷只需要录入总功率即可，三相不平衡负荷则需要分别录入各相功率值。

（5）电源。

① 外部电网。外部电网相当于上级电站的等效表示，分为交流和直流两种类型，具备平衡节点属性，可以保持所连节点的电压幅值和相角不变。

② 交流发电机。交流发电机用于表示连接在电网中的电源设备，可以根据其工作特性和控制要求分为 PQ 节点、PV 节点、PI 节点和 PQV 节点四种类型。

③ 直流电流源。直流电流源用于输出恒定的电流，既可以直接与直流系统相连，又可以通过换流器与交流系统相连。

④ 光伏发电系统。光伏发电系统有 PQ 节点、IAC 节点和 IDC 节点三种类型。前两种是指由光伏阵列、电力电子转换装置、功率控制器和并网控制器构成的一个完整的光伏并网发电单元，可以和交流系统直接相连。其中，PQ 节点类型可以保持当前时刻输出的有功功率和无功功率恒定，IAC 节点类型可以保持当前时刻输出的交流电流恒定，而 IDC 节点类型直接将光伏阵列作为直流电流源向外输出，其使用方法和直流电流源元件相同。光伏发电系统具有时变特性，其中额定功率参数用于时序相关功能的计算，如时序潮流计算；设定功率参数用于当前时间断面的计算，如潮流计算和短路计算。

⑤ 风力发电系统。风机发电系统有 PQ 节点、PQV 节点两种类型。其中，PQ 节点类型可以保持当前时刻输出的有功功率和无功功率恒定，可以认为是具有时变特性的 PQ 节点类型的交流电源；PQV 节点类型可以认为是具有时变特性的 PQV 节点类型的交流电源。

风力发电系统具有时变特性，其中额定功率用于时序相关功能的计算，如时序潮流计算等；设定功率用于当前时间断面的计算，如潮流计算和短路计算。

（6）变压器。

① 两绕组变压器。两绕组变压器是在交流系统中用于变换电压等级的装置，有两个线圈绕组，分别为高压侧和低压侧。

② 三绕组变压器。三绕组变压器是在交流系统中用于变换电压等级的装置，有三个线圈绕组，分别是高压侧、中压侧和低压侧。

③ 电压调节器。电压调节器在配电系统稳态计算中属于二次控制元件，将根据电网的运行状态控制变压器挡位来调节电压。

（7）电容器组。

静电电容器是目前使用最广泛的无功补偿设备。为了在运行中调节电容器的功率，将多个电容器连接成若干组，根据负荷变化分组投入或切除。

（8）电力电子装置。

① 静止无功补偿器。静止无功补偿器是由静电电容器和电抗器并联形成的，既可以通过电容器输出无功功率，又可以通过电抗器吸收无功功率，再配以调节装置，就能够平滑地改变输出或吸收无功功率。静止无功补偿器同样存在系统电压越低，提供的感性无功功率越小的缺点，这是其依靠静电电容器产生无功功率的本质原因。

② 换流器。换流器作为电网中主要的交直流转换装置，是实现交流系统和直流系统互联的关键设备。软件针对电压源型换流器进行建模，其具有灵活可控和双向潮流的优点。换流器控制系统可以同时控制两个状态量，根据控制状态量的不同，分为不同的控制类型，如表 1-8 所示。

表 1-8　换流器控制方式及变量类型

控制方式	控制变量	交流侧节点类型	直流侧节点类型
PQ 控制	交流侧有功功率与无功功率	PQ 节点	恒 P 节点
PU_{ac} 控制	交流侧有功功率与交流电压	PV 节点	恒 P 节点
$U_{dc}Q$ 控制	直流侧电压与交流侧无功功率	PQ 节点	恒 U 节点
$U_{dc}U_{ac}$ 控制	直流侧电压与交流侧电压	PV 节点	恒 U 节点

③ 斩波器。斩波器又称为直流变压器，用于在直流系统中实现电压变换。

（9）储能系统。

储能系统是由储能电池和换流器构成的，有 PQ 节点和 PV 节点两种类型。其中，PQ 节点类型可以保持当前时刻输出的有功功率和无功功率恒定；PV 节点在保持输出的有功功率不变的同时，不断调整无功功率的输出，以保持端口电压恒定。

储能系统的最大荷电状态、最小荷电状态和当前荷电状态参数分别是储能电池允许的最大储电量、允许的最小储电量和当前的储电量占储能电池容量的比值，取值范围均为 [0,1]。

储能系统的最大充电功率和最大放电功率分别可以认为是输出的有功功率的下限和有功功率的上限，在时序控制中使用。

4）绘图工具

利用绘图工具能够绘制基本的图形。

5）排列

单击相应的格式按钮，可以对绘图的格式进行设置。

1.2.3　参数设置

在电气参数设置界面可以浏览已有的元件参数表，用户也可以自定义这些数据。电网参数表仅应用于当前算例，不影响其他算例，如在【图形平台】算例下对参数表进行修改，修改后的参数表不影响其他算例的数据。

单击系统左上角的 图标,弹出当前激活算例的参数表,包括设备型号管理、设备曲线管理和分布式电源管理,如图 1-32 所示。

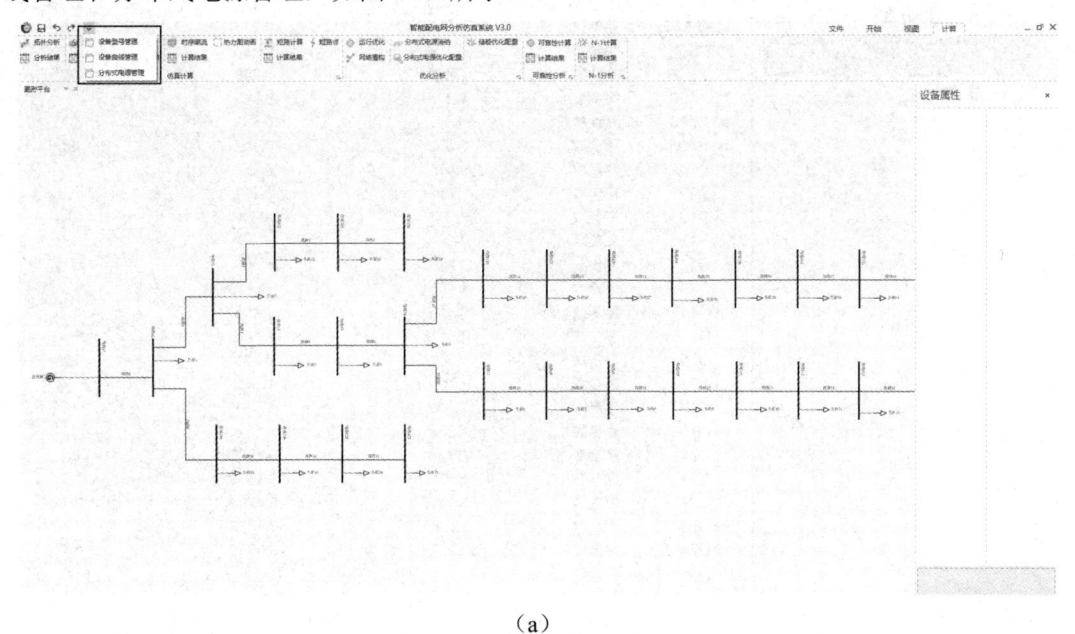

(a)

(b)

图 1-32　当前激活算例的参数表

1) 设备型号管理

在【设备型号管理】对话框中可自主设定两卷变压器参数、三卷变压器参数、线路参数、开关参数、电压调节器参数,如图 1-33 所示。

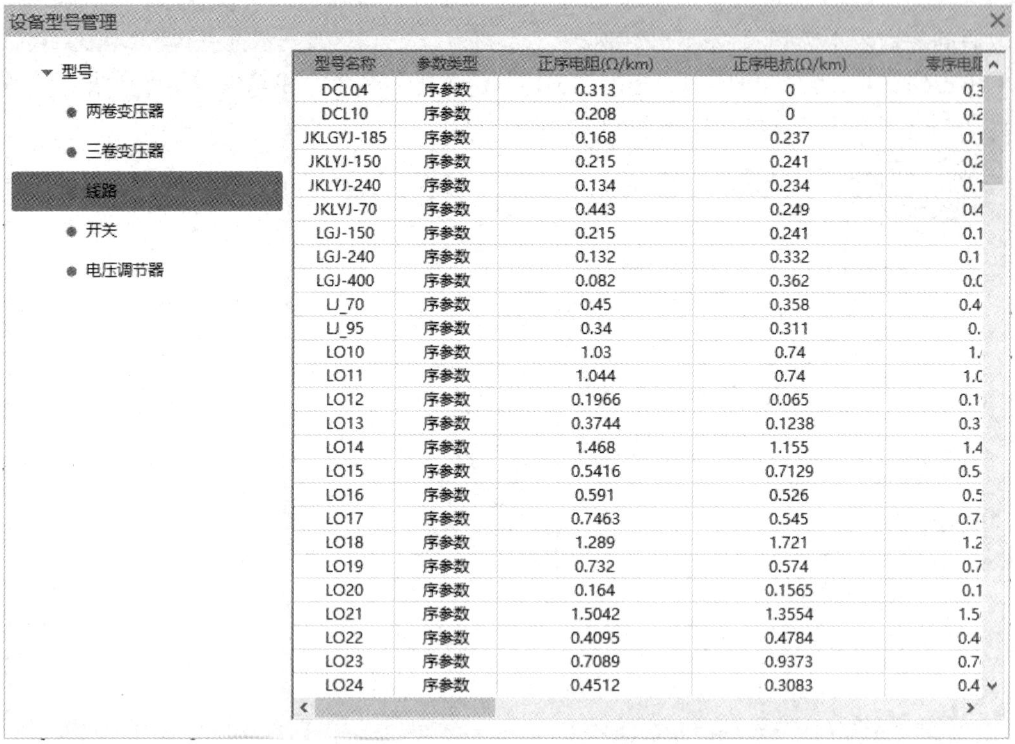

型号名称	参数类型	正序电阻(Ω/km)	正序电抗(Ω/km)	零序电阻
DCL04	序参数	0.313	0	0.3
DCL10	序参数	0.208	0	0.3
JKLGYJ-185	序参数	0.168	0.237	0.1
JKLYJ-150	序参数	0.215	0.241	0.2
JKLYJ-240	序参数	0.134	0.234	0.1
JKLYJ-70	序参数	0.443	0.249	0.4
LGJ-150	序参数	0.215	0.241	0.1
LGJ-240	序参数	0.132	0.332	0.1
LGJ-400	序参数	0.082	0.362	0.0
LJ_70	序参数	0.45	0.358	0.4
LJ_95	序参数	0.34	0.311	0.
LO10	序参数	1.03	0.74	1.
LO11	序参数	1.044	0.74	1.0
LO12	序参数	0.1966	0.065	0.1
LO13	序参数	0.3744	0.1238	0.3
LO14	序参数	1.468	1.155	1.4
LO15	序参数	0.5416	0.7129	0.5
LO16	序参数	0.591	0.526	0.5
LO17	序参数	0.7463	0.545	0.7
LO18	序参数	1.289	1.721	1.2
LO19	序参数	0.732	0.574	0.7
LO20	序参数	0.164	0.1565	0.1
LO21	序参数	1.5042	1.3554	1.5
LO22	序参数	0.4095	0.4784	0.4
LO23	序参数	0.7089	0.9373	0.7
LO24	序参数	0.4512	0.3083	0.4

图 1-33 【设备型号管理】对话框

两卷变压器参数包括型号名称、额定容量、铜耗、短路电压百分比、空载损耗、空载电流百分比、连接类型、分接头位置等。

三卷变压器参数包括型号名称、高压侧额定容量、中压侧额定容量、低压侧额定容量、高压侧/中压侧/低压侧铜耗、高压侧/中压侧/低压侧短路电压百分比、高压侧/中压侧/低压侧空载损耗、高压侧/中压侧/低压侧空载电流百分比等。

线路参数包括型号名称、参数类型、正序电阻、正序电抗、零序电阻、零序电抗、正序充电导纳、零序充电导纳、线路最大载流量等。

开关参数包括型号名称、参数类型、正序电阻、正序电抗、零序电阻、零序电抗、正序充电导纳、零序充电导纳、最大载流量等。

电压调节器参数包括型号名称、启用 A/B/C 相监视、A/B/C 相额定容量、A/B/C 相铜耗、A/B/C 相短路电压、A/B/C 相分接头位置、A/B/C 相组合形式、A/B/C 相所监视和调节的相形式、A/B/C 相连接类型、A/B/C 相分接头挡位、A/B/C 相补偿电压范围、A/B/C 相补偿电压额定值、A/B/C 相补偿电阻、A/B/C 相补偿电抗、A/B/C 相电压互感器变比等。

2）设备曲线管理

在【曲线管理】对话框中可以自主设定温度参数、风速参数、电价参数等，如图 1-34 所示。

3）分布式电源管理

在【分布式电源管理】对话框中可自主设定风机出力参数、光伏出力参数等，如图 1-35 所示。

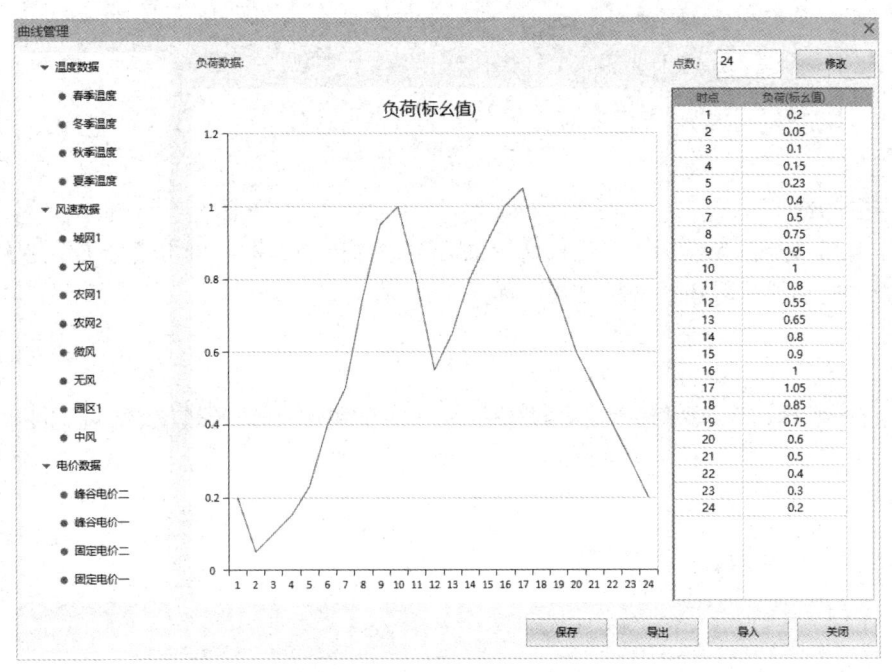

图 1-34 【曲线管理】对话框

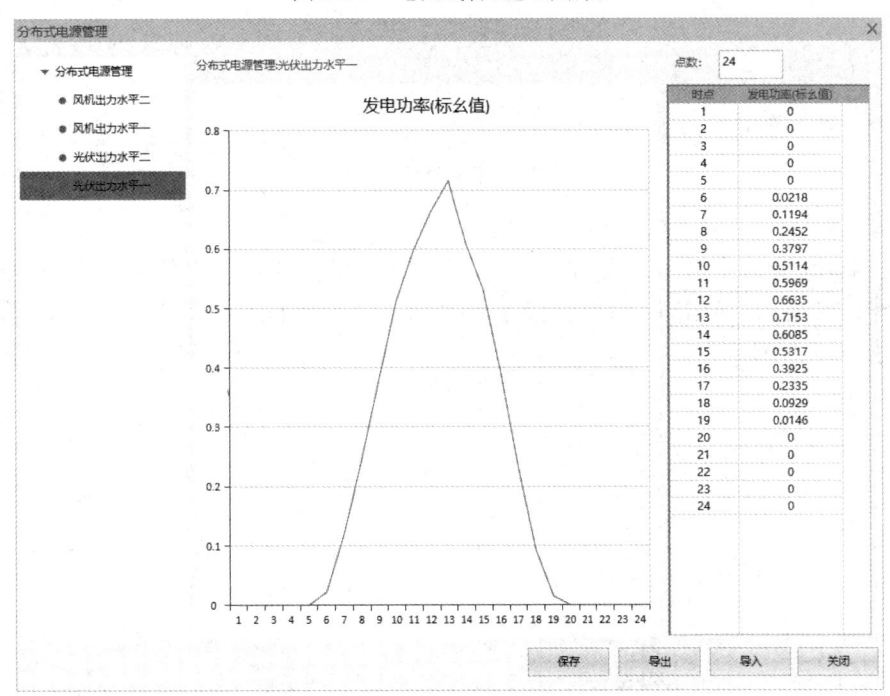

图 1-35 【分布式电源管理】对话框

1.2.4 计算功能

单击【计算】菜单,出现拓扑分析、潮流计算、时序潮流、短路计算 4 项仿真计算功能,如图 1-36 所示。

图 1-36　仿真计算功能

1）拓扑分析

单击【拓扑分析】按钮，对当前选中的方案进行拓扑分析。单击【分析结果】按钮，可以以表格的形式查看拓扑分析结果，如图 1-37 所示。

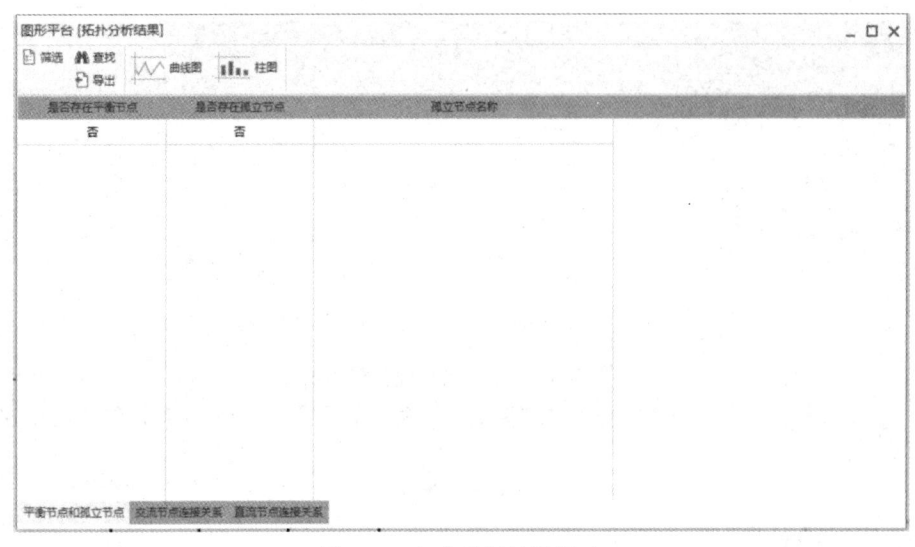

图 1-37　拓扑分析结果展示

2）潮流计算

单击【潮流计算】按钮，对当前选中的方案进行潮流计算，计算结果直接显示到图形上，如图 1-38 所示。单击【计算结果】按钮，可以以表格的形式查看潮流计算结果，如图 1-39 和图 1-40 所示。

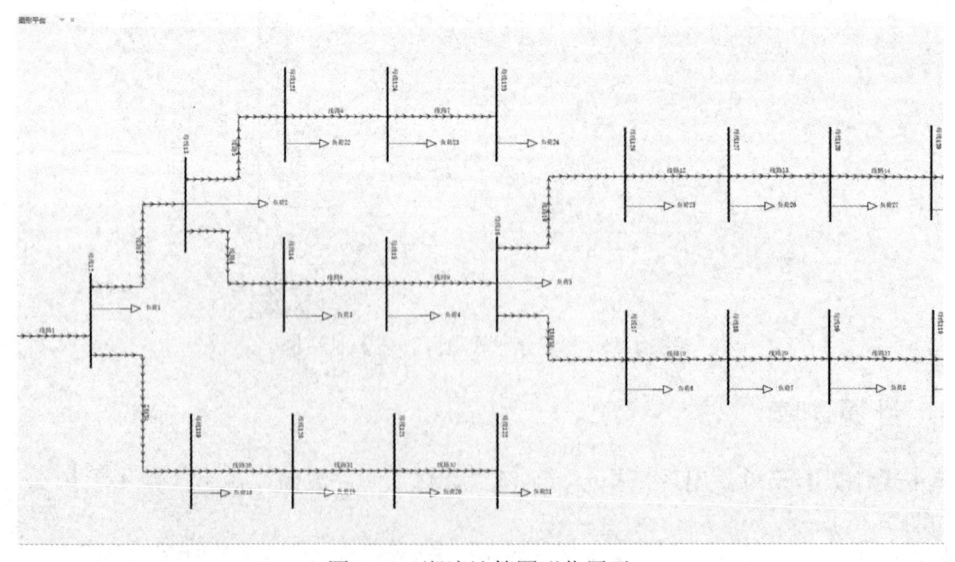

图 1-38　潮流计算图形化展示

名称	A相电压 (kV)	A相相角 (°)	B相电压 (kV)	B相相角 (°)	C相电压 (kV)	C相相角 (°)
母线13	7.18454	0.09604	7.18454	-119.90396	7.18454	120.09604
母线19	6.83459	-0.13349	6.83459	-120.13349	6.83459	119.86651
母线113	6.73016	-0.26859	6.73016	-120.26859	6.73016	119.73141
母线15	7.07579	0.22828	7.07579	-119.77172	7.07579	120.22828
母线121	7.25240	-0.08269	7.25240	-120.08269	7.25240	119.91731
母线129	6.76477	0.39031	6.76477	-119.60969	6.76477	120.39031
母线123	7.15833	0.06508	7.15833	-119.93492	7.15833	120.06508
母线130	6.73877	0.49558	6.73877	-119.50442	6.73877	120.49558
母线18	6.88041	-0.06040	6.88041	-120.06040	6.88041	119.93960
母线112	6.77484	-0.17727	6.77484	-120.17727	6.77484	119.82273
母线110	6.79208	-0.19602	6.79208	-120.19602	6.79208	119.80398
母线115	6.70326	-0.38495	6.70326	-120.38495	6.70326	119.61505
母线117	6.67845	-0.48547	6.67845	-120.48547	6.67845	119.51453
母线14	7.12986	0.16165	7.12986	-119.83835	7.12986	120.16165
母线126	6.92719	0.17331	6.92719	-119.82669	6.92719	120.17331
母线128	6.82484	0.31241	6.82484	-119.68759	6.82484	120.31241
母线125	7.08527	-0.06735	7.08527	-120.06735	7.08527	119.93265
母线111	6.78580	-0.18876	6.78580	-120.18876	6.78580	119.81124
母线127	6.90845	0.22946	6.90845	-119.77054	6.90845	120.22946
母线132	6.70160	0.38840	6.70160	-119.61160	6.70160	120.38840

图 1-39　潮流计算列表展示

指标	有功 (kW)	无功 (kVar)
交流电压源	3917.67406	2435.13684
直流电压源	0.00000	0.00000
ACSource	0.00000	0.00000
PhotoVoltaic	0.00000	0.00000
WindTurbine	0.00000	0.00000
Storage	0.00000	0.00000
电容器	0.00000	0.00000
SVC	0.00000	0.00000
直流电流源	0.00000	0.00000
Converter	0.00000	0.00000
系统	3917.67406	2435.13684

图 1-40　潮流计算汇总表展示

单击【仿真计算】右下角的 图标，选择【潮流计算设置】选项，在弹出的【潮流计算设置】对话框（见图1-41）中可设置潮流计算的参数。

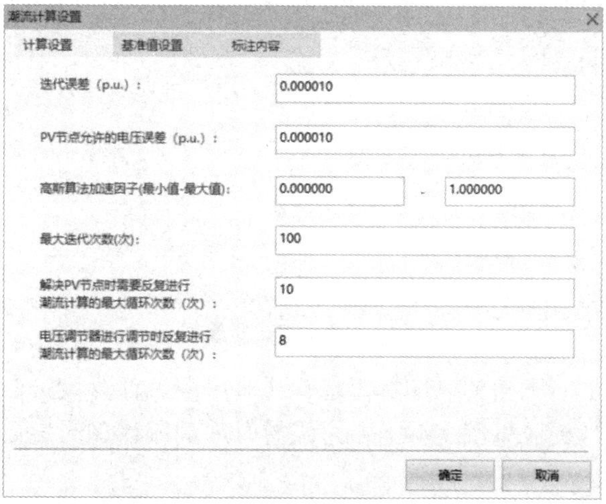

图 1-41　【潮流计算设置】对话框

3）时序潮流计算

单击【时序潮流】按钮，对当前选中的方案进行时序潮流计算，单击【计算结果】按钮，可以以表格和曲线的形式查看时序潮流计算结果，分别如图 1-42 和图 1-43 所示。

时点	母线	A相			B相		
		电压 (p.u.)	电压 (kV)	相角 (°)	电压 (p.u.)	电压 (kV)	相角 (°)
1	母线13	0.98774809	7.21970	0.06836	0.98774809	7.21970	-119.93164
1	母线19	0.95355132	6.96975	-0.09401	0.95355132	6.96975	-120.09401
1	母线113	0.94337326	6.89536	-0.18867	0.94337326	6.89536	-120.18867
1	母线15	0.97711244	7.14196	0.16183	0.97711244	7.14196	-119.83817
1	母线121	0.99435890	7.26802	-0.06044	0.99435890	7.26802	-120.06044
1	母线129	0.94675070	6.92004	0.27521	0.94675070	6.92004	-119.72479
1	母线123	0.98514953	7.20071	0.04595	0.98514953	7.20071	-119.95405
1	母线130	0.94421527	6.90151	0.34859	0.94421527	6.90151	-119.65141
1	母线18	0.95802107	7.00242	-0.04254	0.95802107	7.00242	-120.04254
1	母线112	0.94772551	6.92717	-0.12491	0.94772551	6.92717	-120.12491
1	母线110	0.94940683	6.93946	-0.13789	0.94940683	6.93946	-120.13789
1	母线115	0.94075504	6.87622	-0.26955	0.94075504	6.87622	-120.26955
1	母线117	0.93834002	6.85857	-0.33926	0.93834002	6.85857	-120.33926
1	母线14	0.98239820	7.18060	0.11485	0.98239820	7.18060	-119.88515

图 1-42　时序潮流列表展示

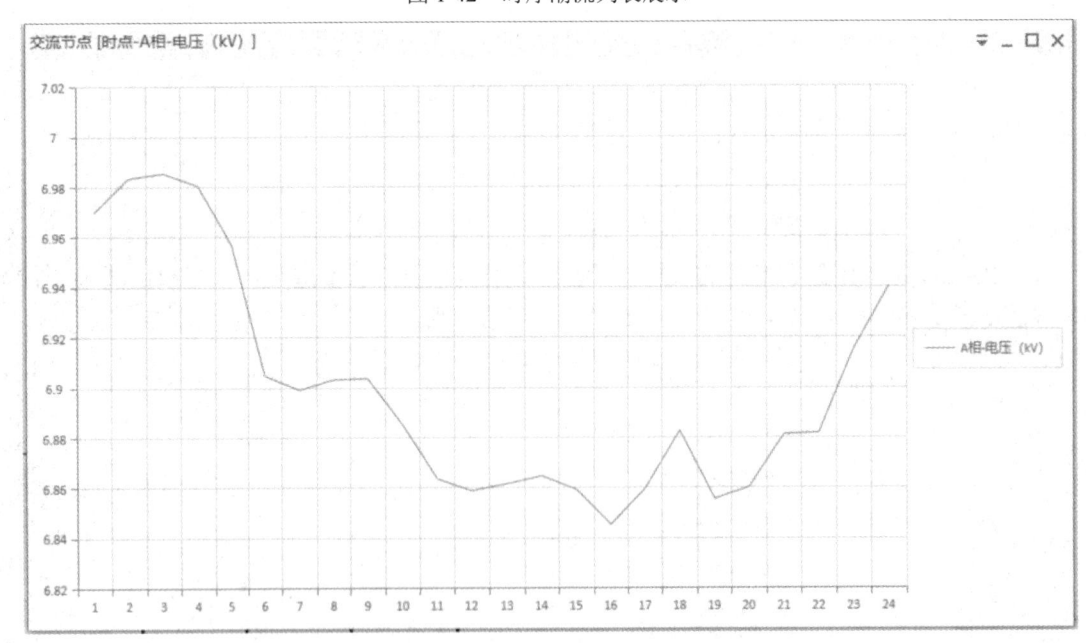

图 1-43　时序潮流曲线展示

单击【仿真计算】右下角的图标，选择【时序潮流计算设置】选项，在弹出的【时序潮流计算设置】对话框（见图 1-44）中可设置时序潮流计算的参数。

图 1-44 【时序潮流计算设置】对话框

4）短路计算

先单击【短路点】按钮，再单击母线或者线路的图标，即可设置短路点的位置，选中短路点，在【设备属性】对话框中可设置短路点的属性。单击【短路计算】按钮，在弹出的菜单中选择【执行计算】选项，即可进行当前方案的短路计算，短路计算的结果会显示到图形上，如图 1-45 所示。单击【计算结果】按钮，可以以表格的形式查看短路计算结果，如图 1-46 所示。

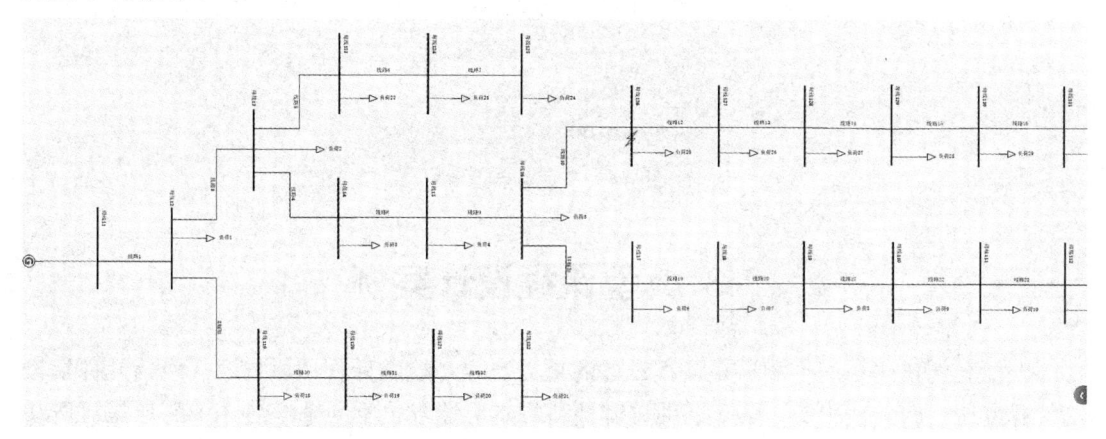

图 1-45 短路计算图形化展示

单击【仿真计算】右下角的 图标，选择【短路计算设置】选项，在弹出的【短路计算设置】对话框中可设置短路计算参数。

选中短路点，在【设备属性】对话框中可设置短路点参数，如图 1-47 所示，关键设置为故障类型、故障相别和是否参与短路计算。

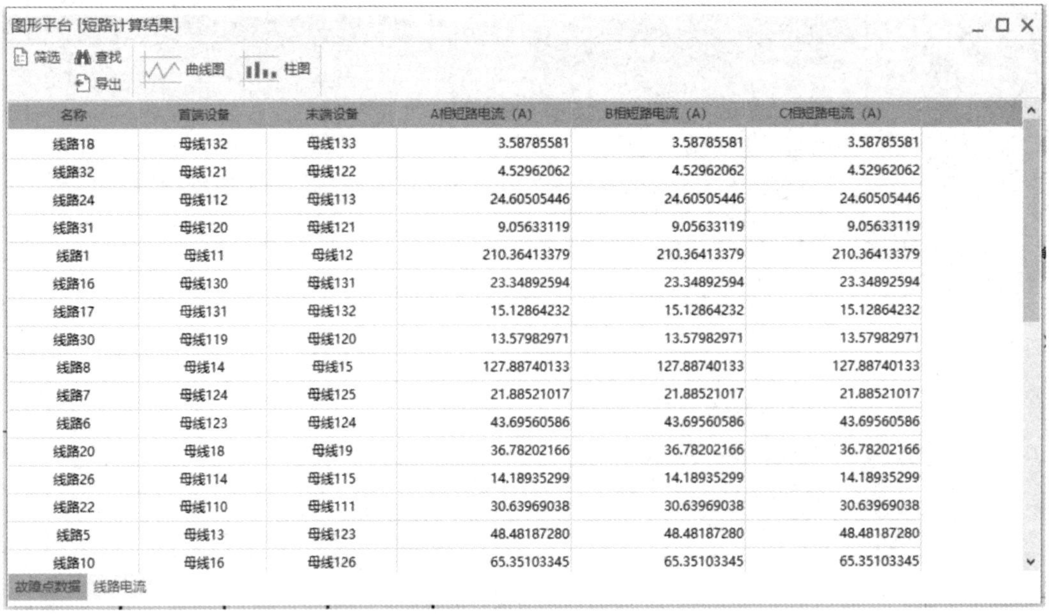

名称	首端设备	末端设备	A相短路电流（A）	B相短路电流（A）	C相短路电流（A）
线路18	母线132	母线133	3.58785581	3.58785581	3.58785581
线路32	母线121	母线122	4.52962062	4.52962062	4.52962062
线路24	母线112	母线113	24.60505446	24.60505446	24.60505446
线路31	母线120	母线121	9.05633119	9.05633119	9.05633119
线路1	母线11	母线12	210.36413379	210.36413379	210.36413379
线路16	母线130	母线131	23.34892594	23.34892594	23.34892594
线路17	母线131	母线132	15.12864232	15.12864232	15.12864232
线路30	母线119	母线120	13.57982971	13.57982971	13.57982971
线路8	母线14	母线15	127.88740133	127.88740133	127.88740133
线路7	母线124	母线125	21.88521017	21.88521017	21.88521017
线路6	母线123	母线124	43.69560586	43.69560586	43.69560586
线路20	母线18	母线19	36.78202166	36.78202166	36.78202166
线路26	母线114	母线115	14.18935299	14.18935299	14.18935299
线路22	母线110	母线111	30.63969038	30.63969038	30.63969038
线路5	母线13	母线123	48.48187280	48.48187280	48.48187280
线路10	母线16	母线126	65.35103345	65.35103345	65.35103345

图 1-46　短路计算列表展示

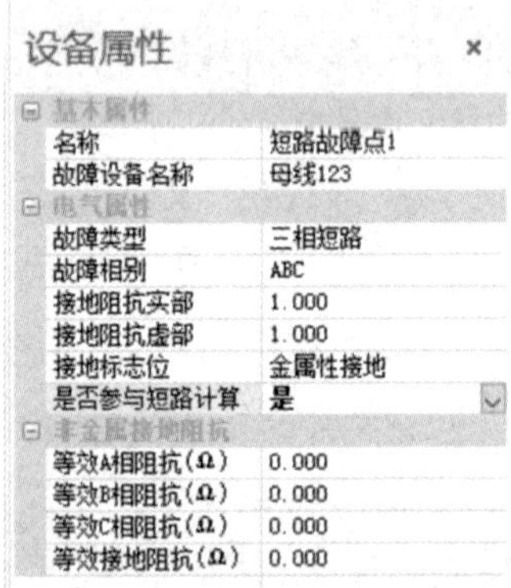

图 1-47　短路点设置

1.3 典型课程设计案例

典型案例搭建与运行测试是课程设计的重点，也是检验课程所学内容（包括元件建模与计算方法、软件使用操作情况）的关键环节。本节选取了不同规模的 IEEE 典型算例和我国实际配电网算例，具有较强的代表性。通过不同算例搭建与运行测试，验证不同配电元件模型与计算方法的应用效果，进一步提升课程内容的理解和认知水平。

1.3.1 案例一：IEEE 33 节点测试算例

1．算例基本结构与参数

IEEE 33 节点测试算例最早由加州伯克利大学吴复立教授于 1989 年在 IEEE *Transactions on Power Delivery* 期刊发表的论文中提出，当时用于研究网络重构问题，后被国内外专家学者广泛应用。IEEE 33 节点测试算例结构如图 1-48 所示。算例电压等级为 12.66kV，共有 32 条支路和 5 条联络开关支路，算例的有功负荷和无功负荷分别为 3715kW、2300kVar。IEEE 33 节点负荷基准数据和线路阻抗数据分别如表 1-9 和表 1-10 所示。

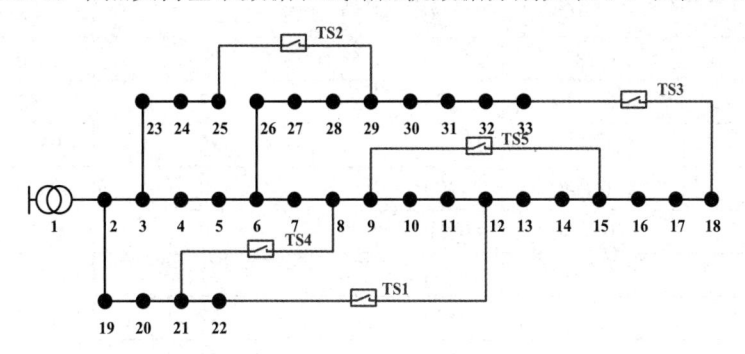

图 1-48　IEEE 33 节点测试算例结构

表 1-9　IEEE 33 节点负荷基准数据

节点编号	有功功率/kW	无功功率/kVar	节点编号	有功功率/kW	无功功率/kVar
1	0	0	18	90	40
2	100	60	19	90	40
3	90	40	20	90	40
4	120	80	21	90	40
5	60	30	22	90	40
6	60	20	23	90	50
7	200	100	24	420	200
8	200	100	25	420	200
9	60	20	26	60	25
10	60	20	27	60	25
11	45	30	28	60	20
12	60	35	29	120	70
13	60	35	30	200	600
14	120	80	31	150	70
15	60	10	32	210	100
16	60	20	33	60	40
17	60	20			

表 1-10　IEEE 33 节点线路阻抗数据

首端节点	末端节点	电阻/Ω	电抗/Ω	首端节点	末端节点	电阻/Ω	电抗/Ω
1	2	0.0922	0.0470	20	21	0.4095	0.4784
2	3	0.4930	0.2511	21	22	0.7089	0.9373
3	4	0.3660	0.1864	3	23	0.4512	0.3083

续表

首端节点	末端节点	电阻/Ω	电抗/Ω	首端节点	末端节点	电阻/Ω	电抗/Ω
4	5	0.3811	0.1941	23	24	0.8980	0.7091
5	6	0.8190	0.7070	24	25	0.8960	0.7011
6	7	0.1872	0.6188	6	26	0.2030	0.1034
7	8	0.7114	0.2351	26	27	0.2842	0.1447
8	9	1.0300	0.7400	27	28	1.0590	0.9337
9	10	1.0440	0.7400	28	29	0.8042	0.7006
10	11	0.1966	0.0650	29	30	0.5075	0.2585
11	12	0.3744	0.1238	30	31	0.9744	0.9630
12	13	1.4680	1.1550	31	32	0.3105	0.3619
13	14	0.5416	0.7129	32	33	0.3410	0.5302
14	15	0.5910	0.5260	联络开关			
15	16	0.7463	0.5450	8	21	2.0	2.0
16	17	1.2890	1.7210	9	15	2.0	2.0
17	18	0.7320	0.5740	12	22	2.0	2.0
2	19	0.1640	0.1565	18	33	2.0	2.0
19	20	1.5042	1.3554	25	29	2.0	2.0

2．课程设计内容与要求

（1）搭建 IEEE 33 节点算例系统，进行潮流计算，给出系统网络损耗与各节点电压水平，用对比文献验证其正确性。

对比文献：王成山，孙充勃，李鹏，等. 基于 SNOP 的配电网运行优化与分析[J]. 电力系统自动化，2015, 39(9): 82-87.

（2）改变单一节点的有功功率与无功功率，观察网络损耗与节点电压变化情况，并分析原因。

（3）改变多节点的有功功率与无功功率，观察网络损耗与节点电压变化情况，并分析节点位置对网络损耗和节点电压的影响。

（4）探索并实现其他降低网络损耗的措施，如分布式电源、智能软开关、静止无功补偿器等，并给出策略应用后的降损效果。

1.3.2 案例二：IEEE 123 节点测试算例

1．算例基本结构与参数

IEEE 123 节点测试算例是被专家学者广泛应用的大规模配电网稳态分析算例。IEEE 123 节点测试算例结构如图 1-49 所示，电压等级为 4.16kV，有功负荷为 4885kW，无功负荷为 2710kVar，共有 118 条支路和 6 条联络开关支路。IEEE 123 节点负荷基准数据和线路阻抗数据分别如表 1-11 和表 1-12 所示。

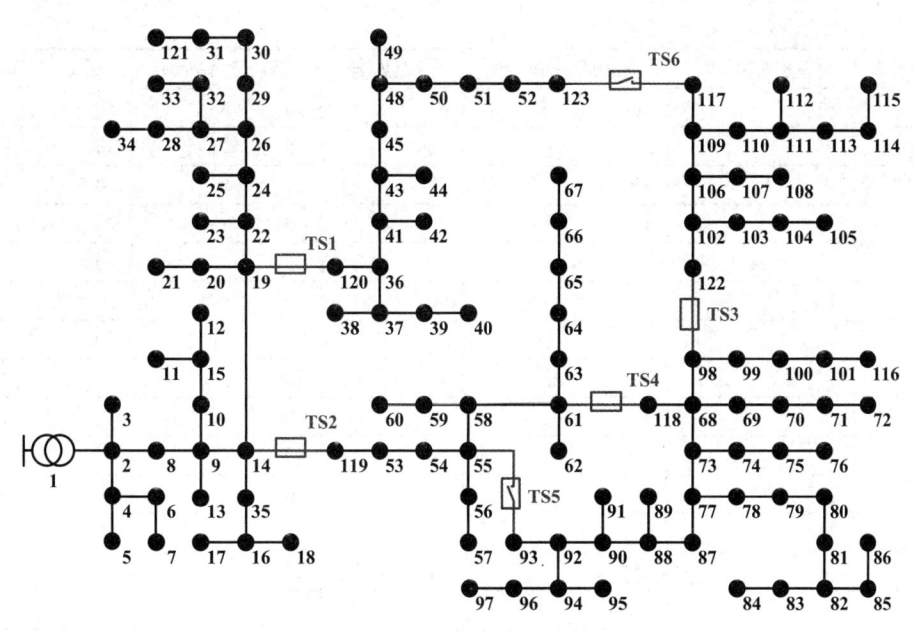

图 1-49 IEEE 123 节点测试算例结构

表 1-11 IEEE 123 节点算例负荷基准数据

节点编号	有功功率/kW	无功功率/kVar	节点编号	有功功率/kW	无功功率/kVar
1	0	0	63	20	10
2	20	10	64	40	20
3	40	20	65	20	10
4	20	10	66	40	20
5	40	20	67	40	20
6	20	10	68	40	20
7	40	20	69	40	20
8	20	10	70	40	20
9	40	20	71	20	10
10	20	10	72	20	10
11	40	20	73	40	20
12	20	10	74	40	20
13	40	20	75	40	20
14	40	20	76	0	0
15	40	20	77	40	20
16	40	20	78	40	20
17	40	20	79	40	20
18	40	20	80	40	20
19	40	20	81	40	20
20	20	10	82	20	10
21	20	10	83	20	10
22	40	20	84	40	20

续表

节点编号	有功功率/kW	无功功率/kVar	节点编号	有功功率/kW	无功功率/kVar
23	40	20	85	20	10
24	40	20	86	40	20
25	40	20	87	20	10
26	20	10	88	40	20
27	20	10	89	20	10
28	0	0	90	40	20
29	20	10	91	20	10
30	40	20	92	40	20
31	20	10	93	20	10
32	20	10	94	40	20
33	105	75	95	20	10
34	210	150	96	40	20
35	140	95	97	20	10
36	40	20	98	40	20
37	20	10	99	40	20
38	40	20	100	40	20
39	40	20	101	40	20
40	20	10	102	40	20
41	20	10	103	40	20
42	0	0	104	40	20
43	20	10	105	20	10
44	20	10	106	20	10
45	40	20	107	40	20
46	40	20	108	40	20
47	75	35	109	40	20
48	140	100	110	40	20
49	75	35	111	0	0
50	20	10	112	20	10
51	40	20	113	20	10
52	20	10	114	20	10
53	0	0	115	40	20
54	40	20	116	20	10
55	40	20	117	20	10
56	40	20	118	105	75
57	245	180	119	210	150
58	40	20	120	140	95
59	40	20	121	40	20
60	40	20	122	20	10
61	40	20	123	40	20
62	20	10			

表 1-12 IEEE 123 节点算例线路阻抗数据

首端节点	末端节点	电阻/Ω	电抗/Ω	首端节点	末端节点	电阻/Ω	电抗/Ω
1	2	0.1732	0.4081	65	66	0.6117	0.3025
2	3	0.0500	0.0500	66	67	0.4678	0.2313
2	4	0.0500	0.0500	68	69	0.2516	0.2550
2	8	0.1299	0.3061	68	73	0.1201	0.2772
4	5	0.0500	0.0500	68	98	0.1092	0.2520
4	6	0.0500	0.0500	69	70	0.3459	0.3507
6	7	0.0500	0.0500	70	71	0.4088	0.4144
8	9	0.0866	0.2040	71	72	0.3459	0.3507
9	13	0.0500	0.0500	73	74	0.0500	0.0500
9	10	0.2830	0.2869	73	77	0.0873	0.2016
9	14	0.1299	0.3061	74	75	0.0500	0.0500
10	15	0.5346	0.5420	75	76	0.0500	0.0500
14	35	0.0500	0.0500	77	78	0.1732	0.4081
14	19	0.3643	0.8184	77	87	0.3057	0.7056
15	12	0.3145	0.3188	78	79	0.0500	0.1020
15	11	0.3145	0.3188	79	80	0.0974	0.2295
16	17	0.0500	0.0500	79	81	0.2057	0.4846
16	18	0.0500	0.0500	81	82	0.2057	0.4846
19	20	0.3145	0.3188	82	83	0.1083	0.2550
19	22	0.1325	0.2976	82	85	0.0500	0.0500
20	21	0.4088	0.4144	83	84	0.1083	0.2550
22	23	0.0500	0.0500	85	86	0.0500	0.0500
22	24	0.1104	0.2480	87	88	0.1949	0.4591
24	25	0.0500	0.0500	88	89	0.2201	0.2232
24	26	0.1214	0.2728	88	90	0.1191	0.2805
26	27	0.1516	0.3571	90	91	0.0500	0.0500
26	29	0.0883	0.1984	90	92	0.0974	0.2295
27	28	0.1191	0.2805	92	93	0.0500	0.0500
27	32	0.0500	0.0500	92	94	0.0974	0.2295
28	34	0.6290	0.6376	94	95	0.3459	0.3507
29	30	0.1325	0.2976	94	96	0.1299	0.3061
30	31	0.1546	0.3472	96	97	0.0500	0.0500
31	121	0.0883	0.1984	98	99	0.1201	0.2772
32	33	0.0500	0.0500	99	100	0.2402	0.5544
35	16	0.0500	0.0500	100	101	0.1310	0.3024
36	37	0.2815	0.6631	101	116	0.3494	0.8064

续表

首端节点	末端节点	电阻/Ω	电抗/Ω	首端节点	末端节点	电阻/Ω	电抗/Ω
36	41	0.1083	0.2550	102	103	0.0500	0.0500
37	38	0.3774	0.3826	102	106	0.1201	0.2772
37	39	0.0500	0.0500	103	104	0.0500	0.0500
39	40	0.0500	0.0500	104	105	0.0500	0.0500
41	42	0.0500	0.0500	106	107	0.0500	0.0500
41	43	0.1083	0.2550	106	109	0.1419	0.3276
43	44	0.0500	0.0500	107	108	0.0500	0.0500
43	45	0.0866	0.2040	109	110	0.5661	0.5738
45	46	0.2516	0.2550	109	117	0.4367	1.0080
45	48	0.1083	0.2550	110	111	0.3774	0.3826
46	47	0.3774	0.3826	111	112	0.7233	0.7333
48	49	0.0655	0.1512	111	113	0.1572	0.1594
48	50	0.1092	0.2520	113	114	0.6604	0.6695
50	51	0.1092	0.2520	114	115	0.4088	0.4144
51	52	0.1092	0.2520	120	36	0.1638	0.3780
53	54	0.0866	0.2040	119	53	0.1732	0.4081
54	55	0.0541	0.1275	118	68	0.1516	0.3571
55	56	0.1191	0.2805	122	102	0.1092	0.2520
55	58	0.1529	0.3528	52	123	0.1092	0.2520
56	57	0.1191	0.2805	联络开关			
58	59	0.0500	0.0500	19	120	0.0500	0.0500
58	61	0.3276	0.7560	14	119	0.0500	0.0500
59	60	0.0500	0.0500	98	122	0.0500	0.0500
61	62	0.2429	0.5456	61	118	0.0500	0.0500
61	63	0.3598	0.1779	55	93	0.0500	0.0500
63	64	0.2519	0.1246	117	123	0.0500	0.0500
64	65	0.5038	0.2491				

2. 课程设计内容与要求

（1）搭建 IEEE 123 节点算例系统，进行潮流计算，给出系统网络损耗与各节点电压水平，用对比文献验证其正确性。

对比文献：Distribution System Analysis Subcommittee. IEEE 123 Node Test Feeder. Available at http://sites.ieee.org/pes-testfeeders/resources/.

（2）打开联络开关 TS3、闭合联络开关 TS6，观察网络损耗与节点电压变化情况，并分析原因。

（3）探索网络重构的基本原理与方法，并在 IEEE 123 节点算例上测试验证。

（4）探索并实现其他降低网络损耗的措施，如分布式电源、智能软开关、静止无功补偿器等，并给出策略应用后的降损效果。

1.3.3 案例三：实际农村配电网算例

1. 算例基本结构与参数

安徽省金寨县是全国智能配电网综合示范工程县，选取金寨县农村地区的实际电网作为基础案例极具代表性。该农村地区的区域 10kV 电网以户接和集中方式接入的光伏较多，部分线路接有小水电。该地区电网的概况如下：110kV 金寨变通过单回 220kV 线路接入 220kV 红石变，并接入 80MW 朝阳山风电和 4×10MW 梅山电站。以单回 110kV 线路与青山变连接，以单回 35kV 线路与全军变连接，以单回 35kV 线路与油店变连接，以双回 35kV 线路与银湾变连接，以单回 35kV 线路与金安钢厂连接。金寨变包含 10kV 线路 10 条，其中金光 03 线及其支路上配电变压器 55 个，杨冲 04 线及其支路上配电变压器有 37 个，河东 16 线和河西 14 线及其支路上配电变压器有 11 个，工业园 15 线及其支路上配电变压器有 2 个，水泥厂 11 线及其支路上配电变压器有 1 个。

这里对金寨变接线进行简化，金寨 I 线主要由 110kV 金寨变第 1 条馈线前半部分组成，金寨 II 线主要由熊家河 04 线和 110kV 金寨变第 1 条馈线的后半部分组成，金寨 III 线主要是全军 03 线。在此基础上，10kV 网架结构图的每条线路删减了部分支线、精简合并了节点的数量，按照金寨 I 线凸显户式光伏接入特点、金寨 II 线凸显小水电接入特点、金寨 III 线凸显集中光伏接入特点的原则增加了光伏电站和水电站。

隐去实际地名，可以得到图 1-50（a）所示的 110kV 电网架构。区域电网有 2 座 220kV 变电站，2 座 110kV 变电站，以及其中 1 座 110kV 变电站的 3 条 10kV 馈线。II 线和 III 线互为联络，且均有电源接入，其中 I 线、III 线接入光伏，II 线接入小水电，如图 1-50（b）所示。

（a）110kV 电网结构

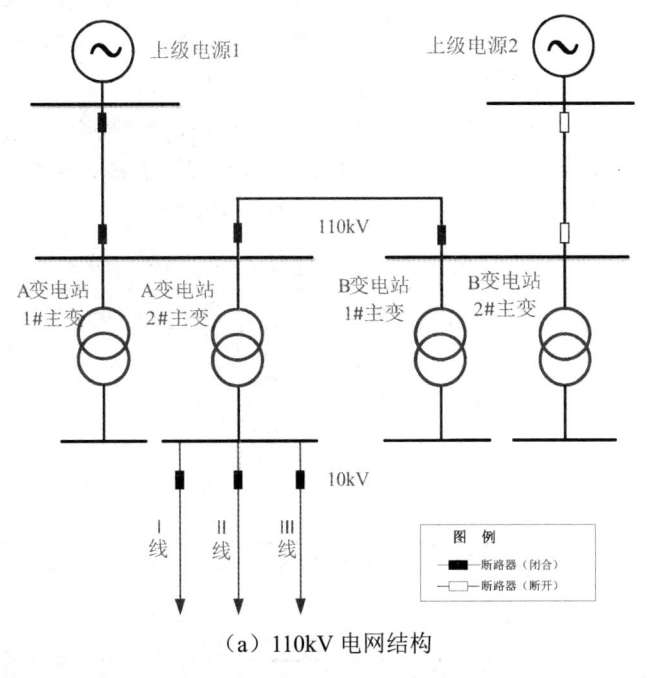

图 1-50 实际农村配电网算例结构

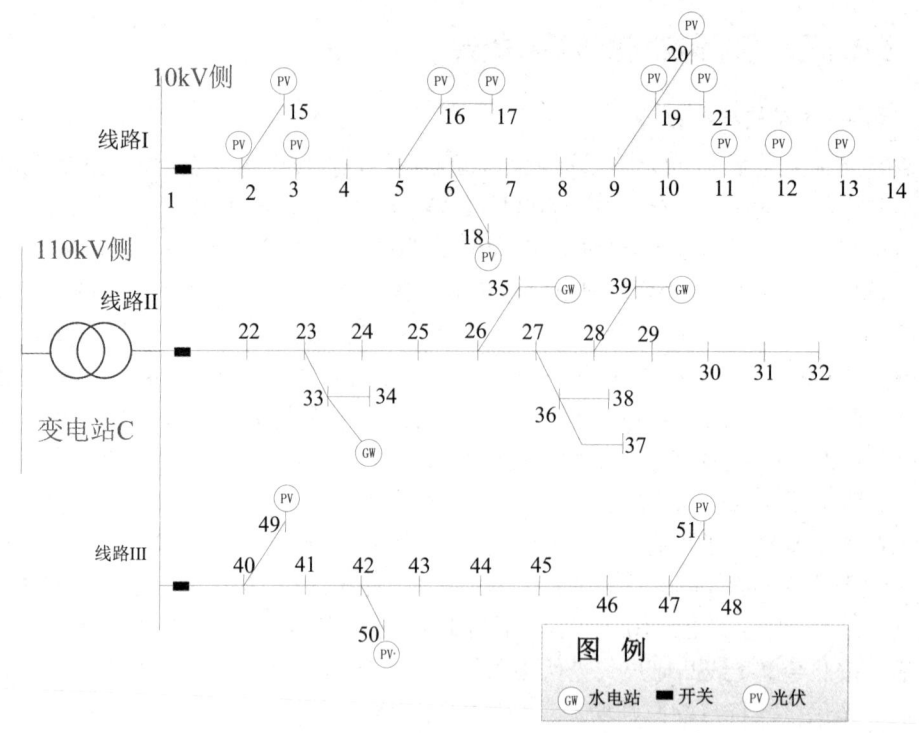

(b) 10kV 电网结构

图 1-50 实际农村配电网算例结构（续）

该农村配网算例的运行方式如下。单辐射线路：在正常运行方式下，分段开关闭合；在故障情况下，故障点分段开关断开，隔离故障；当正常运行时，II 线与 III 线联络开关断开，当其中一条故障时，该开关闭合，由另一条转带故障线路的部分负荷。

10kV 馈线负荷主要以居民生活为主，I 线与 III 线分别为户接光伏与集中光伏接入，II 线为水电接入。居民负荷容量按照配变容量的 70% 计算，农业负荷容量按照配变容量的 80% 计算，各节点负荷典型值按照配变容量的 30%~40% 计算，I 线、II 线、III 线的分布式电源接入渗透率如表 1-13 所示，各节点负荷信息如表 1-14 所示。

表 1-13 I 线、II 线、III 线的分布式电源接入渗透率

线路	配变容量/kVA	负荷容量/kW	分布式电源容量/kW	渗透率
I 线	2950	2105	1200	57.01%
II 线	2600	1900	500	26.32%
II 线	3900	2870	1500	52.26%
总计	9450	6875	3200	46.55%

表 1-14 各节点负荷信息

节点编号	节点配变容量/kW	负荷类型	负荷容量/kW	典型值/kW
2	350	居民负荷	245	122
3	—	—	—	—
4	200	居民负荷	140	75

续表

节点编号	节点配变容量/kW	负荷类型	负荷容量/kW	典型值/kW
5	—	—	—	—
6	200	居民负荷	140	65
7	100	居民负荷	70	25
8	50	居民负荷	35	17
9	100	居民负荷	70	42
10	100	居民负荷	70	38
11	400	农业负荷	320	216
12	—	—	—	—
13	250	居民负荷	175	86
14	—	—	—	—
15	200	居民负荷	140	72
16	200	居民负荷	140	77
17	100	居民负荷	70	39
18	100	居民负荷	70	41
19	100	居民负荷	70	32
20	350	居民负荷	245	105
21	150	居民负荷	105	61
22	150	居民负荷	105	55
23	—	—	—	—
24	50	居民负荷	35	11
25	50	居民负荷	35	18
26	—	—	—	—
27	100	居民负荷	70	38
28	—	—	—	—
29	50	居民负荷	35	17
30	100	居民负荷	70	27
31	200	居民负荷	140	72
32	200	居民负荷	140	65
33	800	农业负荷	640	400
34	200	居民负荷	140	75
35	50	居民负荷	35	18
36	300	居民负荷	210	112
37	50	居民负荷	35	18
38	100	居民负荷	70	38
39	200	居民负荷	140	70
40	400	居民负荷	280	138
41	200	居民负荷	140	54
42	—	—	—	—
43	300	居民负荷	210	114

续表

节点编号	节点配变容量/kW	负荷类型	负荷容量/kW	典型值/kW
44	200	居民负荷	140	65
45	400	居民负荷	280	172.5
46	200	居民负荷	140	120
47	600	农业负荷	480	202
48	100	居民负荷	70	35
49	300	居民负荷	210	115.5
50	400	居民负荷	280	126
51	800	农业负荷	640	420

电源配置情况：Ⅰ线和Ⅲ线接入的光伏分别是户式和集中式，户式接入电压等级为380V/220V，集中式接入电压等级为10kV；Ⅱ线接入的小水电，电压等级为10kV。接入的电源装机总容量如表1-15所示。

表1-15 电源装机总容量

节点编号	户用光伏/kW	集中式光伏/kW	小水电/kW
2	60	0	0
3	60	0	0
11	180	0	0
12	60	0	0
13	120	0	0
15	90	0	0
16	120	0	0
17	60	0	0
18	60	0	0
19	90	0	0
20	180	0	0
21	120	0	0
33	0	0	200
35	0	0	150
39	0	0	150
49	0	300	0
50	0	600	0
51	0	600	0

变电站配置情况：该区域电网中的变电设备有4台110kV变压器，具体参数如表1-16所示。

表 1-16 变压器参数

序号	电压等级/kV	主变编号	设备型号	额定容量/MVA	I_0	P_0/kW	PK_{12}/kW	PK_{13}/kW	PK_{23}/kW	UK_{12}	UK_{13}	UK_{23}
A	110	#1	SSZ9-40000/110	40	0.08%	4.0	120.7	122.4	0	10.14%	17.86%	6.41%
		#2	SFSZ9-40000/110	40	0.13%	31.5	178.3	187.6	0	10.18%	17.62%	6.41%
B	110	#1	SFSZ8-31500/110	31.5	0.46%	35.1	162.8	166.9	0	9.84%	12.50%	6.30%
		#2	SFSZ9-12500/110	12.5	0.50%	16.5	78.5	78.5	59.8	17.8%	10.56%	6.03%

高压线路参数：该区域电网有 3 条高压线路，电压等级均为 110kV，具体参数如表 1-17 所示。

表 1-17 高压线路参数

序号	线路名称	电压等级/kV	起始站	终止站	线路型号	导线截面积/mm²	线路长度/km
1	线路 1	110	上级电源 1	变电站 A	LGJ240	240	4.69
2	线路 2	110	上级电源 2	变电站 B	LGJ150	150	4.93
3	线路 3	110	变电站 A	变电站 B	LGJ150	150	36.60

中压线路参数：10kV 馈线参数信息，如表 1-18 所示。

表 1-18 10kV 馈线参数信息

起始节点	终止节点	线路总长度/m	线路型号	导线截面积/mm²
1	2	1027	LGJ-70	70
2	3	909	LGJ-70	70
3	4	800	LGJ-70	70
4	5	1078	LGJ-70	70
5	6	820	LGJ-70	70
6	7	1100	LGJ-70	70
7	8	752	LGJ-70	70
8	9	815	LGJ-70	70
9	10	714	LGJ-70	70
10	11	708	LGJ-70	70
11	12	998	LGJ-70	70
12	13	1056	LGJ-70	70
13	14	1132	LGJ-70	70
2	15	728	LGJ-70	70
5	16	776	LGJ-70	70
16	17	522	LGJ-70	70

续表

起始节点	终止节点	线路总长度/m	线路型号	导线截面积/mm^2
6	18	910	LGJ-70	70
9	19	995	LGJ-70	70
19	20	905	LGJ-70	70
19	21	869	LGJ-70	70
22	23	780	LGJ-70	70
23	24	988	LGJ-70	70
24	25	1040	LGJ-70	70
25	26	1141	LGJ-70	70
26	27	948	LGJ-70	70
27	28	860	LGJ-70	70
28	29	726	LGJ-70	70
29	30	533	LGJ-70	70
30	31	841	LGJ-70	70
31	32	928	LGJ-70	70
23	33	1170	LGJ-70	70
33	34	1020	LGJ-70	70
26	35	1053	LGJ-70	70
27	36	809	LGJ-70	70
36	37	1114	LGJ-70	70
36	38	662	LGJ-70	70
28	39	771	LGJ-70	70
40	41	661	JKLYJ-10-120	120
41	42	408	JKLYJ-10-120	120
42	43	516	JKLYJ-10-120	120
43	44	1073	JKLYJ-10-120	120
44	45	677	JKLYJ-10-120	120
45	46	867	JKLYJ-10-120	120
46	47	746	JKLYJ-10-120	120
47	48	1054	JKLYJ-10-120	120
40	49	491	JKLYJ-10-120	120
42	50	508	JKLYJ-10-120	120
47	51	1151	JKLYJ-10-120	120

2. 课程设计内容与要求

（1）搭建实际农网算例系统，进行潮流计算，给出系统网络损耗与各节点电压水平，分析各区域电压特性。

（2）改变分布式电源渗透率，分析分布式电源渗透率对配电网运行损耗和电压水平的影响。

（3）探索分布式电源最大接入能力的基本原理与方法，并在实际农网算例中分析验证。

（4）探索并实现其他提高分布式电源接纳能力的措施，如网络重构、智能软开关、静止无功补偿器等，并给出策略应用后的提升效果。

第 2 章
电力系统电磁暂态仿真课程设计

电力系统电磁暂态仿真具有现象刻画准确、应用广泛、数值稳定性好等特点，其应用涵盖了电力系统规划、设计、运行与科学研究的各个方面，是了解电力系统复杂电磁暂态行为的必要工具。电磁暂态仿真在电路层面上对系统元件进行精确建模，并计算得到各种暂态响应的时域波形，可以直观地展示电力系统电压、电流、功率、频率等的动态变化过程。开展电力系统电磁暂态仿真课程设计，不仅能够加深学生对电力系统正常、扰动与故障情况下运行特性的了解，还可以认知光伏、风机等新能源发电装置并网运行的电力系统动态行为特征。

2.1 电磁暂态仿真基本理论

电磁暂态仿真在电路层面上对电力系统元件进行精确建模，并计算得到各种暂态响应的时域波形。电磁暂态仿真计算方法可以分为状态变量分析法与节点分析法两类，其中状态变量分析法能够求解包括电力系统在内的以微分方程描述的一般性动力学系统，而节点分析法是专门针对电力系统的一种仿真方法，具有形式简单、计算速度快等特点，在电力系统电磁暂态仿真方面得到广泛应用。

2.1.1 电磁暂态仿真方法

以节点分析为基本方法的电磁暂态仿真流程分为三步：①采用某种数值积分方法对系统中动态元件的特性方程进行差分化，得到历史项电流源和等效计算电导并联形式的诺顿等效电路；②联立整个电气系统的差分方程，形成系统节点方程，求解该方程即可得到各节点电压的瞬时值；③更新支路电压和支路电流。以图 2-1 所示的电感支路及其暂态计算电路为例，其基本伏安关系方程如式（2-1）所示。

$$u_k - u_m = L\frac{di_{km}}{dt} \tag{2-1}$$

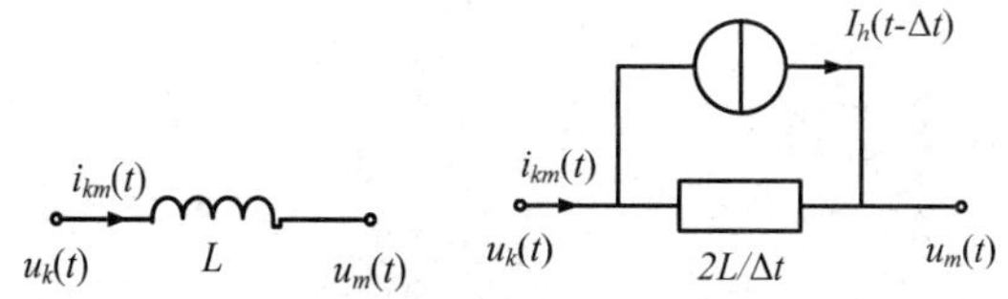

图 2-1 电感支路及其暂态计算电路

采用梯形数值积分方法对式（2-1）进行差分化，得到代数形式的差分方程：

$$i_{km}(t) = \frac{\Delta t}{2L}\left(u_k(t) - u_m(t)\right) + I_h(t - \Delta t) \tag{2-2}$$

式中，$I_h(t - \Delta t) = i_{km}(t - \Delta t) + \frac{\Delta t}{2L}\left(u_k(t - \Delta t) - u_m(t - \Delta t)\right)$。式（2-2）可看作一个值为 $\Delta t/2L$ 的电导与历史项电流源并联的诺顿等效电路形式，如图 2-1 所示。联立电气系统中所有元件的差分方程，形成系统节点方程：

$$\boldsymbol{Gu} = \boldsymbol{i} \tag{2-3}$$

式（2-3）具有线性方程 $\boldsymbol{Ax=b}$ 的形式，使用各种成熟的线性稀疏矩阵算法库进行求解，即可得到系统节点电压，进而根据式（2-2）更新元件支路电压与支路电流。重复上述过程，即可得到电气系统的时域暂态仿真结果。

在电磁暂态仿真中，电力系统可表征为由电阻、电感、电容、单相或多相耦合线路、分布参数线路、理想电源及其他元件相互连接组成的网络。一个包含开关的简单电路如图 2-2 所示，对其差分化后得到的等效计算电路如图 2-3 所示。在采用理想开关模型对开关 S 建模时，开关在闭合和断开情况下得到的节点电导方程分别如式（2-4）和式（2-5）所示，可以看出开关状态改变前后系统中节点数发生变化，导致计算矩阵的维数也发生相应变化，这将不能充分发挥稀疏算法的计算优势，特别是对于存在大量频繁动作的开关元件。一个完整的基于节点分析的暂态仿真计算流程图如图 2-4 所示。

$$\begin{bmatrix} G_L + G_{R1} + G_{R2} & -G_{R1} \\ -G_{R1} & G_R + G_C \end{bmatrix} \begin{bmatrix} u_1(t) \\ u_2(t) \end{bmatrix} = \begin{bmatrix} -I_L + G_{R2}u_S \\ -I_C \end{bmatrix} \text{（开关闭合）} \tag{2-4}$$

$$\begin{bmatrix} G_L + G_{R1} & -G_{R1} & 0 \\ -G_{R1} & G_{R1} + G_C & 0 \\ 0 & 0 & G_{R2} \end{bmatrix} \begin{bmatrix} u_1(t) \\ u_2(t) \\ u_4(t) \end{bmatrix} = \begin{bmatrix} -I_L \\ -I_C \\ G_{R2}u_S \end{bmatrix} \text{（开关断开）} \tag{2-5}$$

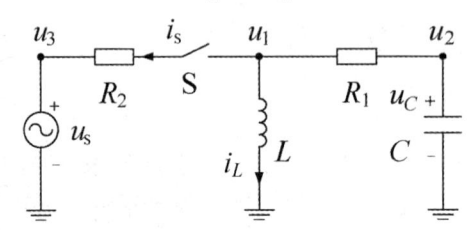

图 2-2 一个包含开关的简单电路

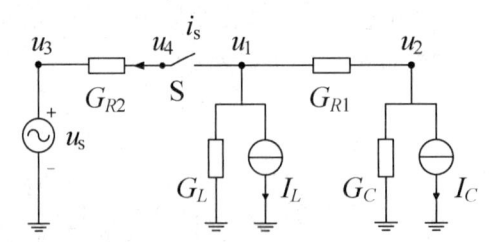

图 2-3 等效计算电路

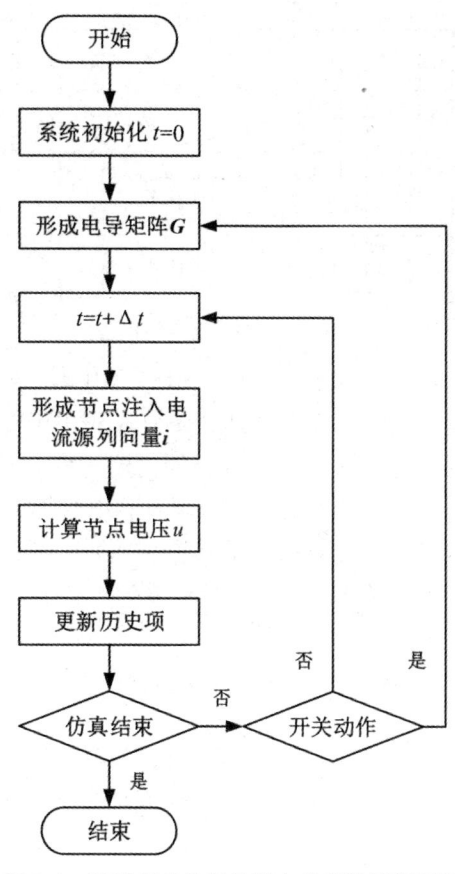

图 2-4 基于节点分析的暂态仿真计算流程图

2.1.2 典型电磁暂态仿真模型

传统电力系统包括同步电机、输电线路、变压器、配电线路、负荷等传统电气元件。针对同类元件，其工作原理、拓扑结构与应用场景不同，对应的数学模型也不同。例如，根据线路长度，输电线路数学模型分为 PI 型等效电路模型、贝瑞龙线路模型、频率相关模型等。考虑到电力系统元件模型的多样性和篇幅限制，这里给出一些典型元件的电磁暂态仿真模型。

1. 线路

电力系统中的线路可分为输电线路与配电线路两类。配电线路的供电范围较小，采用以集中参数表示的 PI 型等效电路模型是足够精确的，如图 2-5 所示，其电气参数可由线路的几何参数计算得到。在一些情况下，可忽略线路对地电容的影响，这使得线路模型可以用带互感耦合的多相 RL 串联阻抗表示。此外，线路间隔较大等原因也可忽略线路间的耦合，采用多个单相的串联阻抗来表示线路模型。文献[5]详细给出了串联阻抗支路与 PI 型等效电路模型的等效电导与历史项电流的推导过程。

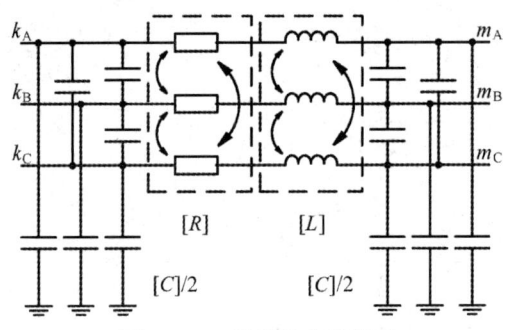

图 2-5　PI 型等效电路模型

输电线路供电范围较广，电路参数（电阻、电感、电容）是沿线均匀分布的，一般不能当作集中元件处理，而是采用分布参数描述，图 2-6 给出了以分布参数描述的单相贝瑞龙线路模型。文献[6]详细给出了单相和多相耦合的贝瑞龙线路模型的等效电导与历史项电流的计算过程。进一步地，考虑输电线路的集肤效应，其线路参数随频率而变化，此时需要采用频率相关输电线路模型，模拟线路在不同频率时呈现出的不同传输特性。

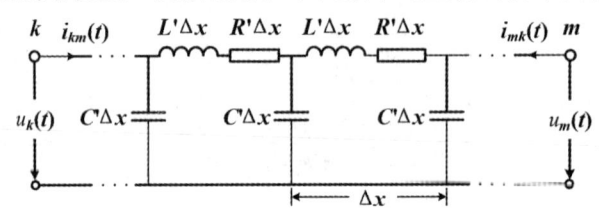

图 2-6　以分布参数描述的贝瑞龙线路模型（单相）

2. 变压器

常见的三相变压器接线方式主要有 Yy0 及 Yd11 两种，如图 2-7 所示。

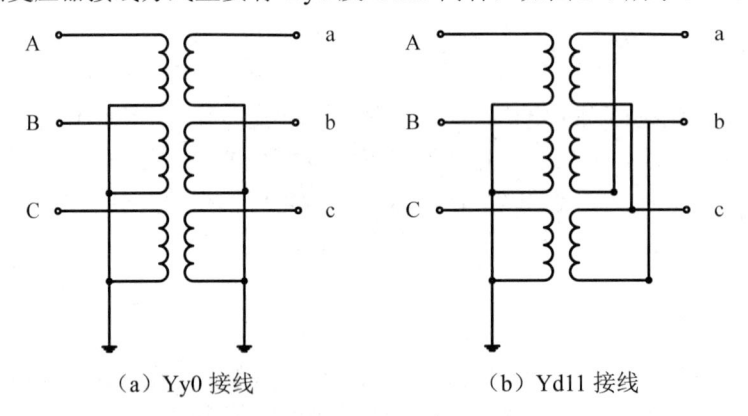

（a）Yy0 接线　　　　　（b）Yd11 接线

图 2-7　三相变压器接线方式

对于三相变压器模型，如果不考虑公共磁路上的耦合与不对称，采用三个单相变压器模型是合适的。这种方法基于元件的拓扑连接关系，实现不同接线方式的三相变压器模型。在不考虑变压器饱和与磁滞等非线性特性时，可采用图 2-8 所示的单相线性变压器模型。在该模型中，通过增加内部节点，可将一次侧阻抗支路与励磁支路分别作为单独的支路来考虑，将理想变压器模型与二次侧的短路阻抗统一处理为 RL 串联阻抗的形式，文献[5]和文献[6]中给出了详细的暂态仿真模型。

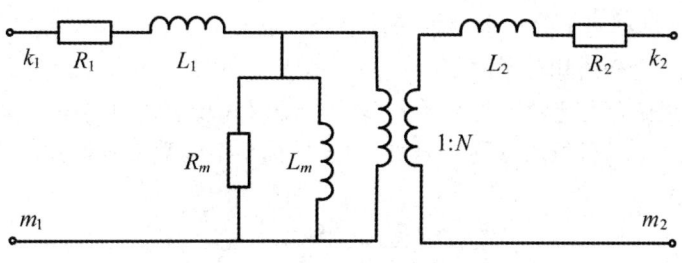

图 2-8 单相线性变压器模型

图 2-8 所示的单相线性变压器模型及由此得到的三相变压器模型,适用于不计磁路饱和与磁滞效应情况下的暂态仿真应用,同时由于没有考虑变压器杂散电容的影响,模型在几千赫兹以内是有效的,适用于一般场景下的暂态仿真应用。对于更加复杂的变压器高频动态过程的仿真,需要使用更加精细的变压器模型。

3. 电机

电力系统中的电机模型,除模拟传统火电厂、水电厂等中的同步电机外,通常还用于模拟风力发电、燃气轮机发电等新能源发电系统中的电机,有时还用来模拟系统中的负载特性,所涉及的交流电机包括同步电机、异步电机、永磁同步电机、双馈异步电机等。根据不同层面的仿真需要,电机数学模型可分为等效磁路模型、有限元模型和等效电路模型,其中等效电路模型是电力系统电磁暂态仿真中采用的主要模型形式。按照暂态仿真研究工作的不同需要,等效电路模型又分为机电暂态仿真模型(实用模型)和电磁暂态仿真模型(详细模型),其中详细模型是考虑了所有绕组电压的详细微分方程和磁路耦合方程,能够用于描述电机微秒级的动态过程。

在永磁同步电机中,由于转子结构对称,可定义直轴(d 轴)轴线处于转子磁极中心、交轴(q 轴)轴线滞后于 d 轴 90°电角度,针对一个理想双极永磁同步电机的坐标系定义(见图 2-9),对应的派克变换矩阵如式(2-6)所示。

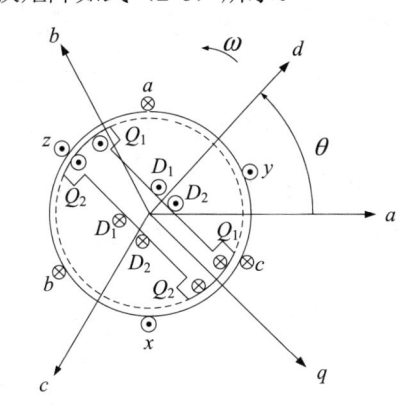

图 2-9 永磁同步电机坐标系定义

$$\boldsymbol{P} = \frac{\sqrt{2}}{\sqrt{3}} \begin{bmatrix} \cos\theta & \cos(\theta - \frac{2\pi}{3}) & \cos(\theta + \frac{2\pi}{3}) \\ \sin\theta & \sin(\theta - \frac{2\pi}{3}) & \sin(\theta + \frac{2\pi}{3}) \\ \frac{1}{\sqrt{2}} & \frac{1}{\sqrt{2}} & \frac{1}{\sqrt{2}} \end{bmatrix} \quad (2-6)$$

式中，θ 是转子 d 轴相对于静止参考轴（定子绕组 a 轴）的转子角位移。

假定：①定子各绕组和转子阻尼绕组磁链的正方向如图 2-9 各轴箭头方向所示；②定子绕组和转子绕组磁链与电流符号一致；③定子绕组和转子绕组的电压和电流的正方向按电机惯例来定义，可以获得永磁同步电机在 dq 坐标系下的数学方程式。

1）电压方程

$$\boldsymbol{u}_{dq0} = -\boldsymbol{R}\boldsymbol{i}_{dq0} - \mathrm{p}\boldsymbol{\psi}_{dq0} + \boldsymbol{u}_{\mathrm{com}} \tag{2-7}$$

式中，$\boldsymbol{u}_{dq0} = \begin{bmatrix} u_d & u_q & u_0 & 0 & 0 & 0 & 0 \end{bmatrix}^\mathrm{T}$ 为电压矢量；$\boldsymbol{i}_{dq0} = \begin{bmatrix} i_d & i_q & i_0 & i_{D_1} & i_{D_2} & i_{Q_1} & i_{Q_2} \end{bmatrix}^\mathrm{T}$ 为电流矢量；$\boldsymbol{\psi}_{dq0} = \begin{bmatrix} \psi_d & \psi_q & \psi_0 & \psi_{D_1} & \psi_{D_2} & \psi_{Q_1} & \psi_{Q_2} \end{bmatrix}^\mathrm{T}$ 为磁链矢量；$\boldsymbol{u}_{\mathrm{com}} = \begin{bmatrix} -\omega\psi_q & \omega\psi_d & 0 & 0 & 0 & 0 & 0 \end{bmatrix}^\mathrm{T}$ 为坐标变换后生成的旋转电势矢量；$\boldsymbol{R}$ 为对角元素为 $\begin{bmatrix} R_s & R_s & R_s & R_{D_1} & R_{D_2} & R_{Q_1} & R_{Q_2} \end{bmatrix}^\mathrm{T}$、其他元素为零的电阻矩阵。

2）磁链方程

$$\boldsymbol{\psi}_{dq0} = \boldsymbol{L}\boldsymbol{i}_{dq0} + \boldsymbol{\psi}_m \tag{2-8}$$

式中，$\boldsymbol{\psi}_m = \begin{bmatrix} \psi_m & 0 & 0 & \psi_m & \psi_m & 0 & 0 \end{bmatrix}^\mathrm{T}$ 为 d 轴永磁链矢量；$\boldsymbol{L}$ 为电感矩阵，其元素只存在 d 轴或 q 轴自感和互感，不存在两轴之间的交感，是式（2-9）所示的对称矩阵。

$$\boldsymbol{L} = \begin{bmatrix} L_d & 0 & 0 & M_{dD_1} & M_{dD_2} & 0 & 0 \\ 0 & L_q & 0 & 0 & 0 & M_{qQ_1} & M_{qQ_2} \\ 0 & 0 & L_0 & 0 & 0 & 0 & 0 \\ M_{dD_1} & 0 & 0 & L_{D_1} & M_{D_1D_2} & 0 & 0 \\ M_{dD_2} & 0 & 0 & M_{D_1D_2} & L_{D_2} & 0 & 0 \\ 0 & M_{qQ_1} & 0 & 0 & 0 & L_{Q_1} & M_{Q_1Q_2} \\ 0 & M_{qQ_2} & 0 & 0 & 0 & M_{Q_1Q_2} & L_{Q_2} \end{bmatrix} \tag{2-9}$$

3）电磁转矩方程

$$J\frac{\mathrm{d}\omega_\mathrm{r}}{\mathrm{d}t} = T_\mathrm{m} - T_\mathrm{e} \tag{2-10}$$

式中，J 为转动惯量；ω_r 为转子机械角速度。对于同步电机，T_m 为原动机在转子轴上施加的机械转矩，T_e 为同步电机的电磁转矩，可由电磁功率折算到电气侧表达，如式（2-11）和式（2-12）所示。

$$P_\mathrm{e} = u_d i_d + u_q i_q + u_0 i_0 \tag{2-11}$$

$$T_\mathrm{e} = i_q \psi_d - i_d \psi_q \tag{2-12}$$

4．电力电子变流器

电力系统中的电力电子设备在发电、输电、配电、用电的各个环节都有涉及。在发电侧，光伏、风机等新能源发电装置通过电力电子装置与工频交流电网连接；在输电侧，电力电子变流装置是高压直流输电与柔性直流输电换流站的核心设备；在配电侧，一方面分布式电源通过电力电子装置与电网连接，另一方面智能软开关与固态变压器等新型电力电子装置承担灵活变换功率的重要职能；在用电侧，数据中心等大规模直流负荷需要通过电力电子装置将电网交流电转换为直流电供电。

电力电子装置通常由电力电子电路及控制器组成。图 2-10 所示为常见的电力电子变流器的拓扑结构,复杂的电力电子变流器可由这些简单的拓扑结构并联或串联构成。图 2-10(a)给出了用于直流电压变换的 boost 电路图,常接在直流型新能源发电设备的输出端,以提高其输出电压;图 2-10(b)给出了三相不可控整流电路图,用以实现 AC/DC 的转换,由于输出不可控限制了其应用范围;图 2-10(c)给出了三相可控变流器拓扑,根据功率流向的不同,既可用作整流器,又可用作逆变器,以实现交直流转换的功能。

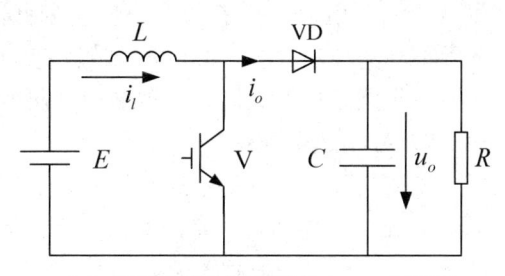

(a)用于直流电压变换的 boost 电路图

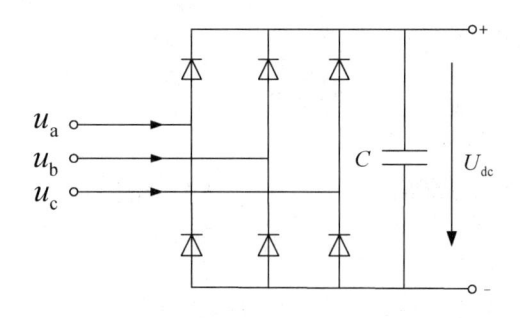

(b)三相不可控整流电路图

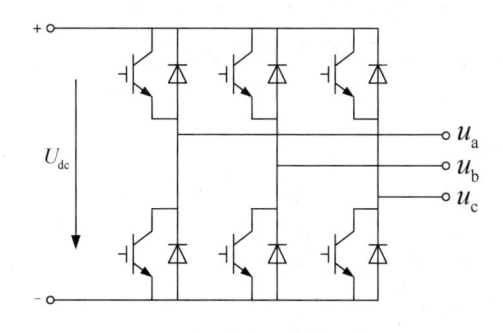

(c)三相可控变流器拓扑

图 2-10 常见的电力电子变流器的拓扑结构

在暂态仿真建模时,一般需要考虑电力电子装置详细的动态过程,以便进行系统分析,如谐波分析等。此时,可利用基本的电力电子元件通过拓扑连接实现对电力电子电路的建模,部分商业软件则通过内部封装向用户提供典型的电力电子电路的拓扑结构。在面向系统级仿真时,包括二极管、晶闸管、IGBT 等在内的各种电力电子元件虽然均采用开关模型表示,但它们具有不同的开关逻辑。在某些低频场景下的应用中,如果不需要考虑电力电子装置输出的谐波成分，可基于状态空间平均模型对电力电子装置进行简化。

5．控制器

电力系统中的控制器包含范围较广，能够实现对电力系统一次设备、二次设备控制的设备均可称为控制器，这里主要关注新能源发电系统的控制器。新能源发电系统的控制从功能上讲可分为三个层面，即新能源本身的控制、电力电子装置的控制及网络层面的电压与频率调节。从功能实现角度来讲，这些控制功能很多是通过对电力电子装置的控制实现的。典型的新能源发电系统控制有光伏发电系统中的最大功率点跟踪（Maximum Power Point Tracking，MPPT）、燃气轮机模型中的温度控制、速度控制等环节；电力电子装置的控制根据不同的控制目的采用不同的控制方法，如 PI 控制等，通过单环或双环的控制结构达到较好的动态、静态效果；对于网络层面的控制，需要根据新能源运行方式的不同在并网逆变器处采用恒功率控制、V/f 控制或下垂控制等控制策略。

电力系统中各种控制器模型的构建宜采用基本控制元件来实现并在控制系统中计算求解。图 2-11 所示为锁相环模型，它由鉴相器、环路滤波器、压控振荡器等环节组成，常用于实现系统频率与相位的测量，该模型可由控制系统中的基本环节实现。

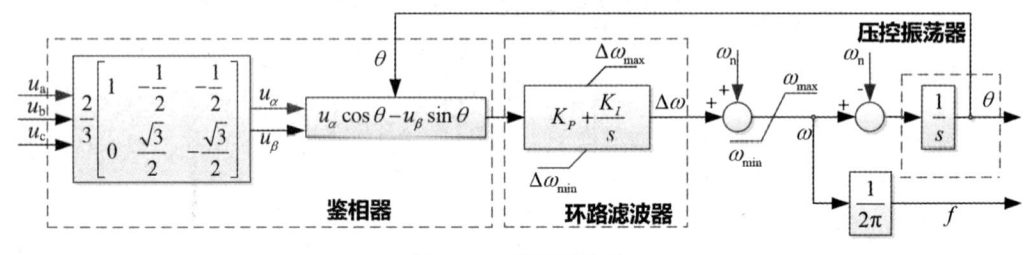

图 2-11　锁相环模型

2.1.3　新能源发电与储能电磁暂态仿真模型

随着新能源发电与储能技术的不断发展，电力系统中的元素越来越丰富，本节主要介绍一些先进的、具有广泛应用前景的新能源发电系统与储能系统，包括光伏发电系统、风力发电系统和蓄电池储能系统，并对这些系统与内部设备电磁暂态模型进行介绍，为后续在仿真软件中搭建算例提供理论模型支撑。

1．光伏发电系统

利用太阳能发电的方式很多，其中最典型的是太阳能热发电和太阳能光伏发电。同太阳能热发电系统相比，光伏发电系统组件（如光伏电池）具有结构简单、体积小、无噪声、可靠性高、寿命长等优点，近年来发展十分迅速。根据材料的不同，光伏电池可分为硅型光伏电池、化合物光伏电池、有机半导体光伏电池等类型。目前，硅型光伏电池应用最为广泛，这种电池又可分为单晶硅光伏电池、多晶硅光伏电池和非晶硅薄膜光伏电池等。其中，单晶硅光伏电池和多晶硅光伏电池的光电转换效率较高；非晶硅薄膜光伏电池虽然光电转换效率相对较低，但其具备一些其他优点，近年来应用得也日益广泛。从光伏电池的技术发展现状来看，硅型光伏电池在今后相当长的一段时间内将是太阳能光伏电池的主流。这里主要针对硅型光伏电池的建模问题进行介绍。

1）数学模型

光伏电池是光伏发电系统中最基本的电能产生单元，其单体输出电压和输出电流都很低，功率也较小，为此需要将光伏电池串联、并联构成光伏模块，其输出电压可提高到十几至几十伏；光伏模块又可经串联、并联后得到光伏阵列，进而获得更高的输出电压和更大的输出功率。光伏发电系统的实际电源一般就是指光伏阵列，它是一种直流电源。

光伏电池的理想等效电路如图 2-12 所示，在忽略各种内部损耗情况下，由光生电流源和一个二极管并联得到。值得指出的是，这里的二极管不是一个在导通和关断两种模式间切换的开关元件，其电压和电流间存在连续非线性关系。光伏电池的实际内部损耗可通过在理想模型中增加串联电阻 R_s 和并联电阻 R_{sh} 来模拟，如图 2-13（a）所示。在增加两个电阻的同时，图 2-13（b）给出的等效电路中还增加了一个二极管来模拟空间电荷的扩散效应，称为双二极管等效电路。双二极管等效电路能够更好地拟合多晶硅光伏电池的输出特性，并且在光辐照度较低的条件下更加适用。

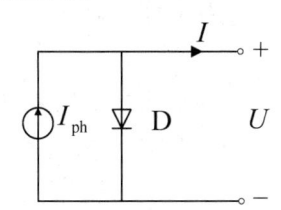

图 2-12　光伏电池的理想等效电路

（a）单二极管等效电路　　　　　　　（b）双二极管等效电路

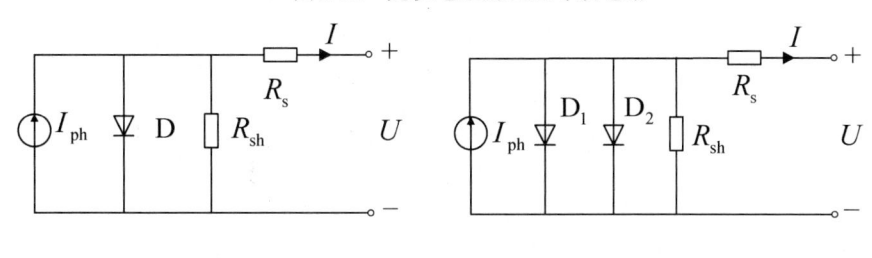

图 2-13　考虑损耗的光伏电池等效电路

在双二极管等效电路中，光伏电池的输出伏安特性为

$$I = I_{ph} - I_{s1}(e^{\frac{q(U+IR_s)}{kT}} - 1) - I_{s2}(e^{\frac{q(U+IR_s)}{AkT}} - 1) - \frac{U + IR_s}{R_{sh}} \quad (2\text{-}13)$$

当简化为单二极管等效电路时，相应的伏安特性为

$$I = I_{ph} - I_s(e^{\frac{q(U+IR_s)}{AkT}} - 1) - \frac{U + IR_s}{R_{sh}} \quad (2\text{-}14)$$

式中，U 为光伏电池输出电压；I 为光伏电池输出电流；I_{ph} 为光生电流源电流；I_{s1} 为二极管扩散效应饱和电流；I_{s2} 为二极管复合效应饱和电流；I_s 为二极管饱和电流；q 为电子电量常量，为 1.602e-19C；k 为玻尔兹曼常数，为 1.381e-23J/K；T 为光伏电池工作绝对温度值；A 为二极管特性拟合系数，在单二极管等效电路中是一个变量，在双二极管等效电路中可取值为 2。

当光伏模块通过串联、并联组成光伏阵列时，通常认为串并联在一起的光伏模块具有相同的特征参数，若忽略光伏电池模块间的连接电阻并假设它们具有理想的一致性，则与单二极管等效电路对应的光伏阵列等效电路如图 2-14 所示。

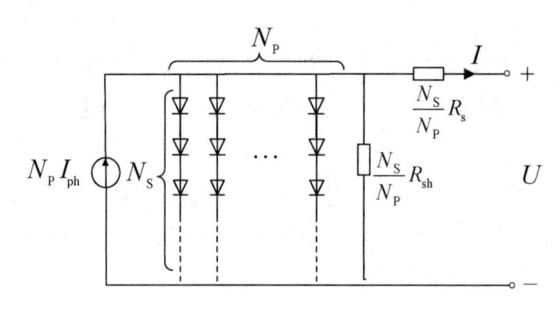

图 2-14 与单二极管等效电路对应的光伏阵列等效电路

在图 2-14 给出的等效电路中,其输出电压和输出电流的关系如式(2-15)所示。式中,N_S 和 N_P 分别为串联和并联的光伏电池数。

$$I = N_P I_{ph} - N_P I_s (e^{\frac{q}{AkT}(\frac{U}{N_S}+\frac{IR_s}{N_P})} - 1) - \frac{N_P}{R_{sh}}(\frac{U}{N_S} + \frac{IR_s}{N_P}) \tag{2-15}$$

若光伏电池采用双二极管等效电路,也可以给出类似的等效电路,如图 2-15 所示,相应的输出电压和电流的关系如式(2-16)所示。

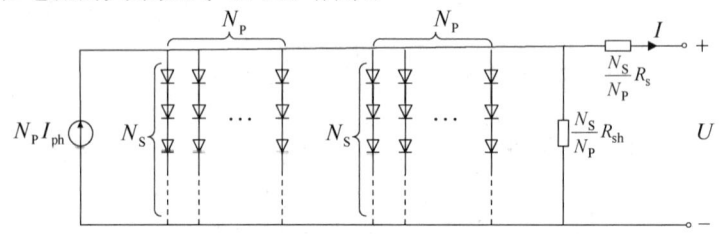

图 2-15 双二极管模型光伏阵列的等效电路

$$I = N_P I_{ph} - N_P I_{s1}(e^{\frac{q}{kT}(\frac{U}{N_S}+\frac{IR_s}{N_P})} - 1) - N_P I_{s2}(e^{\frac{q}{AkT}(\frac{U}{N_S}+\frac{IR_s}{N_P})} - 1) - \frac{N_P}{R_{sh}}(\frac{U}{N_S} + \frac{IR_s}{N_P}) \tag{2-16}$$

2)输出特性与最大功率点跟踪算法

光伏电池或光伏阵列典型的 I-U 和 P-U 曲线如图 2-16 所示,曲线上有以下 3 个特殊点。

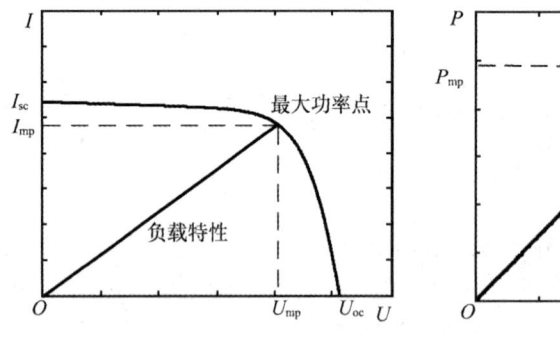

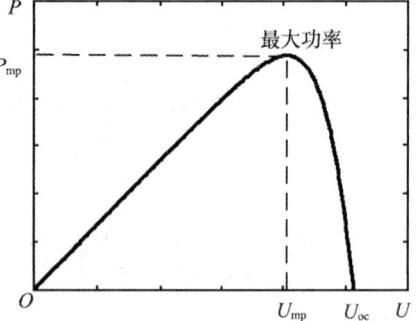

图 2-16 光伏电池典型 I-U 和 P-U 曲线

(1) $(0, I_{SC})$ 称为输出短路点,I_{SC} 为对应输出电压为零时的短路电流。

(2) $(U_{OC}, 0)$ 称为输出开路点,U_{OC} 为对应输出电流为零时的开路电压。

(3) (U_{mp}, I_{mp}) 称为最大功率输出点,该点满足 $\frac{dP}{dU} = 0$,输出功率为 $P_{mp} = U_{mp} I_{mp}$,这

是对应伏安特性上所能获得的最大功率。在实际运行的光伏系统中，应该尽量通过负载匹配使整个系统运行在最大功率点附近，以最大限度地提高运行效率。

光伏电源的输出特性与环境温度和光辐照度密切相关。当温度和光辐照度变化时，一组光伏阵列的实际 $I\text{-}U$ 曲线和 $P\text{-}U$ 曲线分别如图 2-17、图 2-18 所示。从图 2-17 中可以看出，随着温度的升高，光伏电池的短路电流增大，但开路电压却不断降低，而且明显比电流的变化幅度大，因此在光辐照度恒定的条件下，温度越高，最大功率反而越小，而且最大功率点电压变化较大。相比而言，光辐照度的提高对短路电流、开路电压和最大功率都是增大作用，而且最大功率点电压变化较小，在某些条件下可近似认为不变。

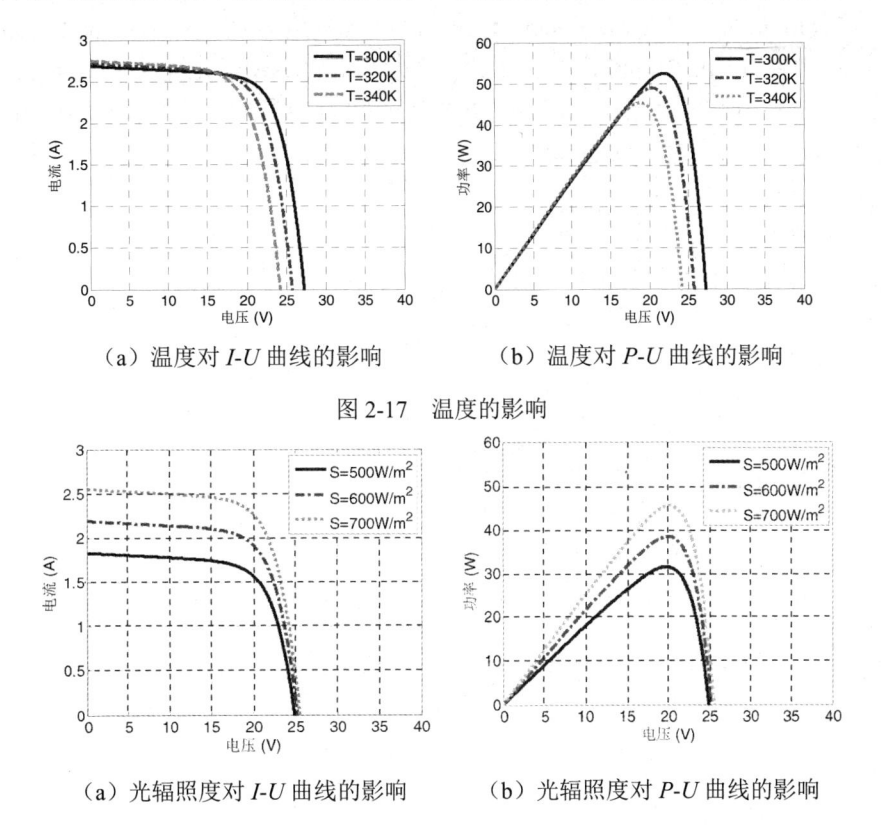

（a）温度对 $I\text{-}U$ 曲线的影响　　（b）温度对 $P\text{-}U$ 曲线的影响

图 2-17　温度的影响

（a）光辐照度对 $I\text{-}U$ 曲线的影响　　（b）光辐照度对 $P\text{-}U$ 曲线的影响

图 2-18　光辐照度的影响

在新能源发电系统仿真中，光伏电池（或阵列）的主要运行方程由式（2-13）、式（2-14）或式（2-15）描述。通过对光伏电池板的输出特性进行测试，可以得到其电流-电压特性曲线，即 $I\text{-}U$ 曲线，在此基础上进行参数拟合就可以获得上述方程或电路模型中的参数值。一般来说，厂家给出的 $I\text{-}U$ 曲线是在 IEC 标准条件下得到的。此时，光辐照度为 1000W/m²，电池工作温度为 25℃，即 298K。考虑到温度和光辐照度对 $I\text{-}U$ 曲线存在着图 2-17 和图 2-18 所示的影响，当实际与标准条件有差异时，需要对参数进行修正，以式（2-14）为例，其重点修正量为光生电流 I_{ph} 和二极管饱和电流 I_{s}，修正公式如下：

$$I_{\text{ph}} = \left(\frac{S}{S_{\text{ref}}}\right)\left[I_{\text{phref}} + C_T(T - T_{\text{ref}})\right] \tag{2-17}$$

$$I_s = I_{sref}(\frac{T}{T_{ref}})^3 e^{[\frac{qE_g}{Ak}(\frac{1}{T_{ref}}-\frac{1}{T})]} \tag{2-18}$$

式中，S 为实际光辐照度（W/m²）；S_{ref} 为标准条件下的光辐照度，即 1000W/m²；I_{phref} 和 I_{sref} 为标准条件光辐照度下的光生电流和二极管饱和电流（A）；T_{ref} 为标准条件下电池的工作温度（K）；C_T 为温度系数，由厂家提供（A/K）；E_g 为禁带宽度（eU），与光伏电池材料有关。

最大功率点跟踪的主要目的就是要根据光伏阵列的伏安特性，利用一些控制策略保证其工作在最大功率输出状态，以最大限度地利用太阳能。目前，MPPT 算法很多，如扰动观测法（Perturbation and Observation Method）、增量电导法（Incremental Conductance Method）、爬山法（Hill-Climbing Method）、波动相关控制法（Ripple Correlation Control Method）、电流扫描法（Current Sweep Method）、模糊逻辑控制法（Fuzzy Logic Control Method）、神经网络控制法（Neural Network Method）等。下面以增量电导法和扰动观测法为例，介绍 MPPT 算法。

（1）增量电导法。

光伏阵列输出功率 P 和其输出电流 I、输出电压 U 有以下关系：

$$P = IU \tag{2-19}$$

在最大功率点处，应满足

$$\frac{dP}{dU} = I + U\frac{dI}{dU} = 0 \tag{2-20}$$

因此，可以应用下述判据获得最大功率点：

$$I + U\frac{\Delta I}{\Delta U} = 0 \tag{2-21}$$

因为式（2-21）中涉及增量电导 $\frac{\Delta I}{\Delta U}$ 的计算，故称为增量电导法。以式（2-21）为依据，可以得到增量电导法的算法流程如图 2-19 所示。

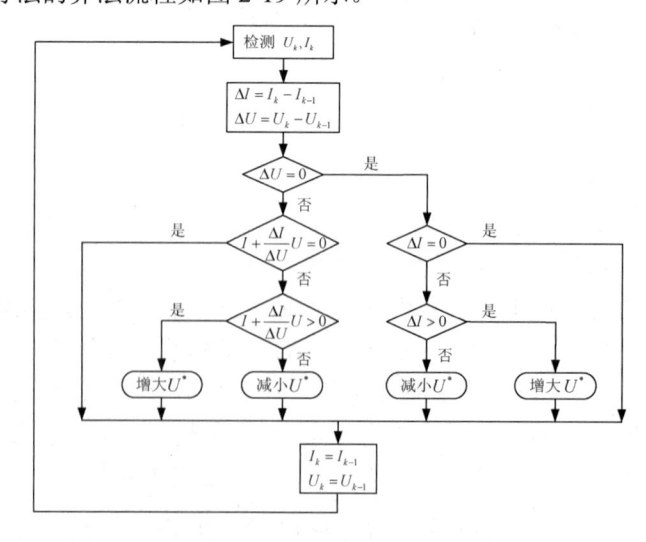

图 2-19 增量电导法的算法流程

在图 2-19 中，I_k 和 U_k 分别为光伏阵列当前的电流和电压；I_{k-1} 和 U_{k-1} 分别为上一步光伏阵列的电流和电压；U^*为整流器电压控制信号参考值。图 2-19 中所示的获取最大功率点的过程也就是搜寻满足式（2-21）条件运行点的过程，所获得的最大功率点处的电压和电流将被用于相应控制系统的控制，保证光伏阵列工作在最大功率点。

（2）扰动观测法。

扰动观测法的原理是周期性地对光伏阵列电压施加一个小的增量，并观测输出功率的变化方向，进而决定下一步的控制信号。如果输出功率增加，则继续朝着相同的方向改变工作电压，否则朝着相反的方向改变。扰动观测法只需要测量 U 和 I，同增量电导法一样具有实现简单的特点。扰动观测法的算法流程图如图 2-20 所示。

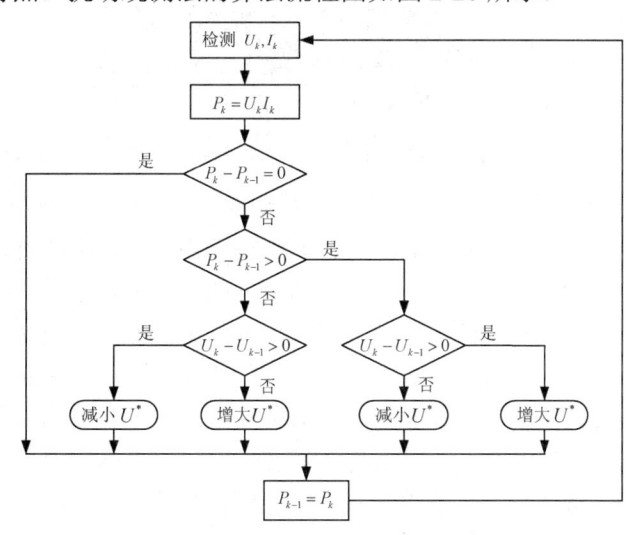

图 2-20 扰动观测法的算法流程图

3）光伏并网发电系统

光伏阵列为一种直流电源，通常需要经电力电子变换装置将直流电转换为交流电后接入电网。光伏阵列自身具有的伏安特性使其必须通过最大功率点跟踪环节才能获得理想的运行效率。同时，光伏发电系统需要并网控制环节，以保证光伏阵列的输出在较大范围内变化，并且始终以较高的效率进行电能转换。光伏阵列、电力电子变换装置、最大功率控制器、并网控制器构成了一个完整的光伏并网发电系统。

根据电力电子变换装置结构的不同，光伏并网发电系统可分为单级式光伏并网发电系统、双级式光伏并网发电系统和多级式光伏并网发电系统三种类型。其中，多级式光伏并网发电系统的电力电子变换装置较为复杂，成本较高；单级式光伏并网发电系统和双级式光伏并网发电系统的电力电子变换装置应用更为广泛，这里主要介绍这两种并网结构。

（1）单级式光伏并网发电系统。

单级式光伏并网发电系统直接通过逆变器将光伏阵列输出的直流电变换成交流电，实现并网。相对于双级式光伏并网发电系统和多级式光伏并网发电系统，该种并网方式只存在逆变环节，电路结构简单，不仅可以降低系统成本，还具有能量转换效率较高的优点。由于只存在逆变环节，因此逆变器的控制系统起着非常重要的作用，要同时实现最大功率点跟踪和逆变器并网控制两个目的。根据控制回路的不同，控制系统可以分为单环控制和双环控制，其中双环控制方式应用广泛。图 2-21 所示为单级式光伏并网发电系统的拓扑结构。

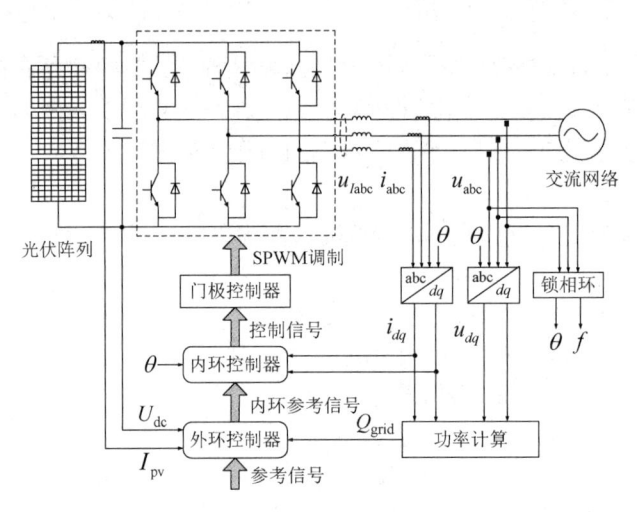

图 2-21 单级式光伏并网发电系统的拓扑结构

图 2-21 中，单级式光伏并网发电系统采取双环控制，具体为直流电压/无功功率外环、电流内环控制。逆变器与交流电网并联运行，对逆变器而言可将电网看作恒压源，因此逆变器的输出电流决定了输出功率的大小。假设逆变器的功率损耗很小，可忽略不计，则逆变器的输出功率等于光伏阵列的输出功率。因此，并网电流的大小反映了光伏阵列输出功率的大小，控制并网电流的幅值即可控制光伏阵列的输出功率。在实际进行外环控制信号选择时，由于光伏阵列的输出电流或输出电压需要根据 MPPT 算法确定，而依据 MPPT 算法确定的输出电压与输出电流存在一一对应关系，所以可以选择直流电压进行控制，这实际上等同于电流控制，进而等同于输出最大功率控制。另外，光伏阵列通过并网逆变器并网，可以向系统输出有功功率，也可以向电网输出无功功率，起到对电网进行无功补偿的作用，因此可以选择光伏直流电压作为外环控制信号，也可以选择无功功率作为给定控制信号，使得光伏发电系统输出给定的无功功率。

① 外环控制。单级式光伏并网发电系统外环控制分为两部分：最大功率点跟踪环节和直流电压及无功功率控制环节。单级式光伏并网发电系统外环控制器的典型结构如图 2-22 所示。

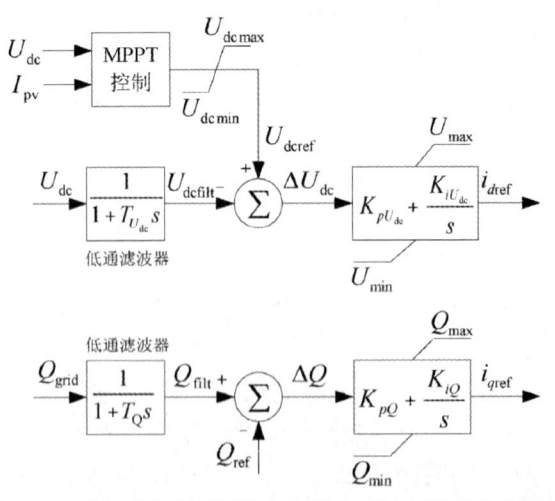

图 2-22 单级式光伏并网发电系统外环控制器的典型结构

在图 2-22 所示的外环控制器中，在逆变器典型外环控制模式的基础上增加了光伏并网发电系统特有的 MPPT 控制。光伏阵列的输出电流 I_{pv} 和输出电压 U_{dc} 经过 MPPT 算法环节，得到直流电压参考信号 U_{dcref}，其中 MPPT 控制可通过前面所介绍的各种最大功率点跟踪算法实现。实际测量得到的直流电压 U_{dc} 和逆变器输出的无功功率经滤波器后分别与参考信号 U_{dcref} 与 Q_{ref} 进行比较，并对误差进行 PI 控制，从而得到内环控制器的参考信号 i_{dref} 与 i_{qref}。当外界条件发生变化（如光辐照度变化、温度变化或网络变化）时，直流电压或无功功率的误差信号不为零，从而 PI 调节器进行调节（无静差跟踪调节），直至误差信号为零，控制器达到稳态，实现运行点的过渡。

② 内环控制。光伏并网发电系统的内环控制器可以采取多种控制方法，应用较为普遍的是 dq 同步旋转坐标系下的内环控制。一种典型的单级式光伏并网发电系统的整体结构如图 2-23 所示。

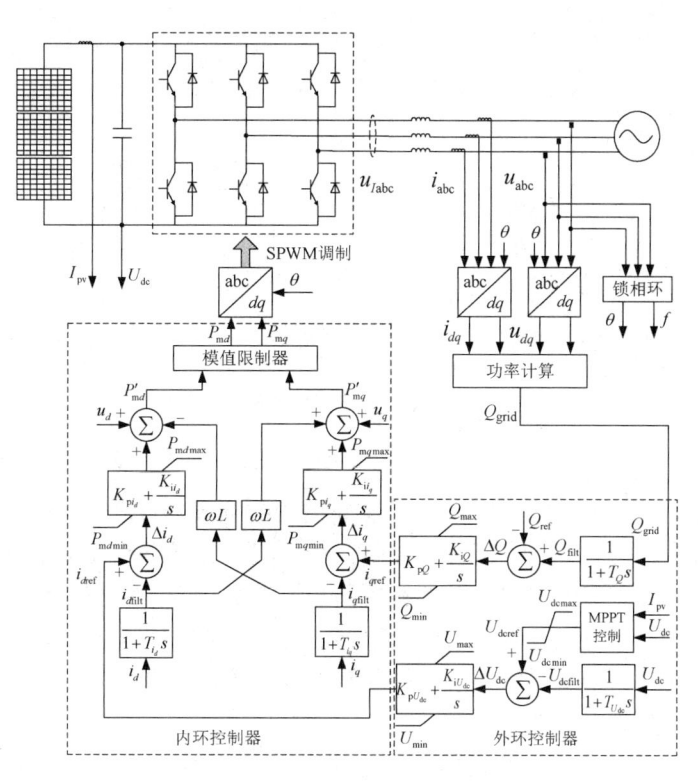

图 2-23 单级式光伏并网发电系统的整体结构

（2）双级式光伏并网发电系统。

双级式光伏并网发电系统的光伏阵列首先经过 DC/DC 斩波器进行电压幅值变换，然后通过逆变器将直流电变换成交流电，最后实现并网。斩波器可以采取多种变换电路实现，既可以采用基本斩波电路，又可以采用复合斩波电路或多相多重斩波电路，其中复合斩波电路和多相多重斩波电路均通过基本斩波电路复合得到。基本斩波电路包括 Buck 斩波电路、Boost 斩波电路、Boost-Buck 斩波电路、Cuk 斩波电路、Sepic 斩波电路、Zeta 斩波电路等。Buck 斩波电路只能实现降压功能；Boost 斩波电路只能实现升压功能；其余四种斩波电路既可实现升压功能，又可实现降压功能。但 Buck 斩波电路的输入电流不连续，若不加入储能电容，则光伏发电系统的工作时断时续,不能处于最佳工作状态;而在大功率情况下,储能电容始终处于大电流充放电状态,对其可靠性不利;通常,光伏阵列的输出电压较低,经 Buck 斩波电路降压后逆变器无法正常工作。因此,实际系统中一般选用 Boost 斩波电路,既可以保证光伏阵列始终工作在输入电流连续的状态,又可以升压以保证逆变器正常工作。

图 2-24 为典型双级式光伏并网发电系统的拓扑结构,主要包括光伏阵列、滤波电容器、斩波器、逆变器、滤波器、并网线路和外部系统几部分,图中斩波器采取 Boost 斩波电路。当斩波器的输入电感足够大时,电感上的电流接近平滑的直流电流,可以省去滤波电容器,避免加入电容器带来的种种弊端。

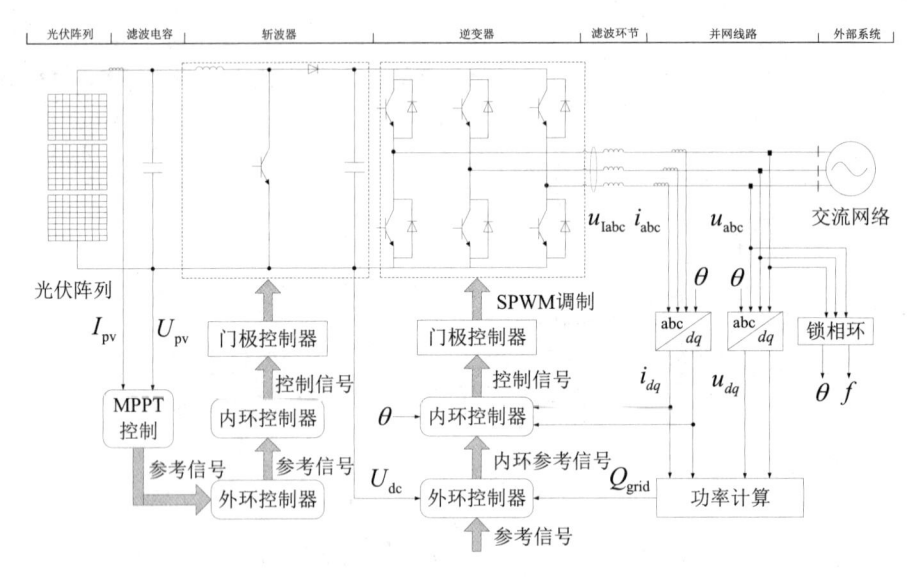

图 2-24 典型双级式光伏并网发电系统的拓扑结构

在图 2-24 所示的并网方式中,通过控制斩波器的开关器件动作策略,可实现光伏阵列最大功率点跟踪;逆变器主要实现并网控制,与单级式光伏并网发电系统的逆变器的控制类似。由于双级式光伏并网发电系统的斩波器与逆变器分别具有独立的控制目标和拓扑结构,因此控制器的设计更加简单。但由于双级式光伏并网发电系统具有两级能量变换环节,包含更多的独立元件,因此整个系统的能量转换效率会有所降低。

① Boost 斩波器及其控制。

在图 2-25 中,假设电路中的电感 L 和电容 C 较大,根据可控开关器件所处的导通和关断状态,可将一个开关周期 $[t, t+T_s]$ 分为两个阶段进行分析。

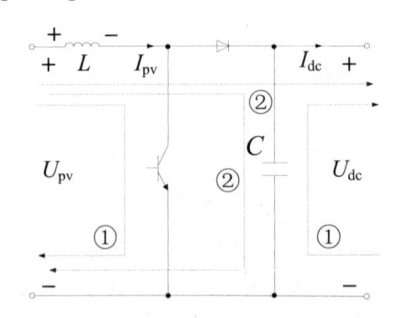

图 2-25 Boost 斩波电路工作原理

第一阶段：开关器件处于导通状态。假设在时间区间[t,t+DT_s]内，开关器件处于导通状态，D 为占空比（0<D<1）。此时，直流电源经开关器件向电感 L 充电，电感储存能量；电容 C 向后级电路供电，释放能量，如图 2-25 中路径①所示。此时有

$$\begin{cases} L\dfrac{dI_{pv}}{dt} = U_{pv} = u_{L(on)} \\ C\dfrac{dU_{dc}}{dt} = I_{dc} = i_{C(on)} \end{cases} \quad (2\text{-}22)$$

第二阶段：开关器件处于关断状态。假设在时间区间[t+DT_s,t+T_s]内，开关器件处于关断状态。此时，光伏电源和电感 L 共同向电容 C 充电，并向后级电路供电，如图 2-25 中路径②所示。此时有

$$\begin{cases} L\dfrac{dI_{pv}}{dt} = U_{pv} - U_{dc} = u_{L(off)} \\ C\dfrac{dU_{dc}}{dt} = I_{dc} - I_{pv} = i_{C(off)} \end{cases} \quad (2\text{-}23)$$

结合开关器件处于导通和关断状态下电压和电流的关系，可知电感电压在一个开关周期内的平均值为

$$\bar{u}_L = \frac{1}{T_s}\int_t^{t+T_s} u_L(\tau)d\tau = \frac{1}{T_s}\left[\int_t^{t+DT_s} u_{L(on)}(\tau)d\tau + \int_{t+DT_s}^{t+T_s} u_{L(off)}(\tau)d\tau\right] \quad (2\text{-}24)$$

由于前置滤波电容的存在，输入电压 U_{pv} 在一个开关周期内的变化较小；当电容 C 较大时，输出电压 U_{dc} 的变化也较小。当忽略上述参数的变化时，将式（2-22）、式（2-23）代入式（2-24）可得

$$\begin{aligned} \bar{u}_L &= \frac{1}{T_s}\left[\int_t^{t+DT_s} u_{L(on)}(\tau)d\tau + \int_{t+DT_s}^{t+T_s} u_{L(off)}(\tau)d\tau\right] \\ &= \frac{1}{T_s}\left[D\cdot T_s \cdot U_{pv} + (1-D)\cdot T_s \cdot (U_{pv} - U_{dc})\right] \\ &= D\cdot U_{pv} + (1-D)\cdot (U_{pv} - U_{dc}) \end{aligned} \quad (2\text{-}25)$$

同理可得电容电流在一个开关周期内的平均值：

$$\begin{aligned} \bar{i}_C &= \frac{1}{T_s}\int_t^{t+T_s} i_C(\tau)d\tau = \frac{1}{T_s}\left[\int_t^{t+DT_s} i_{C(on)}(\tau)d\tau + \int_{t+DT_s}^{t+T_s} i_{C(off)}(\tau)d\tau\right] \\ &= \frac{1}{T_s}\left[D\cdot T_s \cdot I_{dc} + (1-D)\cdot T_s \cdot (I_{dc} - I_{pv})\right] \\ &= D\cdot I_{dc} + (1-D)\cdot (I_{dc} - I_{pv}) \end{aligned} \quad (2\text{-}26)$$

当电路达到稳态时，在一个开关周期内，电感电压和电容电流的平均值均为 0，即

$$\begin{cases} \bar{u}_L = D\cdot U_{pv} + (1-D)\cdot (U_{pv} - U_{dc}) = 0 \\ \bar{i}_C = D\cdot I_{dc} + (1-D)\cdot (I_{dc} - I_{pv}) = 0 \end{cases} \quad (2\text{-}27)$$

由式（2-27）可得 Boost 斩波器的稳态模型：

$$\begin{cases} U_{dc} = \dfrac{1}{1-D} U_{pv} \\ I_{dc} = (1-D) I_{pv} \end{cases} \tag{2-28}$$

斩波器主要通过调节占空比 D 实现对光伏阵列的控制。Boost 斩波电路工作原理如图 2-26 所示。其中假设 R 为纯电阻负载，代表输出电压与电流的关系；R_{eq} 为从光伏阵列端口看出去的等效电阻，其数值等于 U_{pv} 与 I_{pv} 的比值，也代表图 2-26 中的负载特性。

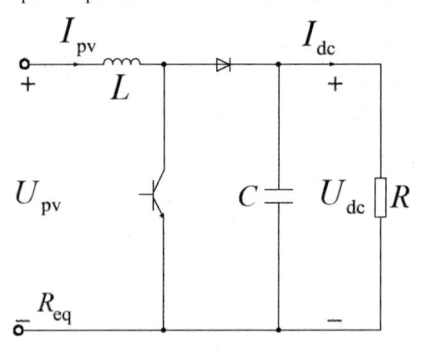

图 2-26 Boost 斩波电路工作原理

由式（2-28）可得 $U_{pv}I_{pv}=U_{dc}I_{dc}$，即光伏阵列的输出功率 100%转化为负载消耗，不存在能量损失。而负载消耗的功率又可以表示为 $U_{dc}I_{dc}=U_{dc}^2/R$，因此结合式（2-28）有以下关系：

$$U_{pv}I_{pv} = \dfrac{U_{dc}^2}{R} = \dfrac{U_{pv}^2}{(1-D)^2 R} \tag{2-29}$$

进一步整理可得

$$R_{eq} = \dfrac{U_{pv}}{I_{pv}} = (1-D)^2 R \tag{2-30}$$

由式（2-30）可知，改变占空比 D 即可改变光伏阵列输出端的等效电阻的阻值，相当于改变了负载特性曲线的斜率，因此负载特性曲线与光伏阵列 I-U 曲线的交点也随之改变。所以，通过控制 D 即可在限定范围内调节光伏阵列的输出电压，使其运行在最大功率点。图 2-27 所示为斩波器控制系统常用的双环控制方式，外环控制直流电压，内环控制直流电流。

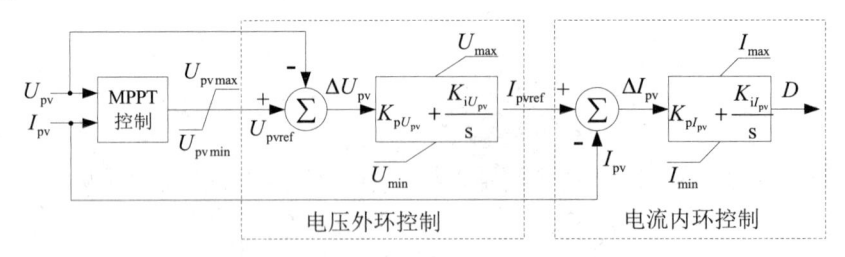

图 2-27 斩波器控制系统常用的双环控制方式

在图 2-27 所示的控制系统中，首先通过 MPPT 算法获得最大功率点对应的光伏阵列直流电压，作为外环电压控制的参考信号。该参考信号 U_{pvref} 与实际直流电压 U_{pv} 进行比较，并通过电压控制器进行调节，产生内环电流参考信号 I_{pvref} 后，与实际电流 I_{pv} 进行比较，经电流控制器产生控制开关器件通断的脉冲信号。通常，电压控制器和电流控制器均采用 PI 调节器进行调节，实现无静差跟踪效果。当外界条件发生变化时（光辐照度变化或温度变化），光伏阵列的输出特性发生变化，实际运行点一般并非最大功率点，因此直流电压的误差信号 ΔU_{pv} 不为零，从而进行调节，直至误差信号为零，控制器达到稳态，实现光伏阵列在最大功率点运行。

② 逆变器控制。

双级式光伏并网发电系统的逆变器控制与单级式光伏并网发电系统类似，仍然可以采用直流电压和无功功率外环控制、电流内环控制。其中外环控制结构如图 2-28 所示。

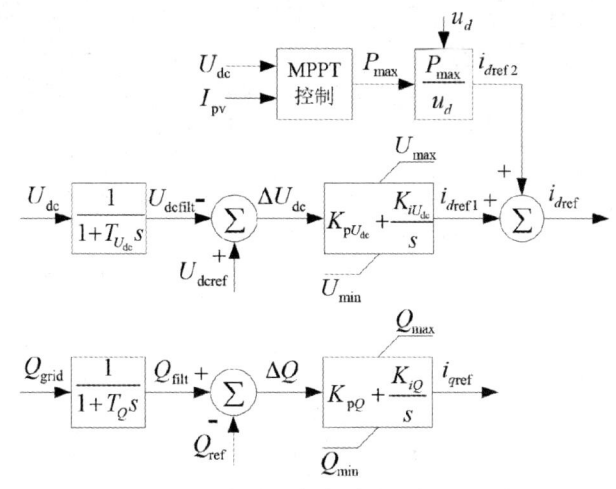

图 2-28 双级式光伏并网发电系统逆变器外环控制结构

与单级式光伏并网发电系统的控制方式有所不同，内环的参考信号 i_{dref} 包括两部分：一部分来自直流侧电压 U_{dc} 的闭环控制，由直流电压的误差信号经过 PI 调节器得到，输出参考电流 i_{dref1}；另一部分来自有功功率闭环控制，由 MPPT 算法的最大功率 P_{max} 除以并网侧 d 轴电压 u_d 得到，输出参考电流 i_{dref2}。其中，直流电压控制环用于维持逆变器直流侧电压不变，为给定值 U_{dcref}，在系统工作在理想的稳态时，ΔU_{dc} 为零，相应的 i_{dref1} 为零，i_{dref} 为保证光伏组件输出最大功率时对应的注入电流。无功功率外环控制器及对应的电流内环控制器与单级式光伏并网发电系统情况一致，在此不再赘述。双级式光伏并网发电系统的整体结构如图 2-29 所示。

2. 风力发电系统

风力发电系统是一种将风能转换为电能的能量转换系统。作为一种可再生能源，近年来风能的开发利用受到了极大的关注，大量的风力发电系统已经投入运行，各种风力发电技术日臻成熟。本节将从仿真计算建模的需要出发，重点介绍典型风力发电系统的并网方式及相关仿真模型。

1）风力发电系统的典型形式

风力发电系统的分类方法有很多种，如按照发电机的类型，可分为同步电机型风力发电系统和异步电机型风力发电系统；按照风机驱动发电机的方式，可分为直驱式风力发电系统和使用增速齿轮箱驱动式风力发电系统；根据风机转速，可分为恒频/恒速风力发电系统和恒频/变速风力发电系统两种。

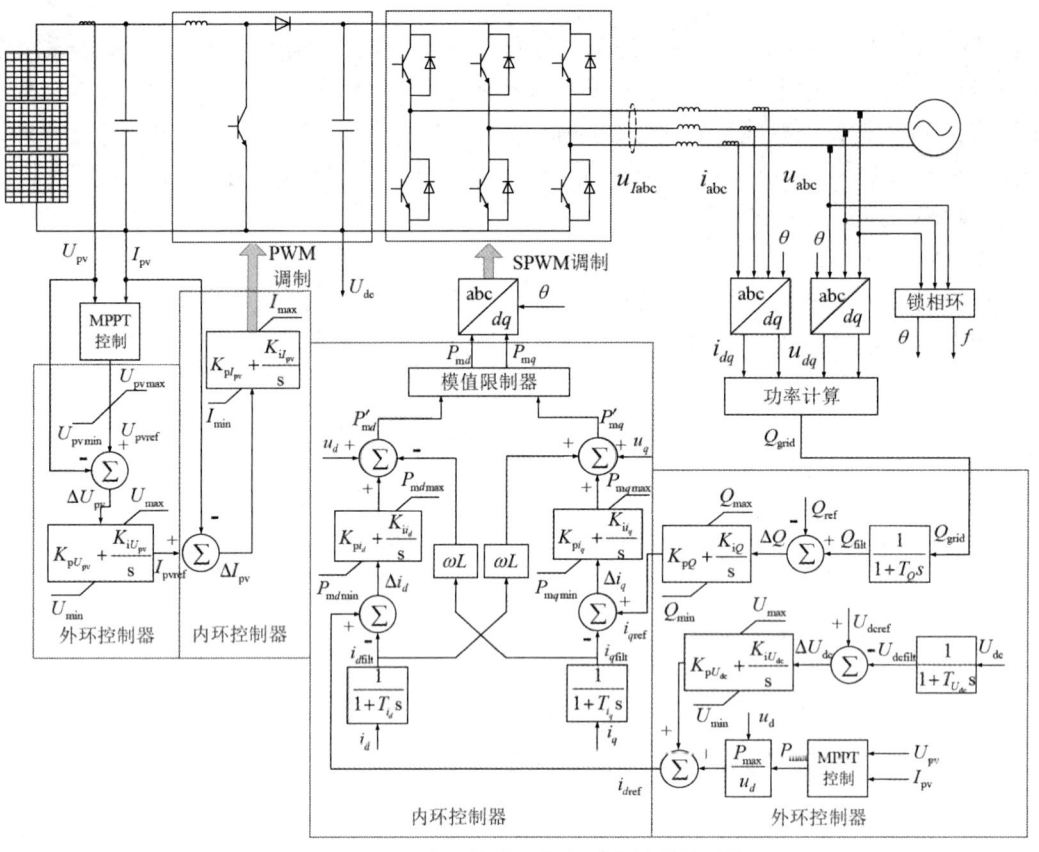

图 2-29 双级式光伏并网发电系统的整体结构

（1）恒频/恒速风力发电系统。

在恒频/恒速风力发电系统中，发电机直接与电网相连，当风速变化时，采用失速控制维持发电机转速恒定。这种风力发电系统一般以异步电机直接并网的形式为主，如图 2-30 所示。

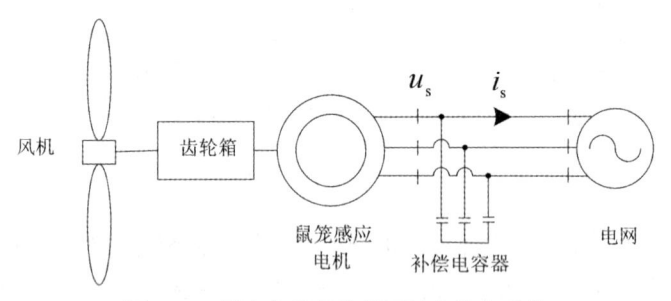

图 2-30 异步电机直接并网风力发电系统

该种类型的风力发电系统的优点是结构简单、成本低，但缺点也比较明显，如无功功率不可控，需要电容器组或 SVC 进行无功补偿；输出功率波动较大；风速的改变通常会使风机偏离最佳运行转速，降低运行效率。由于这些缺点的存在，该种风力发电系统的容量通常较小。

（2）恒频/变速风力发电系统。

在恒频/变速风力发电系统中，根据风速的状况可实时地调节发电机的转速，使风机运行在最佳叶尖速比附近，优化风机的运行效率，同时通过控制手段可以保证发电机向电网输出频率恒定的电功率。该种风力发电系统中较为常见的是双馈风力发电系统和永磁同步直驱风力发电系统。

双馈风力发电系统如图 2-31 所示。与恒频/恒速风力发电系统不同，该种风力发电系统的控制方式为变桨距控制，从而使风机在较大范围内按最佳参数运行，提高了风能利用率。双馈发电机的定子与电网直接相连，转子通过变频器连接到电网中，变频器可以改变双馈发电机转子输入电流的频率，进而可以保证双馈发电机定子输出跟电网频率同步，实现恒频/变速控制。

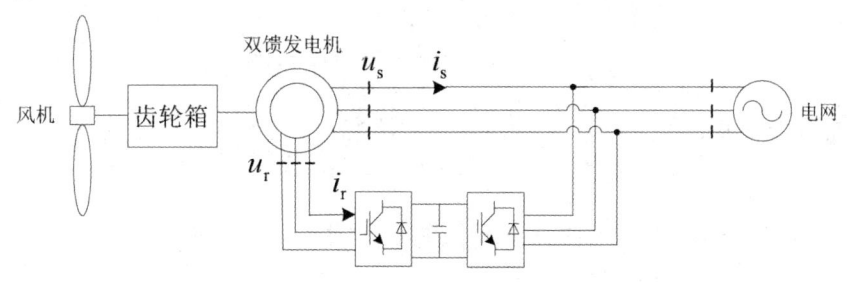

图 2-31　双馈风力发电系统

双馈风力发电系统最大的特点是能量可双向流动。当风机运行在超同步速度时，功率从转子流向电网；而当运行在次同步速度时，功率从电网流向转子。相对于恒频/恒速风力发电系统，双馈风力发电系统的控制方式相对复杂，机组价格较高，但性能上较恒频/恒速风力发电系统具有较大的优势：转子侧通过变频器并网，可对有功功率和无功功率进行控制，不需要无功补偿装置；风机采用变桨距控制，可以追踪最大风能功率，提高风能利用率；由于转子侧采用电力电子接口，可降低输出功率的波动，提高电能质量；此外，由于变频器接在转子侧，相对于装在定子侧的全功率变频器，损耗及投资大大降低。鉴于上述原因，目前大型风力发电机组一般为变桨距控制的双馈式风力发电机组。

永磁同步直驱风力发电系统的并网结构如图 2-32 所示。该风力发电系统一般有三种并网结构。第一种是通过不可控整流器+PWM 逆变器并网，如图 2-32（a）所示。采用不可控二极管进行整流，结构简单，控制方便，在中小变频调速装置中有较多的应用，成本相应较低，但是在低风速时，永磁同步电机输出电压较小，能量将无法回馈至电网。

为了克服低风速时的运行问题，在采用不可控整流器时，实际往往采用第二种并网结构，即在直流侧加入一个升压斩波电路，如图 2-32（b）所示。该结构具有以下优点：由于具有升压斩波环节，可以对永磁同步电机输出的电压放宽要求，因此拓宽了风机的工作范围；整流桥采用不可控整流二极管，成本相对较低，在大功率的时候更加明显；控制相对简单。但是在这种结构中，永磁同步电机功率因数不为 1.0 且不可控，永磁同步电机功率损耗相对较大。

第三种并网结构是通过两个全功率 PWM 变频器与电网相连，如图 2-32（c）所示。与不可控二极管整流相比，这种方式可以控制有功功率和无功功率，调节永磁同步电机功率因数为 1.0；不需要并联电容器作为无功补偿装置；风机采用变桨距控制，可以追踪最大风能功率，提高了风能利用率；定子通过两个全功率变频器并网，可以与直流输电的换流站相连，以直流电的形式向电网供电。但是，该种结构要求有两个与永磁同步电机功率相当的可控桥，当永磁同步电机功率较大时，成本显著提高。

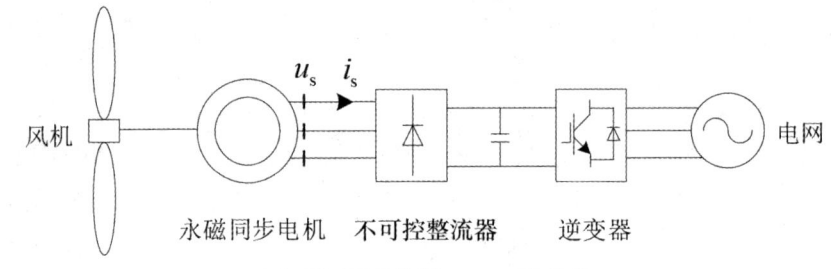

（a）不可控整流器+PWM逆变器

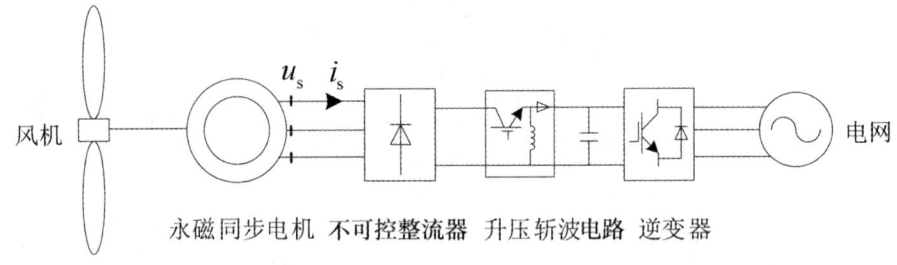

（b）不可控整流器+升压斩波电路+PWM逆变器

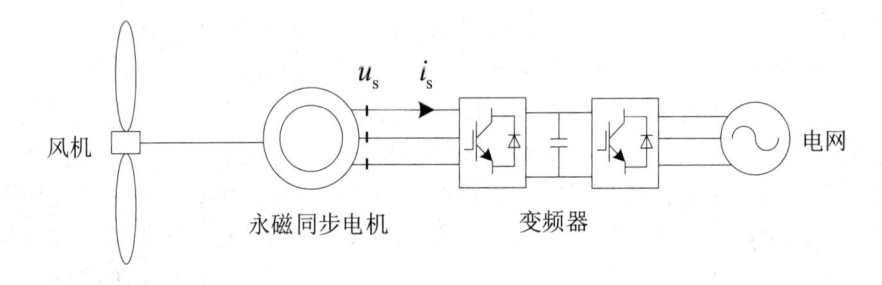

（c）双PWM变频器

图 2-32　永磁同步直驱风力发电系统的并网结构

此外，该种类型的风力发电系统也可以采用普通同步/异步电机通过变频器并网，但由于同步/异步电机转速要求较高，因此风机与同步/异步电机间需要通过齿轮箱进行啮合，如图 2-33 所示。

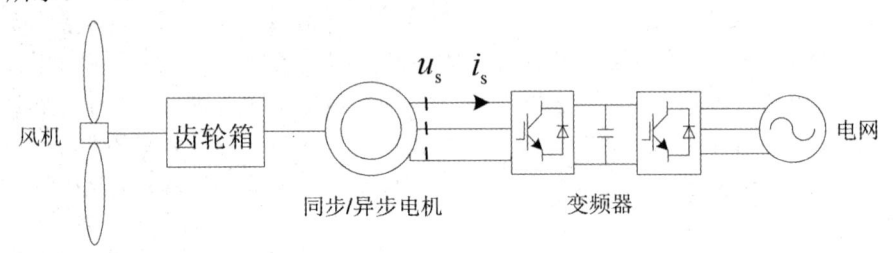

图 2-33　普通同步/异步电机并网系统

在对风力发电系统进行仿真建模时，一般需要考虑以下几个子系统模型：空气动力系统模型、桨距控制模型、发电机轴系模型、发电机模型、变频器及其控制系统模型等。不同风力发电系统并网结构上的不同决定了控制策略及物理结构上的差异：空气动力系统模型根据控制方式不同而略有差别；桨距控制模型根据控制方式不同分为定桨距控制模型和变桨距控制模型；发电机轴系模型根据系统的不同，可考虑三质块模型、两质块模型和单质块模型；发电机需要分别考虑鼠笼式异步感应电机、双馈感应电机和永磁同步电机模型；变频器及其控制系统模型适用于恒频/变速风力发电系统，变频器一般是背靠背的电压源型 PWM 可控换流器。

2）恒频/恒速风力发电控制系统模型

典型的恒频/恒速风力发电控制系统如图 2-34 所示，主要由异步感应电机模块、桨距控制模块、空气动力系统模块和轴系模块构成。

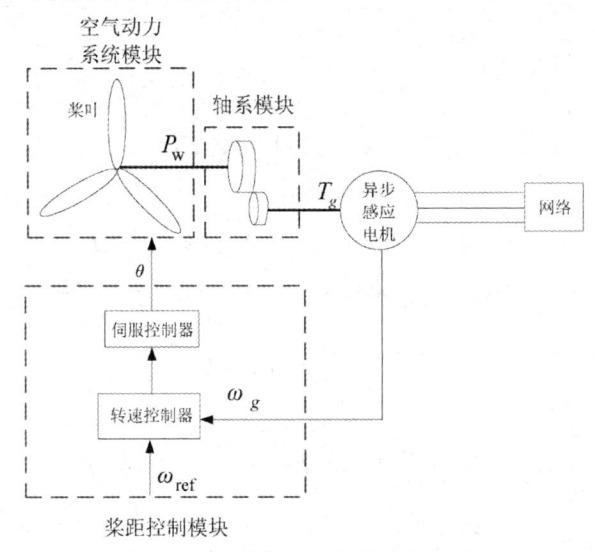

图 2-34 恒频/恒速风力发电控制系统

（1）空气动力系统模块。

该模块用于描述将风能转化为风机功率输出的过程，其能量转换公式为

$$P_\mathrm{w} = \frac{1}{2}\rho\pi R^2 v^3 C_\mathrm{p} \tag{2-31}$$

式中，ρ 为空气密度（kg/m³）；R 为风机叶片的半径（m）；v 为叶尖来风速度（m/s）；C_P 为风能转换效率，是关于叶尖速比 λ 与叶片桨距角 θ 的函数，表达式为

$$C_\mathrm{p} = f(\theta, \lambda) \tag{2-32}$$

叶尖速比 λ 定义为

$$\lambda = \frac{\omega_\mathrm{w} R}{v} \tag{2-33}$$

式中，ω_w 为风机机械角速度（rad/s）。典型的风力发电系统 C_P 特性曲线如图 2-35 所示。

由图 2-35 可见，对于变桨距系统，C_P 与叶尖速比和叶片桨距角 θ 均有关系，随着叶片桨距角 θ 的增大，C_P 曲线整体下降。当采用变桨距变速控制时，控制系统先将叶片桨距角置于最优值，再通过变速控制使叶尖速比 λ 等于最优值 λ_opt，从而使风机在最大风能转换效率 $C_\mathrm{P}^\mathrm{max}$ 下运行。对于定桨距系统，当叶片桨距角为 0°时不做任何调节，C_P 只与叶尖速比 λ 有关，因此风机只能在某一风速下运行在最优风能转换效率 $C_\mathrm{P}^\mathrm{max}$ 点，而更多时候则运行在非最佳状态。

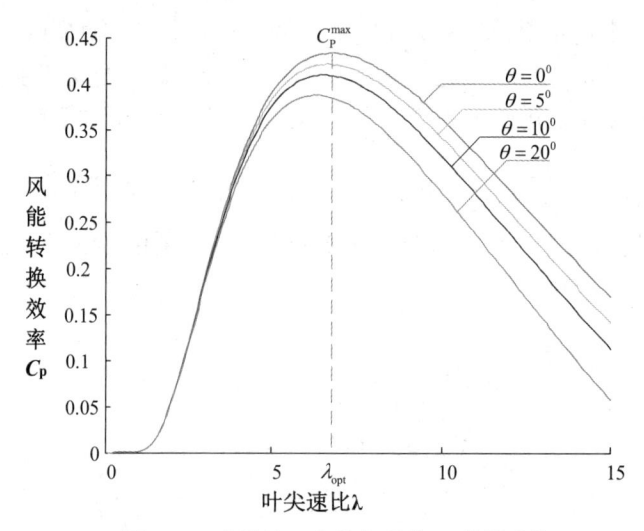

图 2-35　典型的风力发电系统 C_P 特性曲线

对于恒频/恒速定桨距型风力发电机组，下式给出了一种 C_P 特性曲线近似描述：

$$C_P = \frac{16}{27} \frac{\lambda}{\lambda + \frac{1.32 + [(\lambda-8)/20]^2}{B}} - 0.57 \frac{\lambda^2}{\frac{L}{D}(\lambda + \frac{1}{2B})} \quad (2-34)$$

式中，B 为叶片数；$\frac{L}{D}$ 为升力比。当叶片数为 1、2、3，且满足 $4 \leq \lambda \leq 20$ 和 $\frac{L}{D} \geq 20$ 时，能够较高精度地拟合实际 C_P 特性曲线。对于变桨距风力发电机组，与上式对应的一种 C_P 特性曲线近似式为

$$C_P = 0.5(\frac{RC_f}{\lambda} - 0.022\theta - 2)e^{-0.255\frac{RC_f}{\lambda}} \quad (2-35)$$

式中，C_f 为叶片设计参数，一般取 1~3。

(2) 桨距控制模块。

早期的风力发电系统以定桨距（失速型）风力发电机组为主导机型。定桨距是指桨叶与轮轴的连接是固定的，当风速变化时，桨叶的迎风角度不能随之变化。当风速高于额定风速时，气流将在桨叶的表面产生涡流，导致升力系数减小，阻力系数增大，使效率降低，从而产生失速，限制发电机的功率输出。此时，完全由桨叶的物理特性进行自动调节，仿真中可利用式（2-34）给出的 C_P 特性来模拟被动失速效应。

近年来，随着风力发电系统容量的增大，变桨距控制技术日益获得重视，并逐渐获得了广泛的应用。变桨距风力发电机组的桨距角一般是以发电机的电气量作为反馈信号加以控制的。它不受风速变化的影响，无论风速变大还是变小，控制系统都能调整叶片角度，使之获得较稳定的功率输出。相对定桨距风力发电机组来说，变桨距风力发电机组具有明显的优越性。当恒频/恒速风力发电系统采用变桨距控制时，一般采取主动失速控制，即当风速在额定风速以下时，控制器将桨距置于 0°，不做变化，可认为等同于定桨距风力发电机组，发电机的功率根据叶片的气动性能随风速的变化而变化。当风速超过额定风速时，通过控制桨距角可以防止发电机的转速和输出功率超过额定值。在实际运行环境下，由于风速的准确测量存在一定困难，往往以发电机的电气量作为控制信号，侧面反映风速的变

化情况，如发电机转速、输出功率等。图 2-36 所示为以发电机转速 ω_g 作为控制器输入信号来实现主动失速变桨距控制的系统框图。

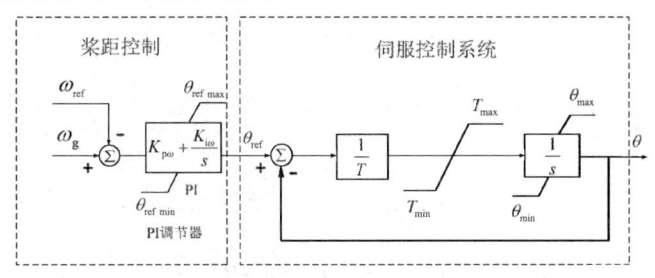

图 2-36　实现主动失速变桨距控制的系统框图

PI 调节器的下限值 θ_{refmin} 一般设为零，这样当发电机转速 ω_g 低于额定转速 ω_{ref} 时，PI 调节器的输出 θ_{ref} 为零，桨距角 θ 相应地被控制在 0°，伺服控制系统不动作。当发电机转速 ω_g 高于额定转速 ω_{ref} 时，PI 调节器的输出 θ_{ref} 大于零，伺服控制系统动作，实现桨距角的调节。伺服系统中相关的限幅环节动作特性如下：

$$\begin{cases} \frac{1}{T}(\theta_{\text{ref}} - \theta) < T_{\min}: & \frac{1}{T}(\theta_{\text{ref}} - \theta) = T_{\min} \\ \frac{1}{T}(\theta_{\text{ref}} - \theta) > T_{\max}: & \frac{1}{T}(\theta_{\text{ref}} - \theta) = T_{\max} \\ \theta < \theta_{\min}: & \theta = \theta_{\min} \\ \theta > \theta_{\max}: & \theta = \theta_{\max} \end{cases} \quad (2\text{-}36)$$

式中，T 为伺服控制系统的比例控制常数；$T_{\max}$ 和 $T_{\min}$ 分别为伺服控制系统比例控制输出的上限幅值和下限幅值；$\theta_{\max}$ 和 $\theta_{\min}$ 为桨距角上限幅值和下限幅值。

（3）轴系模块。

不同并网类型的风力发电系统的轴系模块具有统一的结构，在恒频/变速风力发电系统中将不再一一介绍。风力发电系统的轴系一般包含三个质块：风机质块、齿轮箱质块和发电机质块（直驱风力发电系统无齿轮箱质块）。风机质块一般惯性较大，而齿轮箱质块惯性较小，其主要作用是通过低速转轴和高速转轴将风机和发电机啮合在一起。由于各个质块惯性相差较大，不同风力发电系统的质块构成也不完全一致。在系统仿真过程中，三质块模型、两质块模型和单质块模型都可能会涉及。

① 三质块模型：三质块模型的结构如图 2-37 所示。

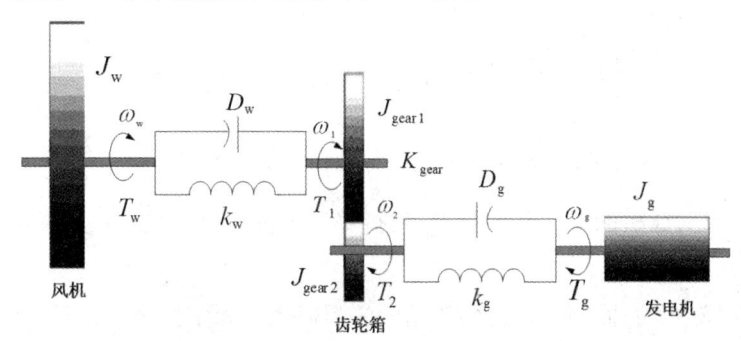

图 2-37　三质块模型的结构

模型中包含了风机质块、齿轮箱质块和发电机质块，考虑轴的刚性系数和阻尼系数，三质块模型对应的状态方程如下：

$$\begin{cases} T_w = J_w \dfrac{d\omega_w}{dt} + D_w \omega_w + k_w (\theta_w - \theta_1) \\ T_1 = J_{gear1} \dfrac{d\omega_1}{dt} + D_w \omega_1 + k_w (\theta_1 - \theta_w) \\ T_2 = J_{gear2} \dfrac{d\omega_2}{dt} + D_g \omega_2 + k_g (\theta_2 - \theta_g) \\ -T_g = J_g \dfrac{d\omega_g}{dt} + D_g \omega_g + k_g (\theta_g - \theta_2) \\ \omega_2 = k_{gear} \omega_1, T_2 = \dfrac{T_1}{k_{gear}} \end{cases} \quad (2\text{-}37)$$

式中，T_w 为风机的转矩；J_w 为风机的惯性常数；ω_w 为风机的转速；D_w 为风机阻尼系数；k_w 为风机轴系的刚性系数；θ_w 为风机质块转角；θ_1 为齿轮箱低速轴转角；T_1 为齿轮箱低速轴转矩；J_{gear1} 为齿轮箱低速轴惯性常数；ω_1 为齿轮箱低速轴转速；T_2 为齿轮箱高速轴转矩；J_{gear2} 为齿轮箱高速轴惯性常数；ω_2 为齿轮箱高速轴转速；θ_2 为齿轮箱高速轴转角；T_g 为发电机的机械转矩；J_g 为发电机的惯性常数；ω_g 为发电机的转速；D_g 为发电机阻尼系数；k_g 为发电机轴系的刚性系数；θ_g 为发电机质块转角；k_{gear} 为齿轮箱变比。

② 两质块模型：由于齿轮箱的惯性相比风机和发电机而言较小，有时可以将齿轮箱的惯性忽略，即假设 $J_{gear1}=J_{gear2}=0$，将低速轴各量折算到高速轴上，此时的两质块轴系系统如图 2-38 所示。

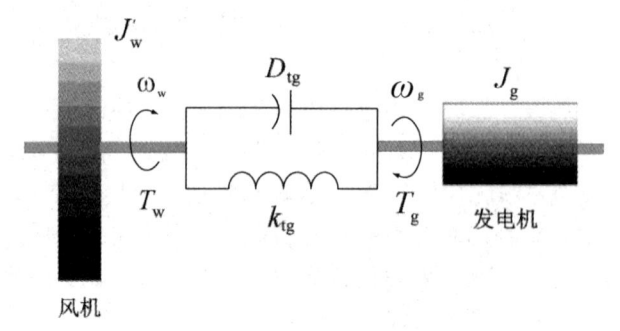

图 2-38　两质块轴系系统

对应的状态方程如下：

$$\begin{cases} T_w = J'_w \dfrac{d\omega_w}{dt} + D_{tg}(\omega_w - \omega_g) + k_{tg}(\theta_w - \theta_g) \\ -T_g = J_g \dfrac{d\omega_g}{dt} + D_{tg}(\omega_g - \omega_w) + k_{tg}(\theta_g - \theta_w) \end{cases} \quad (2\text{-}38)$$

式中，J'_w 为折算后风机的惯性常数；D_{tg} 为折算后风机的阻尼系数；k_{tg} 为折算后风机的刚性系数。

③ 单质块模型：如果进一步忽略传动轴的阻尼系数和刚性系数，即假设 $D_{tg}=0$，$k_{tg}=0$，则可以得到传统的单质块模型：

$$T_\mathrm{w} - T_\mathrm{g} = J_\mathrm{one} \frac{\mathrm{d}\omega_\mathrm{g}}{\mathrm{d}t} \qquad (2\text{-}39)$$

不同的轴系模型应用场合不同，在风力发电系统的建模仿真中，两质块模型较为常用，其仿真框图如图 2-39 所示。

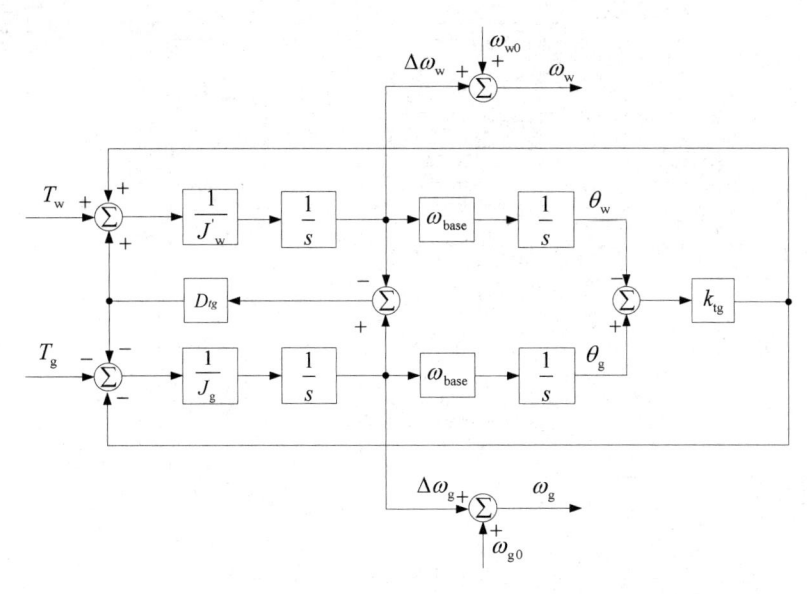

图 2-39 两质块模型仿真框图

图 2-39 中，ω_g0 和 ω_w0 分别为发电机和风机的额定转速标幺值，在稳态情况下 $\omega_\mathrm{g0}=\omega_\mathrm{w0}$；$\Delta\omega_\mathrm{g}$ 和 $\Delta\omega_\mathrm{w}$ 分别为发电机和风机的转速偏差标幺值；ω_base 为风机转速基值。

风机的转矩 T_w 和发电机的转矩 T_g 作为输入信号，分别输出风机和发电机的转速 ω_w、ω_g。其中，

$$\begin{cases} T_\mathrm{w} = \dfrac{P_\mathrm{w}}{\omega_\mathrm{w}} \\ T_\mathrm{g} = \dfrac{P_\mathrm{g}}{\omega_\mathrm{g}} \end{cases} \qquad (2\text{-}40)$$

3）双馈风力发电并网控制系统模型

典型的双馈风力发电并网控制系统如图 2-40 所示，双馈电机一般为三相绕线式异步电机，定子绕组直接并网，转子绕组外接变频器，实现交流励磁。根据 $f_1 = pf_\mathrm{m} \pm f_2$ 的关系（f_1 为定子电流频率，与电网频率相同；f_2 为转子电流的频率；p 为发电机的极对数；f_m 为转子机械频率），当双馈电机的转速 n 低于气隙旋转磁场的转速 n_1 时，双馈电机处于亚同步速运行状态，变频器向双馈电机转子提供交流励磁，双馈电机由定子发出电能至电网，上式取正号，即 $f_1 = pf_\mathrm{m} + f_2$；当双馈电机的转速 n 高于气隙旋转磁场的转速 n_1 时，双馈电机处于超同步速运行状态，双馈电机同时由定子和转子发出电能至电网，上式取负号，即 $f_1 = pf_\mathrm{m} - f_2$；当双馈电机的转速 n 等于气隙旋转磁场的转速 n_1 时，双馈电机处于同步速运行状态，变频器向双馈电机转子提供直流励磁，$f_2 = 0$，即 $f_1 = pf_\mathrm{m}$。因此，当风速变化引起双馈电机的转速 n 变化时，即 pf_m 变化时，应控制转子电流的频率 f_2 使定子输出频率 f_1 恒定。而由 $f_2 = sf_1$ 可

知,控制转差率 s 即可控制 f_2,进而实现输出频率 f_1 恒定。下面将分别对各个模块的模型进行详细的介绍。

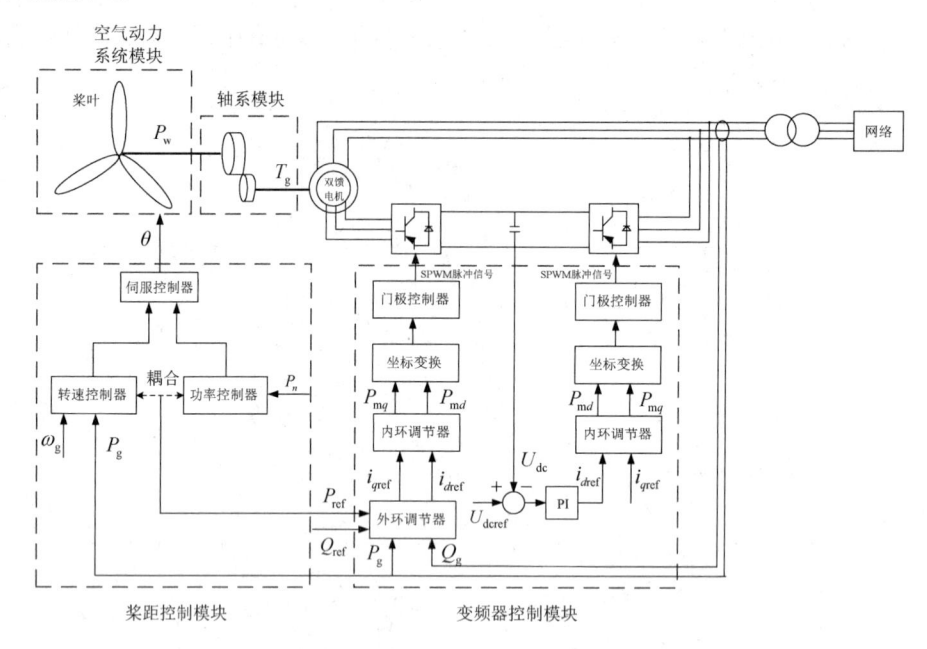

图 2-40 双馈风力发电并网控制系统

(1) 双馈电机模型。

双馈电机的控制通常以矢量控制为主。为了获得高性能的控制系统,必须从双馈电机模型入手,从而找出控制量与被控量。双馈电机在转子参考坐标系下的数学模型如下:

$$\begin{cases} u_{sd} = -R_s i_{sd} + \mathrm{p}\psi_{sd} - \omega\psi_{sq} \\ u_{sq} = -R_s i_{sq} + \mathrm{p}\psi_{sq} + \omega\psi_{sd} \\ u_{rd} = R_r i_{rd} + \mathrm{p}\psi_{rd} - s\omega\psi_{rq} \\ u_{rq} = R_r i_{rq} + \mathrm{p}\psi_{rq} + s\omega\psi_{rd} \end{cases} \quad (2-41)$$

定子、转子磁链表示为

$$\begin{cases} \psi_{sq} = -L_s i_{sq} + L_m i_{rq} \\ \psi_{sd} = -L_s i_{sd} + L_m i_{rd} \\ \psi_{rq} = L_r i_{rq} - L_m i_{sq} \\ \psi_{rd} = L_r i_{rd} - L_m i_{sd} \end{cases} \quad (2-42)$$

双馈电机的电磁转矩及转子运动方程分别为

$$T_e = \psi_{rd} i_{rq} - \psi_{rq} i_{rd} \quad (2-43)$$

$$T_J \mathrm{p} s = T_m - T_e \quad (2-44)$$

式中,p 表示微分算子;下标 s 和 r 分别表示双馈电机的定子和转子,L_s、L_r、L_m 分别为定子、转子自感和定转子间的互感;下标 d 和 q 分别表示 dq 坐标系下的 d 轴和 q 轴上的量;u、i、ψ、R 分别表示电压、电流、磁链和电阻;ω 为转子角速度;s 为转差率;T_e 为电磁转矩;T_m 为双馈电机机械转矩;T_J 为转子惯性时间常数。

(2) 双馈电机矢量控制模型。

双馈风力发电系统是一个高阶的非线性强耦合的多变量系统，若用常规的控制方法将十分复杂，而且效果难以令人满意。矢量控制可以简化双馈电机内部各变量间的耦合关系，简化控制。理论上，采用矢量控制可以使交流发电机获得和直流发电机几乎一样的控制效果。双馈风力发电系统的矢量控制思路主要是通过控制转子电流实现转差控制，使之满足以下条件：①定子电流频率恒定；②输出功率按给定值变化。

在双馈电机中，共有 7 个基本矢量：定子电压、转子电压、定子电流、转子电流、定子磁链、转子磁链、气隙合成磁链。选择不同的矢量定向，所得到的控制结构和控制性能不同。常用的参考坐标系有定子磁链参考坐标系（Stator Flux Reference Frame，SFRF）、定子电压参考坐标系（Stator Voltage Reference Frame，SVRF）及转子参考坐标系（Rotor Reference Frame，RRF），各坐标系间的关系如图 2-41 所示。

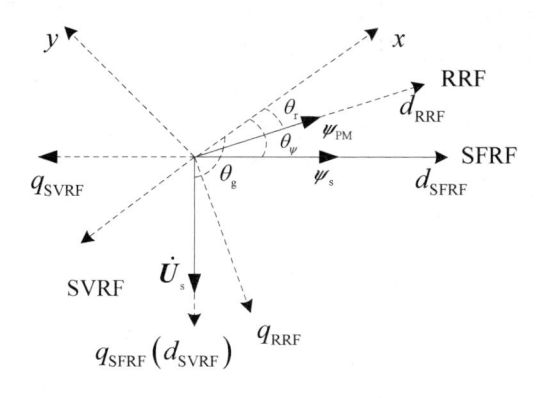

图 2-41　双馈电机中常用的参考坐标系间的关系

在图 2-41 中，$\dot{U}_s$ 为定子电压，ψ_{PM} 为转子磁链，ψ_s 为定子磁链，各坐标系按照以下方式定义。

① xy 坐标系：该坐标系为空间旋转速度与电网频率相对应的两相同步旋转坐标系，其他坐标系的定义以该坐标系作为参考，其变换角度为相对于 x 轴的夹角。

② 转子参考坐标系（RRF）：该坐标系固定在转子上，和转子在空间以转子转速 ω_r 旋转，d 轴相对 xy 坐标系的变换角度为功角 θ_r。

③ 定子磁链参考坐标系（SFRF）：该坐标系和定子磁链矢量一起在空间以同步角速度旋转，坐标系 d 轴固定在定子磁链矢量上，其相对于 xy 坐标系的变换角度为定子磁链角度 θ_ψ。

④ 定子电压参考坐标系（SVRF）：该坐标系以同步角速度旋转，坐标系 d 轴固定在定子电压矢量上，相对于 xy 坐标系的变换角度为定子电压相角 θ_g，一般通过锁相环（PLL）获取。

由于双馈电机在忽略定子电阻的情况下，定子绕组磁链与定子电压矢量之间的相位差正好是 90°，因此当采用定子磁链定向控制时，矢量控制系统将变得较为简单。把以同步旋转的坐标轴 d 轴置于定子磁链上，即所谓的定子磁链定向。在定子磁链参考坐标系（SFRF）下，双馈电机的数学模型与式（2-41）及式（2-42）具有相同的表达形式，只是各量都是转换至定子磁链参考坐标系下的量。

此时，定子磁链 ψ_{sd} 为 ψ_s，而 $\psi_{sq}=0$，即

$$\begin{cases} \psi_{sd} = \psi_s \\ \psi_{sq} = 0 \end{cases} \tag{2-45}$$

当忽略定子电阻时，有

$$\begin{cases} u_{sd} = \mathrm{p}\psi_s \\ u_{sq} = \omega\psi_s \end{cases} \tag{2-46}$$

感应电动势矢量滞后磁链 ψ_s 为 $90°$，故此时定子电压 $\dot{U}_s$ 位于 q 轴方向，则有

$$\begin{cases} u_{sd} = 0 \\ u_{sq} = u_s \end{cases} \tag{2-47}$$

对于双馈电机，定子侧直接并入电网，可知定子电压为三相平衡正弦电压，幅值 u_s 为常值，有 $\omega\psi_s = u_s$。双馈电机定子侧的有功功率和无功功率分别为

$$\begin{cases} P_s = u_{sd}i_{sd} + u_{sq}i_{sq} \\ Q_s = u_{sq}i_{sd} - u_{sd}i_{sq} \end{cases} \tag{2-48}$$

将式（2-47）代入式（2-48），可得

$$\begin{cases} P_s = u_s i_{sq} \\ Q_s = u_s i_{sd} \end{cases} \tag{2-49}$$

此时，改变定子电流的 q 轴分量 i_{sq}，即可改变有功功率；改变定子电流的 d 轴分量 i_{sd}，即可调节定子侧的无功功率。

双馈电机转子侧一般通过接变频器并网，变频器电流内环控制器对转子电流进行相应的控制，因此需要进一步推导定子电流跟转子电流之间的关系。由式（2-42）和式（2-45）可得

$$\begin{cases} i_{sd} = \dfrac{L_m}{L_s}i_{rd} - \dfrac{1}{L_s}\psi_s \\ i_{sq} = \dfrac{L_m}{L_s}i_{rq} \end{cases} \tag{2-50}$$

将式（2-50）代入式（2-49），有

$$\begin{cases} P_s = u_s \dfrac{L_m}{L_s} i_{rq} \\ Q_s = u_s (\dfrac{L_m}{L_s} i_{rd} - \dfrac{1}{L_s}\psi_s) \end{cases} \tag{2-51}$$

由式（2-51）可知，通过控制转子电流可分别实现对有功功率和无功功率的控制。

对于电压源型 PWM 变频器，电流内环控制输出调制信号 P_{md}、P_{mq}，实现对转子电压的控制，有下式成立：

$$\begin{cases} u_{rd} = \dfrac{\sqrt{3}}{2\sqrt{2}} P_{md} u_{dc} \\ u_{rq} = \dfrac{\sqrt{3}}{2\sqrt{2}} P_{mq} u_{dc} \end{cases} \tag{2-52}$$

为此，需要找到转子电压与转子电流之间的关系，通过对转子电压的控制最终实现对功率的解耦控制。由电压方程和磁链方程可得

$$\begin{cases} u_{rd} = (R_r + Bp)i_{rd} - Bs\omega i_{rq} \\ u_{rq} = (R_r + Bp)i_{rq} - As\omega\psi_s + Bs\omega i_{rd} \end{cases} \quad (2\text{-}53)$$

式中，$A = -\dfrac{L_m}{L_s}$；$B = L_r - \dfrac{L_m^2}{L_s}$。

上式中，$R_r i_{rd}$、$R_r i_{rq}$ 分别为转子回路的电阻压降，而 $s\omega i_{rq}$、$s\omega i_{rd}$ 分别为旋转电动势，体现了 d 轴和 q 轴的交叉耦合。若采用补偿的办法将这两个旋转电动势消除，则转子电流的有功分量和无功分量即可通过转子电压的 d 轴分量和 q 轴分量分别进行控制。带有补偿的双馈电机矢量控制仿真框图如图 2-42 所示。

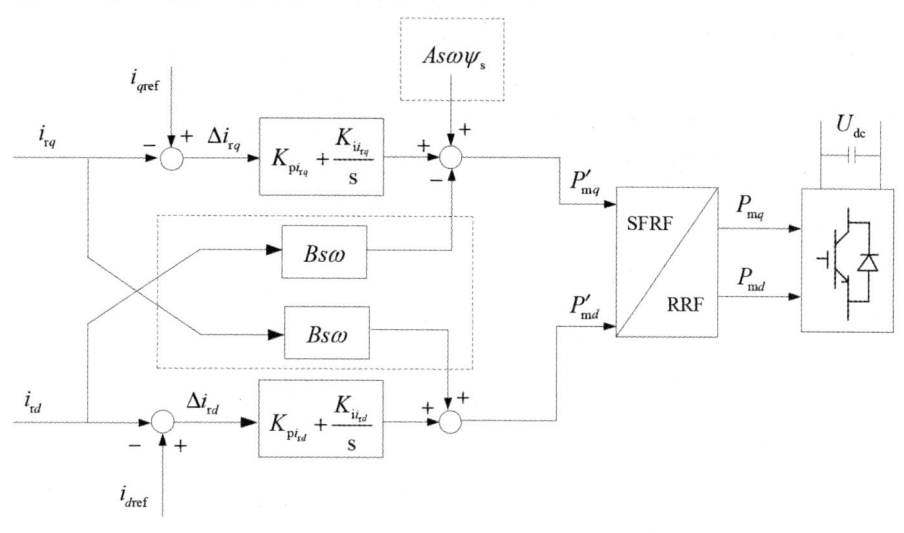

图 2-42　带有补偿的双馈电机矢量控制仿真框图

上述方法通过补偿实现了控制的完全解耦，但实际补偿时难以实现完全补偿，其原因有两个：第一，补偿量信号的引入有一定的时间滞后；第二，补偿信号需要由电流量计算得到，对电流采样时需要对电流进行滤波，时间上又存在一个滞后，因此在实际系统中很难对交叉耦合项进行完全补偿。

双馈电机的控制一般采取电流闭环控制，而电流闭环对旋转电势的扰动也有抑制作用，因此当考虑电流闭环的抑制作用时补偿环节可以省略。如图 2-43 所示，当无补偿环节时，即省略图中虚线框内的环节，内环的调制信号 P_{md}、P_{mq} 会有误差，从而导致转子侧电压 u_{rd}、u_{rq} 及转子侧电流 i_{rd}、i_{rq} 有误差，这样转子侧电流 i_{rd}、i_{rq} 就不等于给定值 i_{dref}、i_{qref}，PI 调节器会产生输入误差信号 Δi_{rd}、Δi_{rq}，PI 调节器动作导致输出调制系数 P_{md}、P_{mq} 产生变化，通过新的调制信号 P_{md}、P_{mq} 校正转子电压及转子电流，由于 PI 调节器的无静差调节作用，转子电流最终会稳定在给定值 i_{dref}、i_{qref}，这样通过 PI 调节器校正了无补偿环节造成的误差，从而抑制交叉耦合项的干扰，因此采用电流闭环控制可以看成是一种自适应的补偿措施。

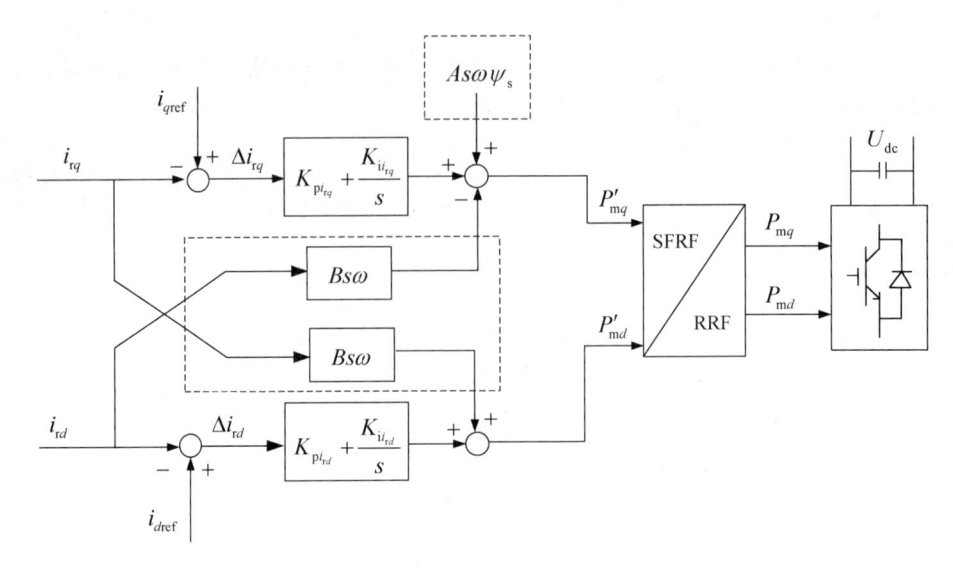

图 2-43　电流闭环控制抑制交叉耦合项原理

无补偿环节的双馈电机矢量控制仿真模型如图 2-44 所示：

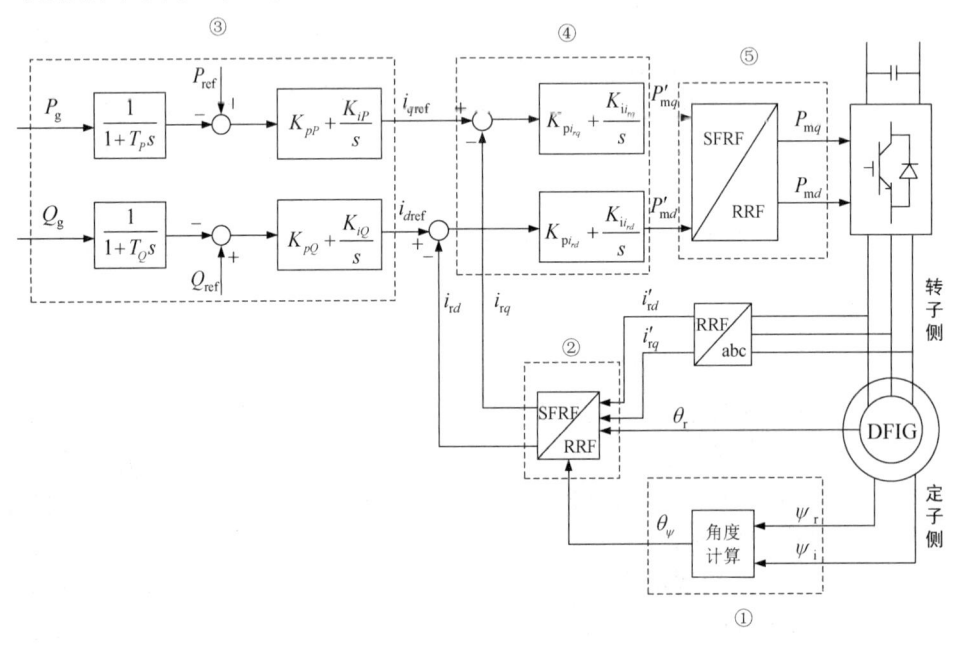

图 2-44　无补偿环节的双馈电机矢量控制仿真模型

双馈电机采用定子磁链定向控制策略时，需要采集定子磁链的角度 θ_ψ 作为坐标变换的角度，如图 2-44 中的虚线框①所示，通过定子磁链的实部 ψ_r 和虚部 ψ_i，可计算得到定子磁链的角度 θ_ψ。双馈电机本身一般是通过 Park 变换在转子参考坐标系下建模的，因此得到转子参考坐标系下的转子电流 i'_{rd}、i'_{rq} 后，需要经坐标变换将其从转子参考坐标系（RRF）变换至定子磁链参考坐标系（SFRF）下，得到定子磁链参考坐标系下的电流 i_{rd}、i_{rq}，如图 2-44 中的虚线框②所示。这样经坐标变换，各量都已经转换至定子磁链参考坐标系下，外环对有功功率及无功功率分别进行控制，输出内环的参考信号 i_{dref}、i_{qref} 如图 2-44 中的虚线框③所示，内环控制转子电流输出的调制信号 P'_{md}、P'_{mq} 如图 2-44 中的虚线框④所示。由于内环的调制信号 P'_{md}、P'_{mq} 仍然是在定子磁链参考坐标系下的量，为此要实现对转子电压的调制，需要从定子磁链参考坐标系变换至转子参考坐标系下，得到转子参考坐标系下的调制信号 P_{md}、P_{mq}，如图 2-44 中的虚线框⑤所示。

（3）最大功率跟踪控制模型。

双馈风力发电系统运行控制的总体方案：在额定风速以下，风机按优化桨距角运行，由双馈电机控制子系统来控制转速，调节风机叶尖速比，从而实现最佳功率曲线的追踪和最大风能的捕获；在额定风速以上，风机变桨距运行，由风机控制系统通过调节桨距角来改变风能系数，从而控制风力发电机组的转速和功率，防止风力发电机组超出转速极限和功率极限运行而可能造成的事故。因此，在额定风速以下运行是双馈风力发电系统运行的主要工作方式，也是经济高效的运行方式，该种情况下双馈风力发电系统的控制目标是追踪与捕获最大风能。为此，必须研究风力发电系统最大风能捕获运行的控制机理和控制方法。图 2-45 给出了一个典型的风机输出功率曲线示意图。

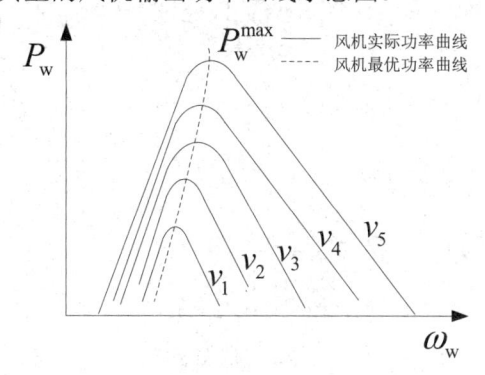

图 2-45　风机输出功率曲线示意图

图 2-45 中，v_i（$i=1,2,\cdots,5$）表示风速，实线为不同风速下风机的实际功率-转速特性曲线。从图 2-45 中可以看出，在同一风速下存在一个最优转速，使得风机获得最大输出功率 P_w^{max}，转速变小或变大，风机输出功率均会降低。将不同风速下最大功率点 P_w^{max} 连接起来，即为风机的功率-转速最优特性曲线，可用下式表示。

$$P_w^{max} = \frac{1}{2}\rho\pi R^2 v^3 C_p(\theta^{opt},\lambda^{opt}) = \frac{1}{2}\rho\pi R^2 v^3 C_p(\theta^{opt},\frac{\omega_w^{opt}R}{v}) \tag{2-54}$$

如果能够控制风机系统使其按照风机输出功率曲线运行，则系统将工作在最优状态，即在给定风速下输出的功率最大，变桨距控制系统的目的就是实现这一点。由于风机的输出功率减去相关的系统功率损耗等于双馈电机的实际有功功率输出，而双馈电机转速可以利用齿轮箱变比由风机转速直接换算得到，因此，图 2-45 给出的风机功率-转速最优特性曲线也可以用双馈电机功率-转速最优特性曲线来表示，而后者更容易在实际控制系统设计中加以实现。

（4）变桨距控制系统模型。

在图 2-40 中，控制系统由桨距控制系统和变频器控制系统组成，主要实现三个控制目的：①当风速低于额定风速时，两个控制系统共同进行功率最优控制；②当风机转速超过额定转速时进行转速限制，将转速维持在额定转速；③当风速超过额定风速时进行功率限制控制，将输出功率维持在额定功率。图2-40中桨距控制系统对应的传递函数框图如图2-46所示。

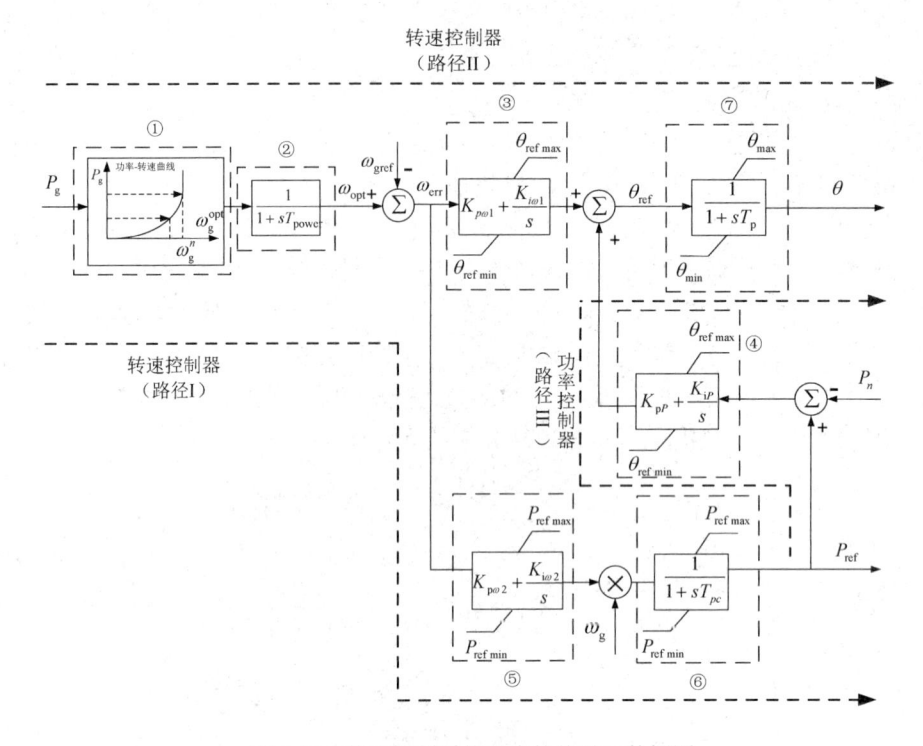

图2-46　桨距控制系统对应的传递函数框图

在图2-46中，框①为发电机的功率-转速最优特性曲线，框②为测量环节，框③、④、⑤为PI控制器，框⑥、⑦为伺服系统。上述环节构成了两个互相耦合的控制器：转速控制器和功率控制器。如图2-46中带箭头的虚线所示，路径Ⅰ和路径Ⅱ反映了转速控制器包含的各个环节，路径Ⅲ为功率控制器包含的各个环节，两个控制器之间存在耦合环节（框③）。控制策略主要有以下三种情况。

① 低风速低输出功率：当风速较小，即满足 $\omega_{opt}<\omega_{gref}$（给定参考转速）且 $P_{ref}<P_n$ 时，由于功率控制器中的 θ_{refmin} 和耦合环节中的 θ_{refmin} 一般设置为0，此时桨距角输出为 $\theta=0$ 且不做调节，转速控制器的主要作用是将转速调节到最优值 ω_g^{opt}，从而获得最优的叶尖速比 λ_{opt}，实现最大功率输出。其控制策略主要基于双馈电机的功率-转速最优曲线，通过控制路径Ⅰ与变频器控制系统结合实现。注意：由路径Ⅰ得到的输出量 P_{ref} 将作为变频器控制系统的参考输入信号，用于调节发电系统的输出功率 P_g，而功率 P_g 又作为路径Ⅰ控制器的输入信号，形成一个完整的闭环控制系统，最终目的为使给定风速下的输出功率最大化。

② 高风速低输出功率：当风速增大，满足 $\omega_{opt}>\omega_{gref}$，且 $P_{ref}<P_n$ 时，由于 $P_{ref}<P_n$，控制路径Ⅲ对桨距角的控制不起作用，即在调节过程中 P_{ref} 对桨距角的控制不发挥作用，转速控制器通过控制路径Ⅱ调节桨距角。此时由于 $\omega_{opt}>\omega_{gref}$，转差信号 ω_{err} 大于0，该信号首先经过耦合环节中的PI调节器输出桨距角的参考值 θ_{ref}，然后经过伺服系统给出实际的桨距角 θ，最终通过桨距角的控制将转速控制在给定参考值，即 $\omega_{opt}=\omega_{gref}$，从而实现给定风

速下的输出功率最大化。

③ 高风速高输出功率：当风速进一步增大，满足 $\omega_{opt} > \omega_{gref}$ 且 $P_{ref} > P_n$ 时，此时两种控制会同时作用，一方面功率控制器通过控制路径 III 调节桨距角，将双馈电机输出功率参考值限制在额定功率，即 $P_{ref}=P_n$；另一方面，转速控制器通过控制路径 II 调节桨距角，将双馈电机转速限制在参考值，即 $\omega_{opt}=\omega_{gref}$。

（5）网侧变频器矢量控制模型。

网侧变频器的控制相对于电机侧要简单，一般采取网侧变频器电压定向（Grid Converter Voltage Reference Frame，GCVRF）控制，即将网侧变频器电压矢量 $\dot{U}_s$ 定在 d 轴上即可实现 d 轴和 q 轴的解耦控制，相对于 xy 坐标系的变换角度为网侧变频器电压相角 θ_s，一般通过 PLL 获取，坐标变换关系如图 2-47 所示。

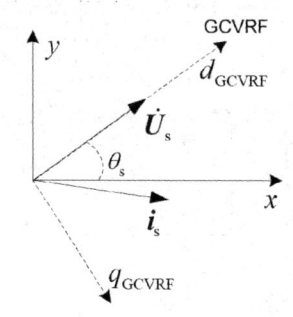

图 2-47 网侧变频器矢量坐标变换

逆变器输出的有功功率与无功功率在网侧变频器电压参考坐标系下的表达式为

$$\begin{cases} P = u_d i_d + u_q i_q \\ Q = u_q i_d - u_d i_q \end{cases} \quad (2\text{-}55)$$

在网侧变频器电压参考坐标下，$u_d=u_s$，$u_q=0$，此时有功功率与无功功率的表达式变为

$$\begin{cases} P = u_s i_d \\ Q = -u_s i_q \end{cases} \quad (2\text{-}56)$$

这样，通过控制注入网侧有功电流 i_d 和无功电流 i_q，即可实现对有功功率和无功功率的解耦控制。

当忽略变频器损耗时，直流回路电容器上的电压满足下式：

$$C \frac{dU_{dc}}{dt} = \frac{P_r - P_{grid}}{U_{dc}} \quad (2\text{-}57)$$

式中，U_{dc} 为直流电容电压；P_r 为电机侧变频器输出功率；P_{grid} 为网侧变频器注入电网功率（即负荷需求功率）。由式（2-57）可知，当转子侧输出功率大于负荷需求功率时，多余的功率会使直流环节电容电压升高；反之，电容电压会降低。换言之，直流环节电压与转子侧变频器输出的有功功率密切相关，当功率控制稳定时，直流回路电容器上的电压即达到稳定。因此，通过控制并网电流 d 轴分量 i_d 即可控制有功功率，从而实现对直流电压的控制。换句话说，只要将直流电容上的电压控制在恒定值，就能保证网侧变频器将风力发电机转子侧的输出功率稳定地输送至电网，或者网侧变频器按照转子侧的功率需要将电网功率输入转子。特别值得强调的是，双馈电机是转子侧接变频器并网，从实际的拓扑结构来看，变频器实际的控制及建模都是从电容侧一分为二的，左边电机侧的变频器称为电机侧变频器，所有量都与电机转子侧关联，其电流称为转子电流，内环控制的是转子电流。右边并网侧的变频器称为网侧变频器，其各量均与并网侧关联，其电流称为并网侧电流，内环控制的是并网侧电流，因此并网侧的变频器因为电容器的隔离，从其自身来看感受到的是经过直流回路电容器的电流，因此与转子侧的各量基本关联不大。控制 q 轴电流分量 i_q 可以控制网侧变换器吸收的无功功率，从而可以控制其交流侧的功率因数。因此，可以根据需要的功率因数确定 q 轴参考电流 i_{qref}。双馈风力发电系统一般采取单位功率因数控制，此时有 $i_{qref}=0$。网侧变频器控制框图如图 2-48 所示。

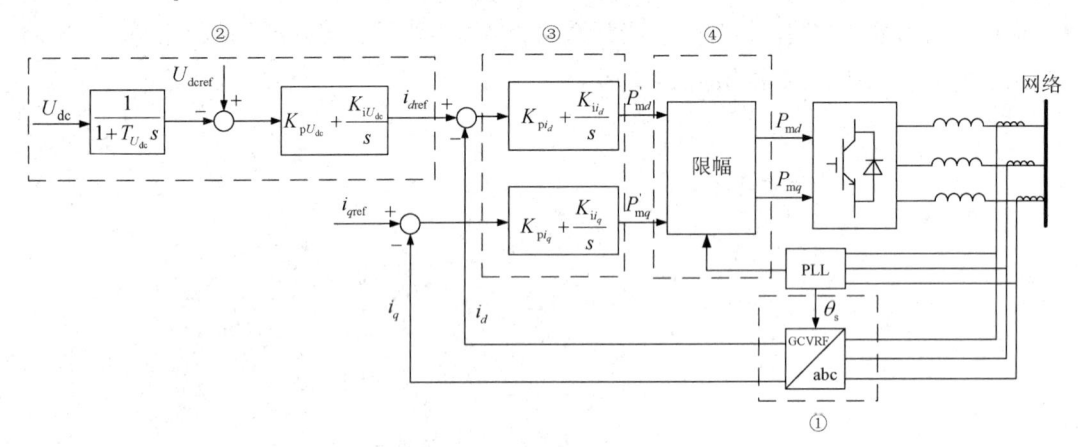

图 2-48 网侧变频器控制框图

由于网侧变频器控制是基于网侧变频器电压定向控制的，因此内环电流信号需要经坐标变换转换至网侧变频器电压坐标系下，其所需的坐标变换角度由 PLL 获取，如图 2-48 中的虚线框①所示。直流电容电压 U_{dc} 经过低通滤波器之后与电压参考信号 U_{dcref} 比较，经 PI 调节器输出电流内环的控制指令，如图 2-48 中的虚线框②所示。双馈风力发电系统一般采取单位功率因数控制，此时有 $i_{qref}=0$。电流内环控制通过 PI 调节器产生脉宽调制系数 P'_{md} 与 P'_{mq}，如图 2-48 中的虚线框③所示。一般控制器的设计都会让逆变器处于线性调制状态，为了防止输出调制信号饱和，需要对调制信号进行相应的限幅，如图 2-48 中的虚线框④所示。根据限幅后的调制信号 P_{md} 与 P_{mq}，可实现对 PWM 变频器并网电压的调制，其基波线电压有效值的 d 轴和 q 轴分量分别为

$$\begin{cases} u_{acd} = \dfrac{\sqrt{3}}{2\sqrt{2}} P_{md} U_{dc} \\ u_{acq} = \dfrac{\sqrt{3}}{2\sqrt{2}} P_{mq} U_{dc} \end{cases} \quad (2\text{-}58)$$

式中，u_{acd} 为网侧变频器并网母线电压 d 轴分量，u_{acq} 为网侧变频器并网母线电压 q 轴分量。

4）直驱风力发电并网控制系统模型

典型的直驱风力发电并网控制系统仿真框图如所图 2-49 所示，直驱风力发电系统中的发电机一般采用永磁同步电机，永磁同步电机通过全功率变频器并网。

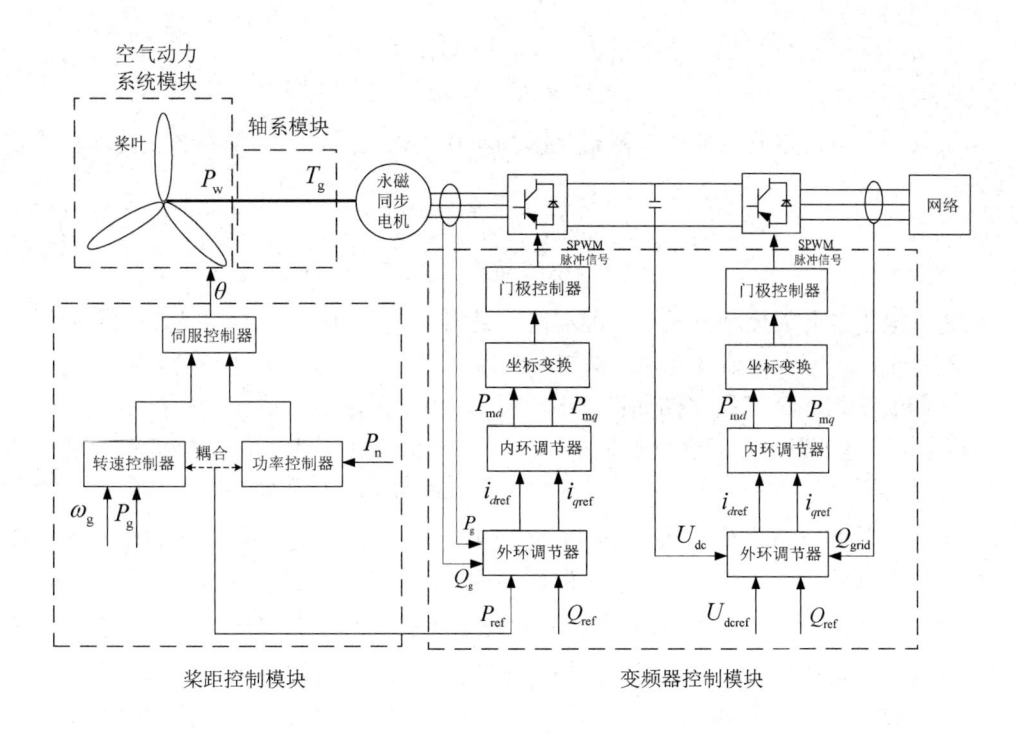

图 2-49 直驱风力发电并网控制系统仿真框图

（1）永磁同步电机模型。

在 dq 同步旋转坐标系下永磁同步电机的数学方程如下。

电压方程：

$$\begin{cases} u_{sd} = p\psi_{sd} - \omega_r\psi_{sq} - r_s i_{sd} \\ u_{sq} = p\psi_{sq} + \omega_r\psi_{sd} - r_s i_{sq} \end{cases} \tag{2-59}$$

磁链方程：

$$\begin{cases} \psi_{sd} = -L_d i_{sd} + \psi_r \\ \psi_{sq} = -L_q i_{sq} \end{cases} \tag{2-60}$$

电磁转矩方程：

$$T_e = i_{sq}\psi_{sd} - i_{sd}\psi_{sq} \tag{2-61}$$

（2）永磁同步电机矢量控制模型。

与双馈电机相同，在永磁同步电机中，共有定子电压和转子电压等 7 个基本矢量。

① 转子磁链定向控制。永磁同步电机的转子由永磁材料制作而成，因此转子磁通是恒定不变的，一种常用的控制方式为转子定向控制，即将 dq 同步旋转坐标系的 d 轴定在转子磁链 ψ_r 上，通常采取 $i_{sd}=0$ 的控制方式。该控制方式控制较为简单，但是由于电枢反应，会造成定子电压上升，功率因数也会随之降低。

② 定子电压定向控制。除转子磁链定向控制外，定子电压定向控制也较为常见，即将 dq 同步旋转坐标系的 d 轴定在定子电压矢量 $\dot{U}_s$ 上，此时有 $u_{sd}=u_s$，$u_{sq}=0$。

永磁同步电机输出的有功功率与无功功率表达式为

$$\begin{cases} P = u_{sd}i_{sd} + u_{sq}i_{sq} \\ Q = u_{sq}i_{sd} - u_{sd}i_{sq} \end{cases} \tag{2-62}$$

当采取定子电压定向控制时，将 $u_{sd}=u_s$，$u_{sq}=0$ 代入上式，有功功率与无功功率的表达式变为

$$\begin{cases} P = u_s i_{sd} \\ Q = -u_s i_{sq} \end{cases} \tag{2-63}$$

在定子电压定向的控制方式下，可实现永磁同步电机的有功功率和无功功率的解耦控制，一般将无功功率参考值设为零，保持变频器与永磁同步电机无功交换为零。

电机侧变频器矢量控制框图如图 2-50 所示，由于采取定子电压定向控制，因此需要 PLL 获取定子电压相角作为坐标变换的角度，如虚线框①所示。由于电机本身是在转子参考坐标系（RRF）下建模的，因此得到转子参考坐标系下的定子电流 i'_{sq}、i'_{sd} 后，需要经坐标变换将其从转子参考坐标系（RRF）变换至定子电压参考坐标系（SVRF）下，得到定子电压参考坐标系下的电流 i_{sq}、i_{sd}，如图 2-50 中的虚线框②所示。电机输出的有功功率 P_g 及无功功率 Q_g 经过低通滤波器之后滤除高频分量，其中低通滤波器用一阶惯性环节模拟。滤波后的功率值与参考信号 P_{ref} 及 Q_{ref} 比较，经 PI 调节器输出电流内环的控制指令 i_{dref} 和 i_{qref}，如图 2-50 中的虚线框③所示。电流内环控制通过 PI 调节器产生 PWM 变频器脉宽调制系数 P'_{md} 和 P'_{mq}，如图 2-50 中的虚线框④所示。为了防止输出调制信号饱和，需要对调制信号进行相应的限幅，如图 2-50 中的虚线框⑤所示。根据限幅后的调制信号 P_{md} 与 P_{mq}，可实现对定子电压的调制，其基波线电压有效值的 d 轴和 q 轴分量分别为

$$\begin{cases} u_{gq} = \dfrac{\sqrt{3}}{2\sqrt{2}} P_{mq} U_{dc} \\ u_{gd} = \dfrac{\sqrt{3}}{2\sqrt{2}} P_{md} U_{dc} \end{cases} \tag{2-64}$$

式中，u_{gq} 为永磁同步电机机端电压 q 轴分量，u_{gd} 为永磁同步电机机端电压 d 轴分量。

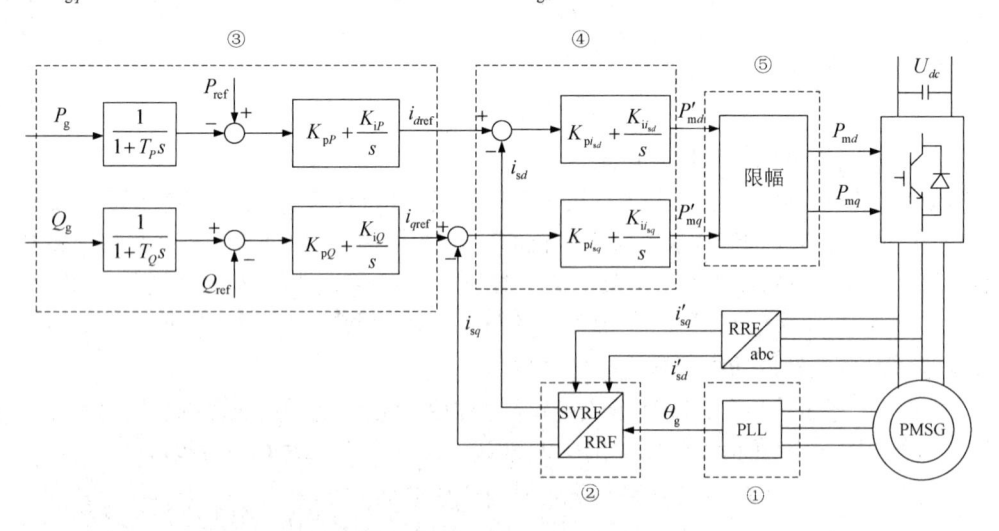

图 2-50 电机侧变频器矢量控制框图

与之对应的网侧变频器矢量控制一般对直流电压和无功功率进行控制，采取网侧电压定向的控制策略，其基本原理与双馈电机并网变频器相同，在此不再赘述。其目标为控制直流电压在设定值，同时保持变频器与电网交换的无功功率按指定的功率因数变化（一般采用恒功率因数 $\cos\varphi=1.0$ 的控制模式，也就是恒功率因数控制）。网侧变频器矢量控制框图如图 2-51 所示。

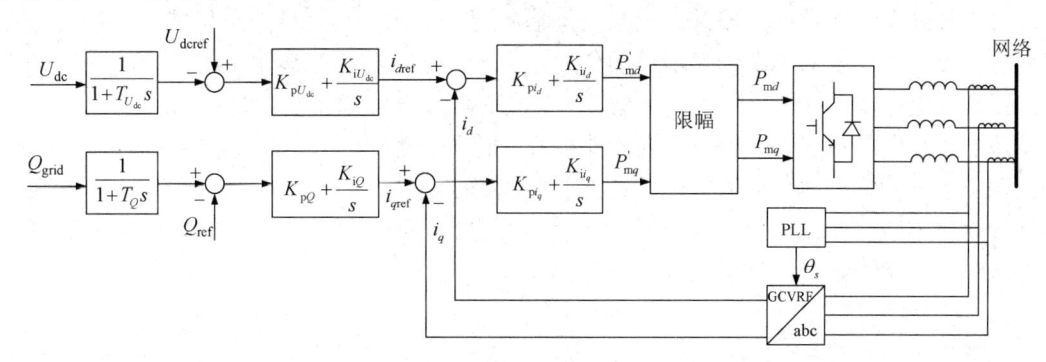

图 2-51　网侧变频器矢量控制框图

此外，在定子电压参考坐标系下实现有功功率与无功功率解耦后，还可以采用其他类型的控制方式。例如，另一种常见的控制框图如图 2-52 所示，电机侧变频器分别对直流电压 U_{dc} 与机端交流电压 u_g 进行独立的控制，实现对有功分量及无功分量的调节。与之对应的网侧变频器一般采用 PQ 控制，有功功率按照最优功率曲线变化，无功功率的参考值则根据对风机机组的无功电压控制要求及潮流计算得到，如果要保持与网络无功交换为零，则可将无功功率参考值设为零。

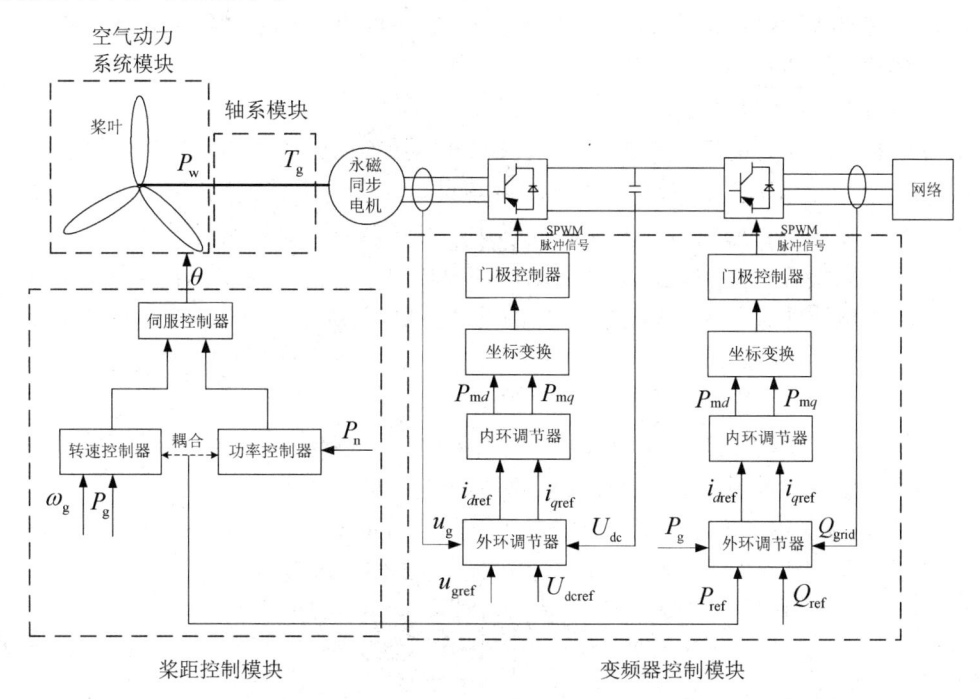

图 2-52　永磁同步直驱风机双端电压矢量控制框图

此外，永磁同步直驱风机的最大功率跟踪模块、桨矩控制模块等与双馈风力发电系统相同，这里不再赘述。

3. 蓄电池储能系统

在新能源发电系统中，储能系统主要有以下几方面的作用：①尽可能使新能源运行在一个比较稳定的输出水平，对系统起到稳定的作用；②对于太阳能和风能这样的可再生能源，由于其固有的间歇性，相关发电系统的输出随时变化，甚至可能停止发电，此时，储能系统一方面可以发挥平滑功率波动的作用，另一方面可起到过渡供电的作用，保持对负荷的正常供电；③能够使不可调度的新能源发电系统作为可调度机组并网运行。

蓄电池是储能系统中一种重要的储能装置。根据化学物质的不同，蓄电池有多种类型，如铅酸电池、镍镉电池、镍氢电池、锂离子电池等。近年来，钠硫电池、全钒液流电池等新型大功率电池在技术上也有了重要的进展。考虑到电池类型很多，本节以比较典型的铅酸电池为例，说明蓄电池模型及其充放电控制系统原理。

1) 蓄电池基本概念

储能设备中储存的能量是有限的，且在运行过程中不断变化。在运行中，储能设备实际储存的能量是表征储能设备状态的重要参数，对储能设备本身的模型参数也有影响。

（1）蓄电池的容量。

蓄电池在一定放电条件下所能释放的电量称为电池的容量，这里以符号 C 表示。常用的单位为安培小时，简称安时（Ah）。蓄电池容量可分为理论容量、实际容量和额定容量。

理论容量是将活性物质的质量按法拉第定律计算而得到的最高理论值；实际容量是指蓄电池在一定条件下所能输出的电量，其值小于理论容量；额定容量是按国家或有关部门颁布的标准，蓄电池在一定放电条件下放电至最低限度时，输出的电量，通常指温度为20～25℃，蓄电池在充满电的状态下，静置 24 小时后，以 0.1C 电流放电至其终止电压[如（1.75～1.8）V/单体]所输出的电量。

（2）影响实际容量的因素。

蓄电池的实际容量受多种因素影响，包括蓄电池的放电电流、温度、终止电压等。

① 放电电流的影响。铅酸蓄电池的实际容量与放电电流有关，放电电流越大，电池能够释放的电量越小。该特性可参考电化学中多孔电极理论，在此不详细分析。另外，由于极化和内阻的存在，电流增大使蓄电池端电压迅速下降，这也是蓄电池容量降低的原因。铅酸蓄电池的容量随放电电流变化的关系，可用 1898 年 Peukert 提出的经验公式来计算：

$$I_B^n t = K \quad 或 \quad I_B^{n-1} C = K \tag{2-65}$$

式中，I_B 为蓄电池的放电电流；t 为放电时电压降到终止电压所需的时间；C 为蓄电池以电流 I_B 放电所能释放的容量；n、K 为 Peukert 常数，与蓄电池本身有关，n 的数值一般在 1.35～1.7 之间。当电流在较大范围内变化时，可采用多组 Peukert 常数以减小计算误差。若已知蓄电池以额定电流 I_{BN} 放电的容量为 $C(I_{BN})$，则式（2-65）可改写为

$$C(I_B) = \left(\frac{I_{BN}}{I_B}\right)^{n-1} C(I_{BN}) \tag{2-66}$$

Peukert 公式在蓄电池以较大的放电电流放电时，计算得到的实际容量误差较大。另一

种确定电池实际容量的方法：在温度一定时，电池以电流 I_B 放电时的实际容量可由下式计算得到：

$$C(I_B) = \frac{K_c C(I_{Bref})}{1+(K_c-1)\left|I_B/I_{Bref}\right|^\delta} \tag{2-67}$$

式中，I_{Bref} 为选取的参考电流（A）；$C(I_{Bref})$ 为在给定温度下以 I_{Bref} 放电时的电池容量（Ah）；K_c 和 δ 为经验参数，需要通过制造商给出的数据或实验数据计算得到。由于式（2-66）在 I_{Bref} 附近较广的范围内都能得到较好的计算结果，因此，I_{Bref} 一般取蓄电池的额定电流 I_{BN}。在暂态过程中电流变化时，用平均电流 I_{Bav} 代替实际电流，式（2-67）依然成立。

② 温度的影响。铅酸蓄电池的实际容量随电解液温度的升高而增大，反之减小，这与温度对电解液黏度和电阻的影响密切相关。电解液性能的变化导致蓄电池容量及活性物质利用率随温度的增加而增加，具体来说有两方面的原因：一是当温度降低时，电解液的黏度增大，离子运动受到的阻力增大，扩散能力降低，活性物质深处由于酸的缺乏，而得不到利用，导致容量下降；二是电解液电阻随温度下降而增大，导致电压降增大，从而使得容量下降。在放电电流恒定时，蓄电池的实际容量可以按下式计算：

$$C_1 = \frac{C_2}{1+K_z(\theta_2-\theta_1)} \tag{2-68}$$

式中，C_1 为温度 θ_1 时蓄电池的容量（Ah）；C_2 为温度 θ_2 时的容量（Ah）；K_z 为容量温度系数（℃$^{-1}$），即温度变化 1℃时蓄电池实际容量的变化量。对于不同类型的电池，在不同的放电率下 K_z 值不同，一般取值在 0.005～0.01℃$^{-1}$ 之间。当已知标准温度 θ_{BN} 下蓄电池的容量 $C(\theta_{BN})$ 时，式（2-67）可改写为

$$C(\theta_B) = C(\theta_{BN})\left[1+K_z(\theta_B-\theta_{BN})\right] \tag{2-69}$$

式中，$C(\theta_B)$、$C(\theta_{BN})$ 分别为温度为 θ_B 和 θ_{BN} 时蓄电池的实际容量。此外，还有一种对温度影响的修正公式：

$$C(\theta_B) = C(0)\left(1-\frac{\theta_B}{\theta_f}\right)^\varepsilon \tag{2-70}$$

式中，θ_B 为蓄电池温度；θ_f 为电解液的冻结温度（-40～-30℃）；$C(\theta_B)$、$C(0)$ 分别为蓄电池在温度 θ_B 和 0℃时的容量；ε 为经验参数，与温度系数之间存在以下关系：

$$\varepsilon = K_z(\theta_{BN}-\theta_f) \tag{2-71}$$

若已知标准温度 θ_{BN} 下的容量 $C(\theta_{BN})$，则式（2-69）可改写为

$$C(\theta_B) = \left(\frac{\theta_f-\theta_B}{\theta_f-\theta_{BN}}\right)^\varepsilon C(\theta_{BN}) \tag{2-72}$$

③ 终止电压的影响。当铅酸蓄电池放电至某电压值之后，其电压将会急剧下降，实际上继续放电能获得的容量很少，其意义不大，相反还会对蓄电池的使用寿命造成不良影响。所以，放电时必须在某一适当的电压值停止放电，对应的截止电压称为放电终止电压。一般在给出电池的容量时，会说明其对应的终止电压。

（3）荷电状态。

蓄电池在充电和放电的过程中，电池的端电压、内阻等参数会随电池剩余容量的变化而变化。电池的剩余容量通常用荷电状态来表征，即 SOC（State of Charge）。SOC 的数值

定义为电池剩余容量与电池容量的比值：

$$\text{SOC} = \frac{Q_r}{C} \tag{2-73}$$

式中，Q_r 为电池的剩余容量，单位为安时（Ah）；C 为电池的容量（Ah）。

由于 SOC 无法直接从电池本身获得，因此准确估算蓄电池的 SOC 是非常重要的，目前应用比较广泛的实时估计蓄电池 SOC 的方法为安时计量法。若蓄电池处于充放电起始状态，荷电状态为 SOC_0，那么当前状态下的 SOC 为

$$\text{SOC} = \text{SOC}_0 - \frac{Q_e}{C} \tag{2-74}$$

式中，电池充满电时 SOC_0 为 1；Q_e 是电池的放电量（Ah），可由下式计算得到：

$$Q_e = \int_0^t \eta I_B(\tau) \mathrm{d}\tau \tag{2-75}$$

式中，I_B 为蓄电池的充放电电流，设放电时 I_B 为正，充电时 I_B 为负；η 为充放电效率，针对特定种类的蓄电池需要通过实验得到。

式（2-74）中估计电池 SOC 时所使用的电池容量 C 既可以采用电池的实际容量，又可以采用在一定温度下，蓄电池所能放出的最大电量 $C_{\max}$。此外，还可以采用蓄电池的额定容量、标称容量、可用容量等加以表达。当蓄电池在不同的电流、温度条件下工作时，为了更准确地计算 SOC，需要采用电池的实际容量。由前述可知，蓄电池的实际容量受多种因素的影响，因此计算 SOC 时需要对蓄电池的容量进行修正。

另外，从修正 SOC 的角度出发，还存在标称荷电状态和动态荷电状态的概念。标称荷电状态（SOC_B）是指在特定温度下，以标称电流恒流放电时蓄电池释放的标称容量为基准所确定的 SOC 值。由于 SOC_B 受到不可恢复性容量因素的影响，因此必须对其进行适当的修正：

$$\text{SOC}_B = (\text{SOC}_0 - Q / C_b) K_N \tag{2-76}$$

式中，Q 为电池在标称电流下所放出的电量，C_b 为电池以标称电流放电所能释放的电量，K_N 为电池不可恢复性容量影响系数。

动态荷电状态（SOC_D）是指随放电电流、温度参数变化的电池荷电状态，是对 SOC_B 的修正：

$$\text{SOC}_D = \text{SOC}_B K_W f(I_B) \tag{2-77}$$

式中，K_W 为温度影响系数，可通过对该类电池的试验获得；I_B 为蓄电池的实际放电电流。根据几种电池的试验数据，SOC_D、SOC_B 和放电电流 I_B 的经验关系式为

$$\text{SOC}_D = \text{SOC}_B - K_W \frac{8.156}{C_b} \ln(I_B / I_b) \tag{2-78}$$

式中，I_b 为蓄电池的标称放电电流。对于结构和性能差异较大的蓄电池，式（2-78）中的常数 8.156 是否需要修正，应根据具体的电池试验予以确定。

2）蓄电池通用模型

常用的蓄电池充放电动态模型有电化学模型、等效电路模型等。电化学模型涉及一定的电化学知识，等效电路模型更加适用于系统动态特性的仿真研究。由于蓄电池种类繁多、特性各异，其等效电路模型各不相同。实际上，蓄电池制造厂家一般会提供蓄电池在不同电流下恒流放电特性曲线，如图 2-53 所示。这些曲线由蓄电池制造厂家通过实验测得，能够准确地反映蓄电池在不同工况下的恒流放电特性。基于对蓄电池恒流放电特性曲线拟合

的思想,这里介绍一种蓄电池的通用模型,可用于任意类型的蓄电池。

从图 2-53 可以看出,蓄电池恒流放电特性曲线可划分为几部分,包括开始放电时的指数特性区和电压平缓变化的额定特性区等。对图 2-53 所示的蓄电池恒流放电特性曲线进行拟合,可得到图 2-54 所示的蓄电池通用模型等效电路。

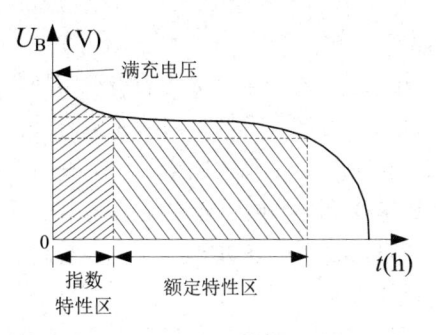

图 2-53 蓄电池恒流放电特性曲线

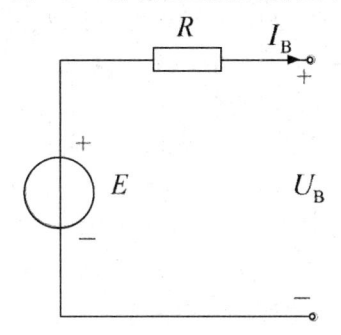

图 2-54 蓄电池通用模型等效电路

图 2-54 中,蓄电池的通用模型由内阻 R 和受控电压源 E 串联组成。R 由蓄电池制造厂家给出,假设在运行过程中保持不变,E 可通过下式计算:

$$E = E_0 - K\frac{C_{\max}}{C_{\max} - Q_e} + A\exp(-BQ_e) \tag{2-79}$$

式中,E_0 为内电势(V);$C_{\max}$ 为蓄电池的最大容量;Q_e 为放电量,可由式(2-75)计算得到;A(V)、B(Ah)、K(V)均为拟合参数,可通过蓄电池的放电特性曲线得到。式(2-79)中,$A\exp(-BQ_e)$ 用于描述初始放电阶段的指数特性;$K\dfrac{C_{\max}}{C_{\max} - Q_e}$ 用于表示放电特性的额定特性区。

在给定蓄电池的典型放电曲线时,该模型能够精确地反映蓄电池的电压随电流变化的特性,而且该模型中使用的拟合参数易通过放电曲线获得。但该模型也有一定的局限性,如未考虑蓄电池容量和内阻的变化情况等。当蓄电池类型不同时,可以对式(2-79)进行一定的修改,采用不同的电势公式反映不同的蓄电池类型,从而使该模型具有一定的通用性。

3)蓄电池储能控制系统

蓄电池储能系统存在两种典型的系统应用方式:起不间断电源作用的模式、与其他新能源并联运行的模式。当蓄电池阵列的端电压较高时,可省略 DC/DC 变换器,直接通过网侧变换器并网,即采取单级式并网方式,其拓扑结构与光伏发电系统类似,这里不再赘述,本节重点对蓄电池的充放电控制系统加以阐述。

由于蓄电池充放电的时间、速度和程度等都会对蓄电池的电性能、充电效率和使用寿命产生影响，因此对蓄电池进行充放电时，必须遵循以下原则：①尽量避免蓄电池充电过量或充电不足；②尽量避免深度放电；③尽可能对放电电流加以控制；④注意环境温度的影响。蓄电池的放电电量随环境温度的降低而减小，因此在不同的环境温度下，放电速度和放电程度也有所不同。

（1）蓄电池充电控制策略。

蓄电池的充电控制包括充电方法、各个充电阶段的自动转换、充电程度判断及停充控制等方面。目前，蓄电池的充电方法有多种，既包括常用的充电方法，如恒流充电、限压充电、限压限流充电、浮充充电、阶段等流充电、多段式充电、均衡充电、智能充电等，又包括快速充电方法，如脉冲快充、大电流递减快充等。由于蓄电池的充电状况直接影响了蓄电池的放电性能和使用寿命，因此选择合适的充电方法尤为重要，下面主要介绍几种常用的充电方法。

① 恒流充电。恒流充电是指始终以恒定的电流对蓄电池进行充电，一般通过调整充电装置（DC/DC 变换器或网侧变换器）的输出电压来保持充电电流恒定。这种充电方法有较大的适应性，可以根据需要选择和调整充电电流，因此可以对各种情况下的蓄电池进行充电，如新蓄电池的初充电、使用过的蓄电池补充充电及去硫充电（蓄电池因长期充电不足或极板露出液面而造成极板硫化时采取的充电方法，目的是使蓄电池恢复正常的充放电功能）等，特别适用于小电流长时间充电，以及对多个蓄电池串联的蓄电池阵列充电。但这种充电方法也存在一定的缺点：由于恒流充电过程中，充电电流是恒定的，因此从整个充电过程的角度来考虑，充电电流不能过大，否则会使充电后期析出的气体过多，对蓄电池极板的冲击过大，而且能耗过高。故恒流充电时，充电电流的选择必须考虑整个充电过程，数值应较小，小于充电初期蓄电池的可接受充电电流。针对上述不足之处，衍生出了阶段等流充电方法，即不同阶段内以不同的电流进行恒流充电。这种方法一般可分为两个阶段进行，也可分为多个阶段进行，即充电初期用较大的恒定电流进行充电，使蓄电池的容量得到迅速恢复，缩短充电时间，经过一段时间后改用较小的电流，至充电后期改用更小的电流，直至充电结束。下面以单级式并网方式为例介绍蓄电池的恒流充电控制方法，图 2-55 所示为网侧变换器外环控制器的典型结构。

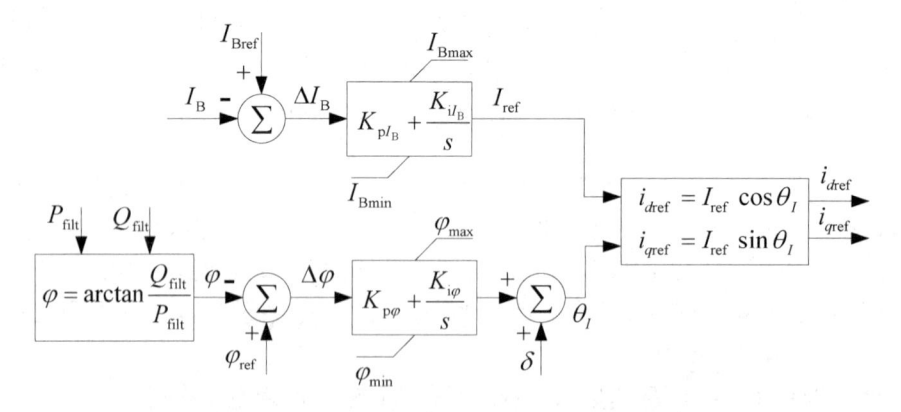

图 2-55 单级式并网方式下网侧变换器外环控制器的典型结构

图 2-55 中，I_B 和 I_{Bref} 分别代表蓄电池的实际充电电流和其参考值，当 I_{Bref} 是分阶段恒定时，即可变为阶段等流充电方法；I_{ref} 代表网侧变换器的交流电流幅值参考值；P_{filt}

和 Q_filt 分别代表蓄电池充电状态下网侧变换器吸收的有功功率和无功功率；φ 和 φ_ref 分别代表功率因数角和其参考值；δ 代表网侧变换器交流侧电压的相角。上述控制方式可以根据恒功率控制方式变形得到，由于蓄电池恒流充电过程中，充电电流是恒定的，但充电功率并不恒定，因此可以将恒功率控制中对有功功率的控制转变为对蓄电池充电电流的控制，输出信号作为网侧变换器电流矢量的幅值参考信号 I_ref；而电流矢量的相角参考信号可以通过对功率因数角 φ 的控制得到，经过 dq 分解即可得到 d 轴和 q 轴电流的参考信号，即 $i_{d\text{ref}}$ 和 $i_{q\text{ref}}$，这种控制方式是一种恒流/恒功率因数充电方式，上述各变量之间的相位关系如图 2-56 所示。

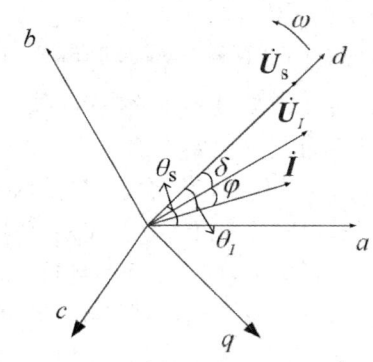

图 2-56 蓄电池充电过程中矢量关系示意图

图 2-56 中，$\dot{U}_s$ 代表交流网侧电压；θ_s 代表相角，d 轴与其同方向，q 轴滞后 d 轴 90°；$\dot{U}_I$ 代表网侧变换器交流侧电压，滞后 d 轴角度为 δ；$\dot{I}$ 代表流入网侧变换器的电流，滞后 d 轴角度为 θ_I；φ 为功率因数角。

② 限压充电。限压充电是指始终以恒定的电压对蓄电池进行充电，一般通过控制充电装置（DC/DC 变换器或网侧变换器）输出电压恒定从而实现充电过程的方法。这种充电方法在充电初期由于蓄电池电势较低，因此充电电流较大，加速了充电过程；随着充电的进行，其电势逐渐升高，充电电流逐渐减小，充电末期充电电流降至很小的数值，可避免蓄电池充电过量。整个充电过程的充电时间缩短，而且能耗较低，与恒流充电方法相比，限压充电过程更接近于最佳充电曲线，一般适用于蓄电池的补充充电或额定电压较低的情况，但不适用于充电初期。这种充电方法也有一定的缺点：由于充电初期电流较大，对放电深度过大的蓄电池充电时，可能会因充电电流急骤上升而损坏蓄电池；而充电后期电流较小，容易形成长期充电不足。在单级式并网方式下，蓄电池的限压充电控制方式的拓扑结构与图 2-55 所示的拓扑结构类似，只是将蓄电池的充电电流 I_B 的控制转变为充电电压 U_B 的控制，这里不再赘述。

③ 浮充充电。浮充充电也称为涓流充电，是指当蓄电池接近充满时，仍以恒定的浮充电压与很小的浮充电流进行充电，因为一旦停止充电，蓄电池会自然地释放电能，采用浮充充电的方式可以平衡这种自然放电，浮充充电是一种限压限流的充电方式。

④ 多段式充电。20 世纪 60 年代中期，美国科学家马斯对铅酸蓄电池充电过程做了大量的试验研究工作，提出了以最低析气率为前提的蓄电池可接受的充电电流曲线，如图 2-57 所示。

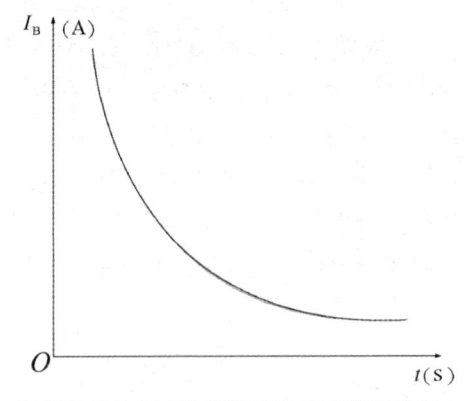

图 2-57 以最低析气率为前提的蓄电池可接受的充电电流曲线

实验表明：在整个充电过程中，若能使实际充电电流始终等于或接近蓄电池可接受的充电电流，则可以大大缩短充电时间，并且蓄电池内部不会产生大量的气泡，析气率可控制在很小的范围内。但在实际的充电过程中，获得图 2-57 所示的充电电流曲线是很困难的，根据前述分析，恒流充电与限压充电方式之间存在一定的互补关系，可以考虑将恒流充电、限压充电和浮充充电进行组合（多段式充电），从而得到较为理想的充电方式。目前，多段式充电方式普遍采用"恒流—限压—浮充"三阶段充电控制策略，下面以直接接入系统模式下双极式并网方式为例介绍蓄电池的充电过程，其中三阶段充电控制策略主要通过 DC/DC 变换器的控制系统实现，如图 2-58 所示。

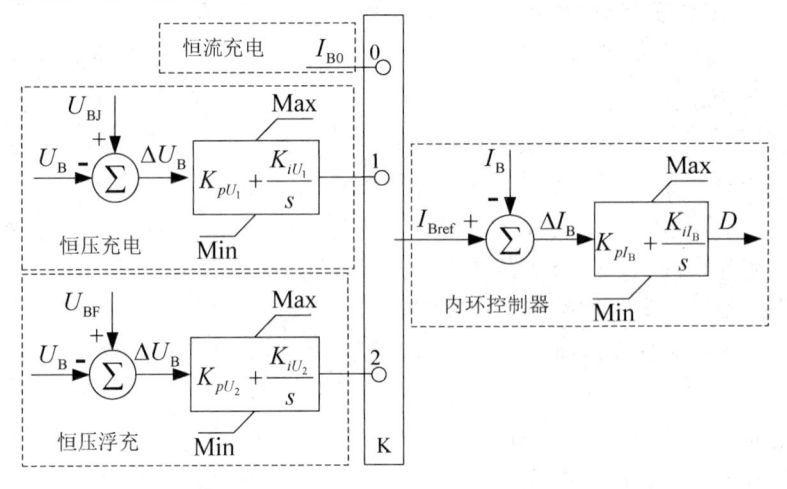

图 2-58 直接接入系统模式下 DC/DC 变换器三阶段充电控制系统

蓄电池系统中 DC/DC 变换器同样采取双环控制方式，同时实现对电压和电流的控制，减小电压波动，改善动态特性。在充电初始阶段，采取恒流充电方式，开关 K 连接"0"处。恒流充电时采用的充电电流是有一定限制的，因为充电初始时蓄电池电势较低，若以很大的电流进行充电，则将产生剧烈的化学反应，从而影响蓄电池的寿命；若以较小的电流进行充电，则充电时间延长。随着充电过程的进行，蓄电池的端电压逐渐上升，当达到预先设定的电压限值 U_{BJ} 时，恒流充电过程结束，进入第二阶段（限压充电阶段），否则蓄电池电压会持续升高，因过充而损坏蓄电池。实验证明，恒流充电阶段结束时，蓄电池无法充满，必须采用限压方式进行补充充电，此时开关 K 连接"1"处，控制蓄电

池端电压稳定在 U_{BJ} 处。随着限压充电的进行,蓄电池的电流逐渐减小,当充电电流降至浮充电流 I_{BF} 时,蓄电池已经基本充满,此时进入第三阶段(限压浮充阶段),开关 K 连接"2"处。当进行浮充时,必须将浮充电压 U_{BF} 稳定在蓄电池的额定电压附近(U_{BF} 比恒流充电时的电压限值 U_{BJ} 低)。限压浮充可在充电结束前达到小电流充电,既可保证充满,又可避免蓄电池内部高温而影响其容量特性。从上述分析可以看出,恒流充电是为了恢复蓄电池的电压,限压充电是为了恢复蓄电池的储能,限压浮充是为了保持储能并抑制蓄电池的自放电。

在设定恒流充电、限压充电和限压浮充等参数时,需要经过反复试验才能达到最佳充电效果,使蓄电池的使用寿命得到延长。图 2-59 给出了采用"恒流—限压—浮充"三阶段充电控制策略时,蓄电池的端电压和充电电流的变化情况。

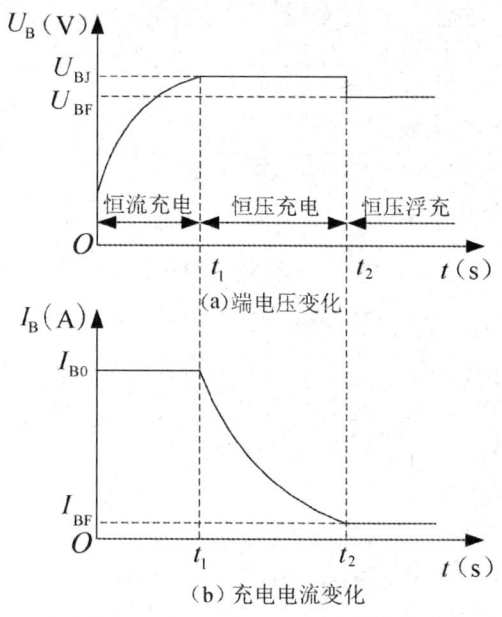

图 2-59 三阶段充电方式下蓄电池端电压和充电电流的变化情况

当蓄电池进行限压浮充时,虽然其端电压保持不变,但仍有一定的充电电流(浮充电流),如图 2-59 所示,当浮充一定时间后,可以采取一定的方法终止充电过程。

常见的充电终止控制方法有以下几种。①时间控制。通过设置一定的充电时间来控制充电终点,一般按照充入 120%~150%电池标称容量所需的时间来设置。②电压变化率 dU_B/dt 与荷电状态 SOC 控制。当蓄电池充满电时,电池电压会达到一个峰值,然后保持一段时间,此时测量蓄电池端电压,并计算其荷电状态,当端电压始终为一个常数(电压变化率 dU_B/dt 等于零)且荷电状态 SOC 为 1 时,终止充电过程。③温度控制。蓄电池在充电过程中,温度逐渐升高,当充满电时,蓄电池温度与周围环境温度的差值会达到最大,此时终止充电。但是由于蓄电池的储存时间、储存条件、使用环境、放电程度、极板硫化程度及电解液比重等不同都会使蓄电池的自身工况较为复杂,采用单一的方法较难确定蓄电池的充电终止时刻,因此可以采取多种方法来综合判断充电终止时刻。

在三阶段充电控制策略的基础上,可进一步衍生出四阶段充电方式,即将充电过程分为预充、快充、均充、浮充四个阶段。四阶段充电方式下蓄电池端电压和充电电流的变化情况如图 2-60 所示。

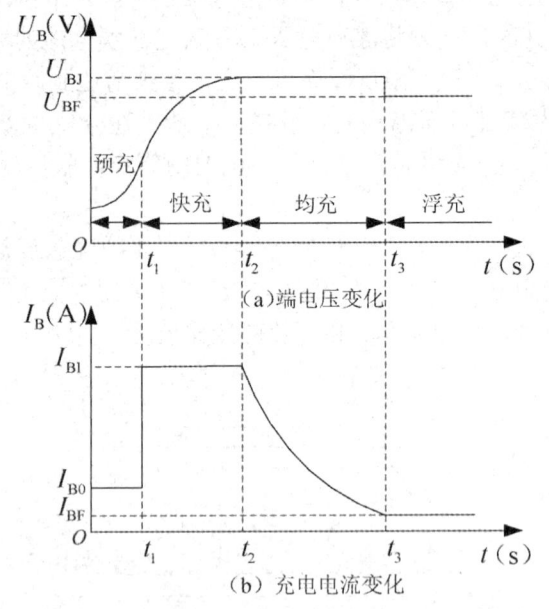

图 2-60　四阶段充电方式下蓄电池端电压和充电电流的变化情况

四阶段充电方式尤其适用于对放电深度较大的蓄电池充电，其工作过程与三阶段充电方式类似，有所不同的是，起始时首先采用恒定的小电流对蓄电池进行预充，当蓄电池的端电压上升到能接受较大电流充电时切换为快充方式，采用较大的电流恒流充电，之后依次经过限压充电与限压浮充阶段，直至完成充电过程。

（2）蓄电池放电控制策略。

当蓄电池放电时，其端电压随放电时间而逐渐下降，需要实时调节 DC/DC 变换器的占空比 D；当采用单极式并网方式直接接入系统时，控制策略可根据情况进行选择。需要注意的是，在蓄电池放电过程中，当电压下降至放电终止电压时必须停止放电，否则会因过度放电而影响蓄电池的使用寿命。

当蓄电池与其他新能源并联运行时，无论是充电还是放电的工作状态都由新能源的运行情况和交流网络情况决定。这种并网模式既有效地减小了新能源功率波动对系统的冲击，又提高了其的可调度性。

2.2　课程设计软件

商业电磁暂态仿真软件中应用较为广泛的是 PSCAD/EMTDC（Power System Computer Aided Design/Electro-Magnetic Transient in DC System）与 EMTP（Electro-Magnetic Transient Program）。二者均采用节点分析法为基本电磁暂态仿真计算方法。PSCAD/EMTDC 与 EMTP 软件均提供了成熟的电力系统模型库与可视化图形界面，能够模拟电力系统短路故障、暂态过电压、新能源并网冲击等多种暂态过程，尤其是在暂态仿真实验中，可用于模拟光伏、风机等新能源的动态特性、储能充放电特性及微电网并离网切换过程等。

2.2.1 PSCAD/EMTDC

1. 软件基本情况

1976 年，Dennis Woodford 博士为了研究高压直流输电系统，在加拿大曼尼托巴水电局开发并完成了初版 EMTDC。多年来，该高压直流输电研究中心对 EMTDC 的元件模型库和功能不断进行完善，使之发展为既可以研究交直流电力系统问题，又能够完成电力电子仿真及非线性控制的多功能工具。特别是 PSCAD 图形用户界面的开发，使用户能更加方便地使用 EMTDC 进行电力系统仿真计算。此外，EMTDC 还可以作为实时数字仿真器 RTDS 的前置端。EMTDC 是 PSCAD/EMTDC 仿真的核心程序，PSCAD 是与 EMTDC 深度结合的图形用户界面。用户可以在图形环境下，构造仿真电路，运行、分析结果，处理数据。

2. 基本操作说明

PSCAD 的主工作界面如图 2-61 所示，包括功能区控制条、Workspace 窗口、输出窗口及工作区，各窗口功能如下。

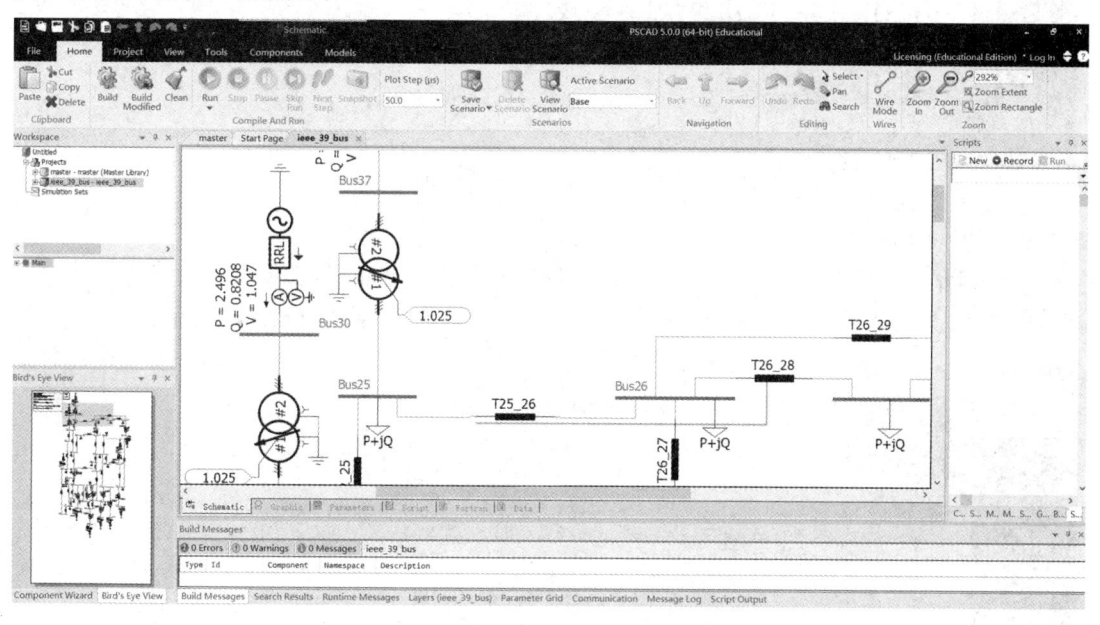

图 2-61 PSCAD 的主工作界面

功能区控制条：提供了大部分 PSCAD 操作和元件访问的便捷手段，其中内置的快速访问栏可用于设置用户自定义操作，当在工作区内选择不同窗口时，功能区控制条显示的内容也不同。

Workspace 窗口：分为主窗口和第二窗口。其中，主窗口中包含了当前加载项目涉及的所有文件信息，如已加载的 Case 和元件库、某个 Case 或元件库中的定义及 Case 中的数据文件、信号、控制等。第二窗口显示第一窗口内选中的项目信息，同时作为项目浏览工具，按照在项目中的层次结构列出所有组件、输电线路和电缆的实例。

输出窗口：主要包括 Build Messages、Search、Search Results、Component Parameters、Output 和 Wizard，由元件、PSCAD 或 EMTDC 产生的所有信息、错误和警告消息均可在

该窗口内查看。

工作区：该区包括 Schematic、Graphic、Parameters、Script、Fortran 及 Data 六个页面，分别用于构建所有控制和电路、编辑元件或组件的图形外观、编辑元件定义的参数、编辑元件定义代码、显示模型或模块代码、显示节点电压和支路阻抗等参数。

PSCAD/EMTDC 的基本操作包括 Workspace 操作、Project 操作、项目编译和设置、元件和组件的操作、连接线的相关操作、在线绘图和控制。

1）Workspace 操作

通过功能区控制条的【file】选项卡，可以新建、加载或保存 Workspace，用于管理所有项目和库元件文件。图 2-62 所示为 Workspace 操作页面。

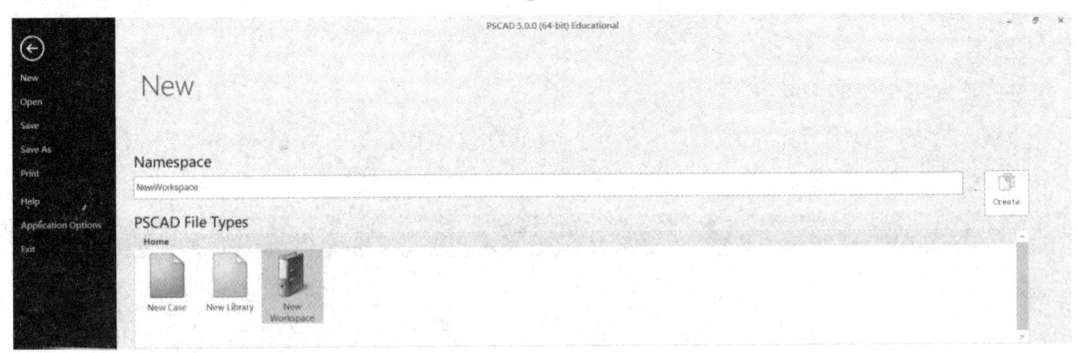

图 2-62　Workspace 操作页面

2）Project 操作

在新建或打开的 Workspace 中，通过功能区控制条的【file】选项卡，新建或加载一个项目，项目类型分为 case 和 library 两类，其中 case 是项目实例，library 是元件库。在建立 Project 后，在 Project Settings 中设置仿真时间、仿真步长、采样步长。Project 操作界面如图 2-63 所示，Project 设置界面如图 2-64 所示。

图 2-63　Project 操作界面

3）项目编译和设置

在新建或加载 Project 之后，对项目进行编译，输出窗口将显示编译信息，可以查看编译错误和警告信息，并自动定位错误源，编译成功后可以开始运行。图 2-65 所示为项目编译操作界面。

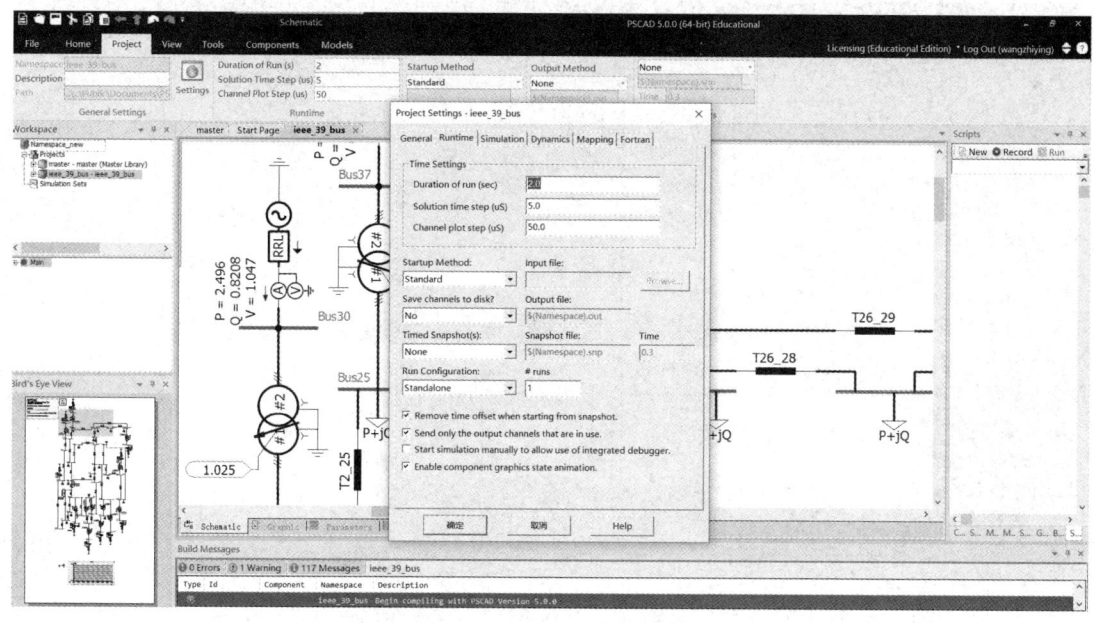

图 2-64　Project 设置界面

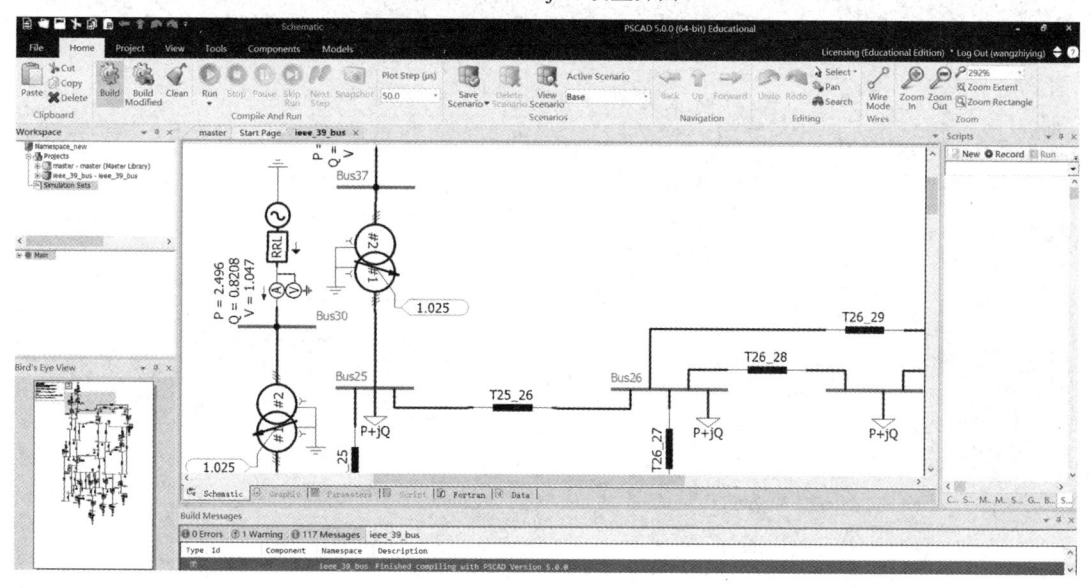

图 2-65　项目编译操作界面

4）元件和组件的操作

在项目中搭建电路时，需要添加电力系统构成元件与组件，添加方式有三种，既可以通过 Workspace 中的 Master 元件库图形界面或功能区控制条中的【Components】选项卡添加，也可以在工作区单击右键后选择【Add Component】选项添加，分别如图 2-66～图 2-68 所示。

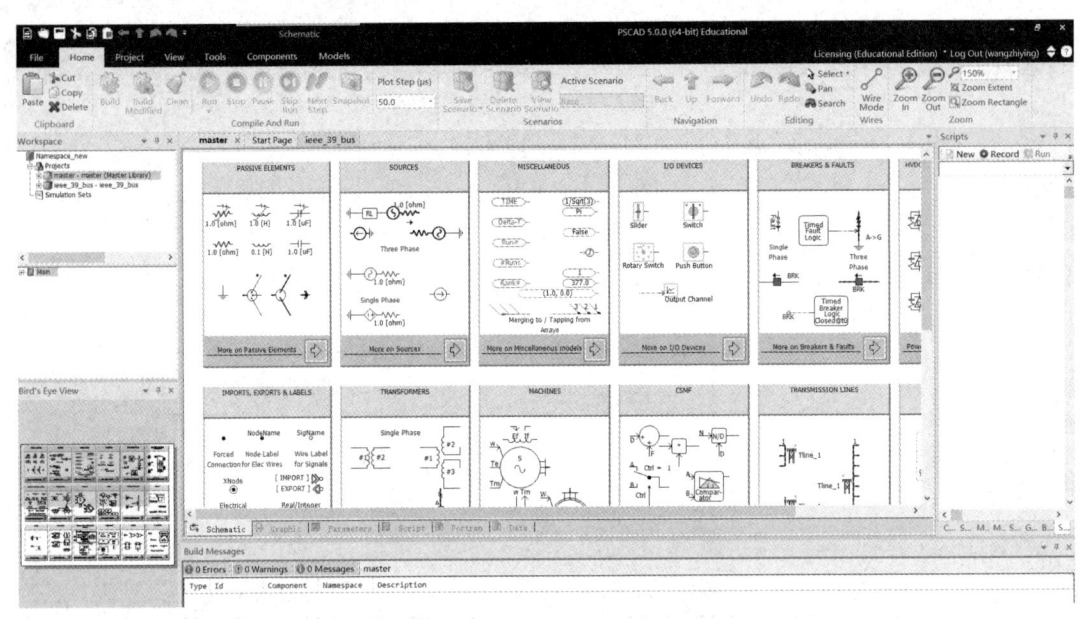

图 2-66 元件或组件添加方式 1——Master 元件库图形界面

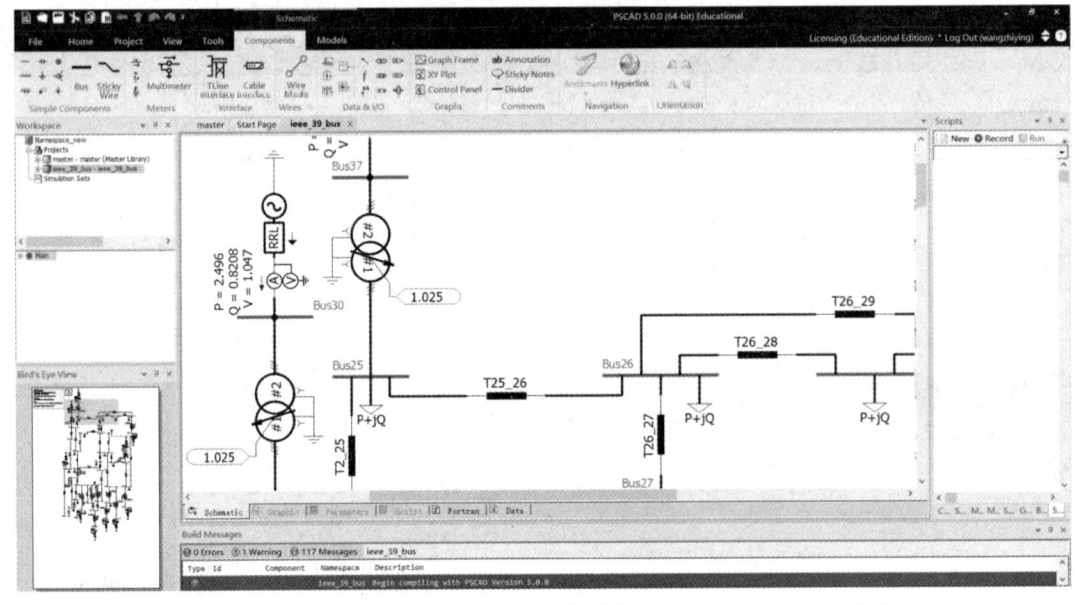

图 2-67 元件或组件添加方式 2——功能区控制条【Components】选项卡

5）连接线的相关操作

在搭建电路中，连接线用于元件之间端子的连接，连接线可以合并，也可以分解。添加连接线的方式有两种，一种是在工作区单击右键选择【Add Wire】选项（见图 2-69），另一种是采用绘线模式，在功能区控制条【Components】选项卡中选择【Wire Mode】选项，将指针移动到要绘制的连接线起始点，单击鼠标左键，之后将指针移动到终点，单击鼠标右键，结束连接线的绘制。

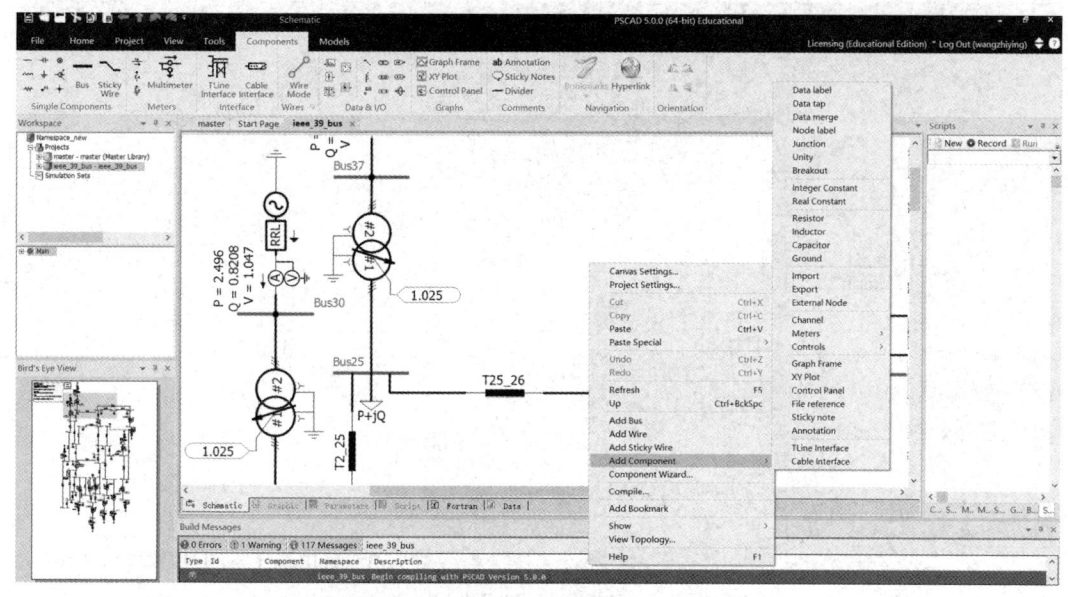

图 2-68　元件或组件添加方式 3——工作区右键选择【Add Component】选项

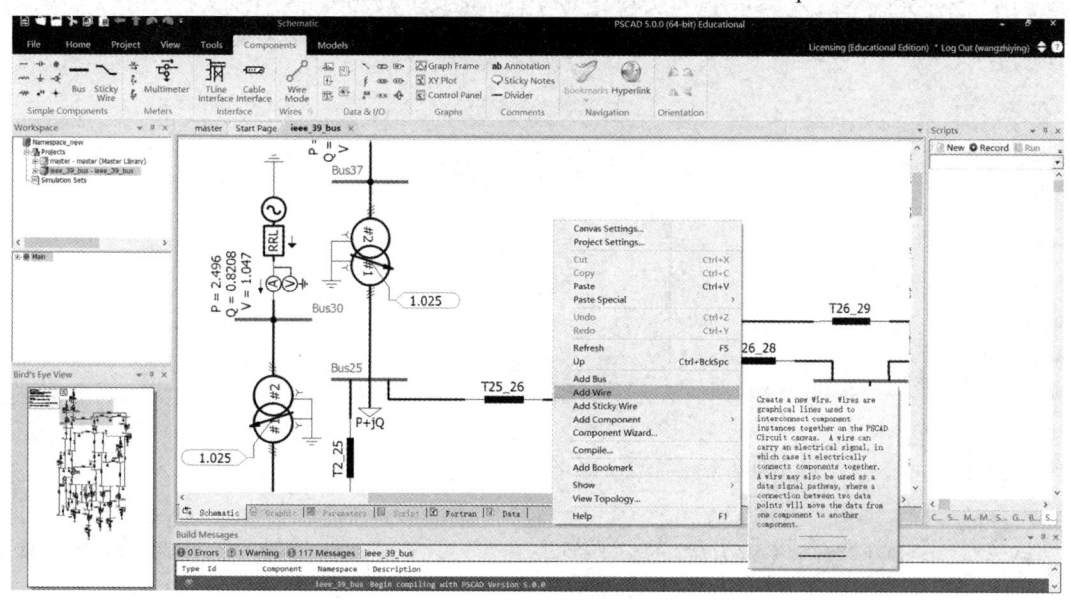

图 2-69　添加连接线方式

6) 在线绘图和控制

在运行项目、仿真结束后,需要显示和观察仿真波形图。对于电气系统,将电流表、电压表、功率表测量信号连接到 Output Channel 元件,添加 Graph Frame 元件,在 Output Channel 元件中单击右键执行【Graphs/Meters/Controls】→【Add as Curve】命令,如图 2-70 所示,在 Graph Frame 元件中单击右键选择【Paste Curve】命令,如图 2-71 所示,完成测量信号波形显示。

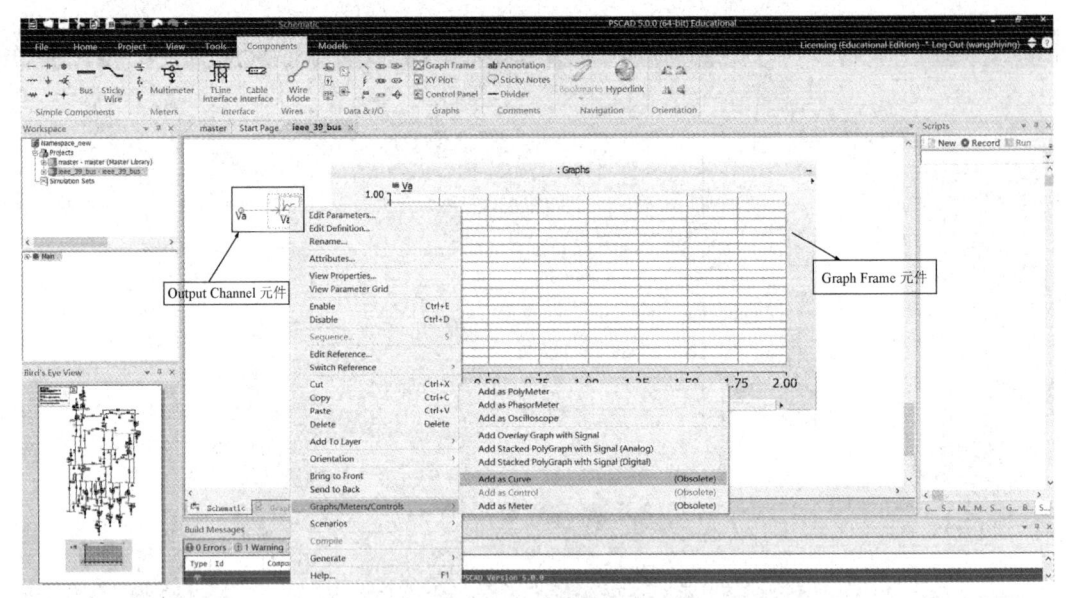

图 2-70 Output Channel 元件操作

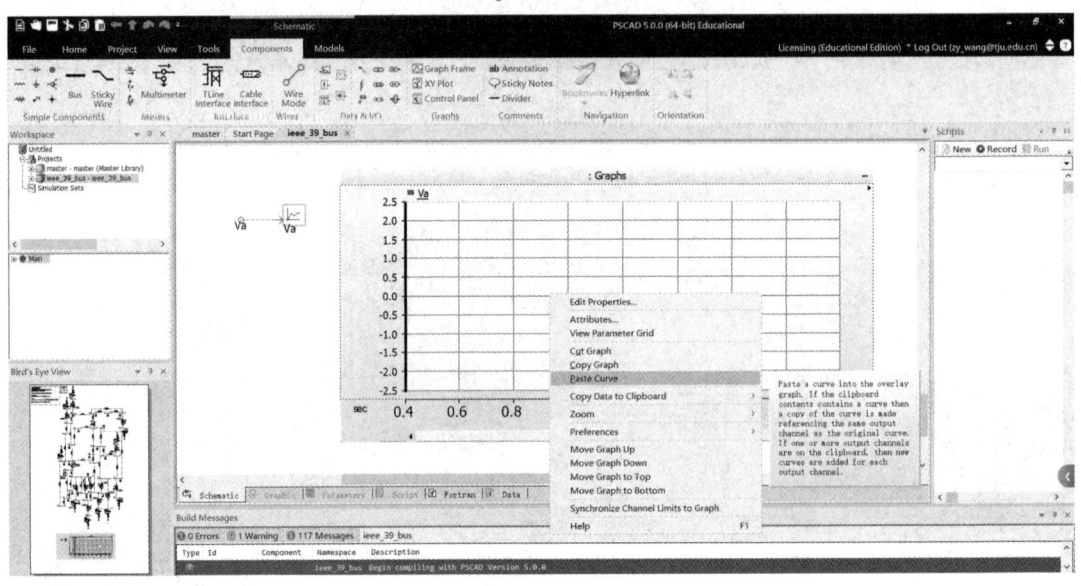

图 2-71 Graph Frame 元件操作

3．建模与计算功能

1）元件建模功能

PSCAD/EMTDC 提供了丰富的元件库，能够实现传统输配电系统、HVDC 系统、MMC 换流站、光伏发电系统、风力发电系统及由基础元件构成的其他复杂电力设备或系统的电磁暂态仿真。PSCAD/EMTDC 元件库包括无源元件、HVDC 和 FACTS 元件、电源元件、测量元件、断路器、变压器、架空传输线和电缆、PI 型线路元件、电机、电力电子元件、I/O 元件、控制元件、时间序列元件等，涵盖了目前电力系统中涉及到的大部分基本元件，对于复杂设备或系统，如光伏电池、蓄电池、风机等，可由基本元件组合得到。图 2-72 所示为 PSCAD/EMTDC 元件库。

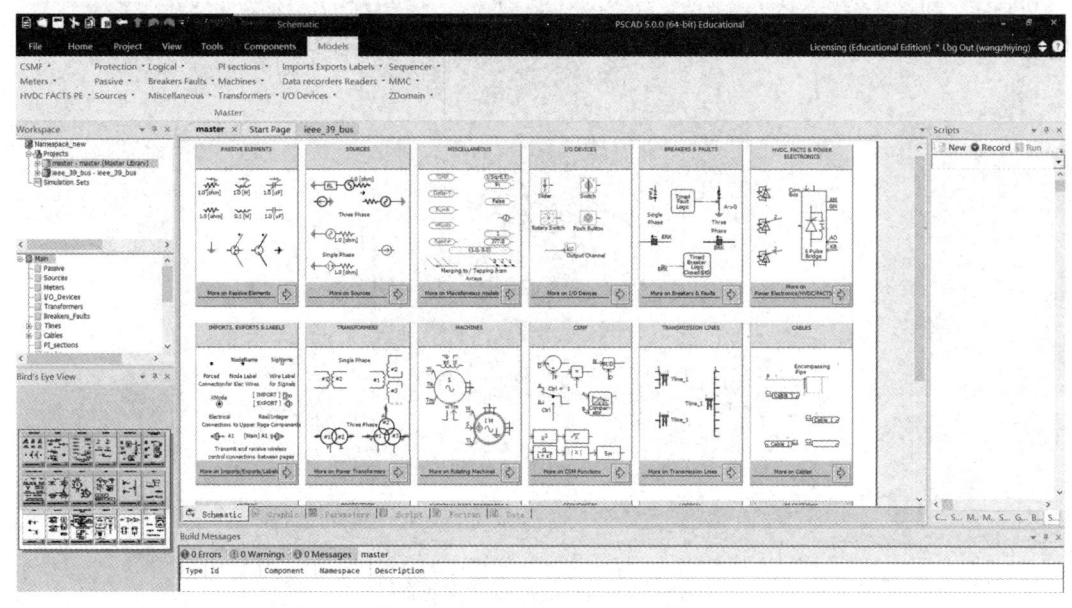

图 2-72　PSCAD/EMTDC 元件库

（1）Passive。

Passive 模型库中提供了电阻 R、电感 L、电容 C 元件及其串并联支路模型，支持 RLC 参数固定、根据控制信号变化及动态配置等模式。Passive 模型库界面如图 2-73 所示。

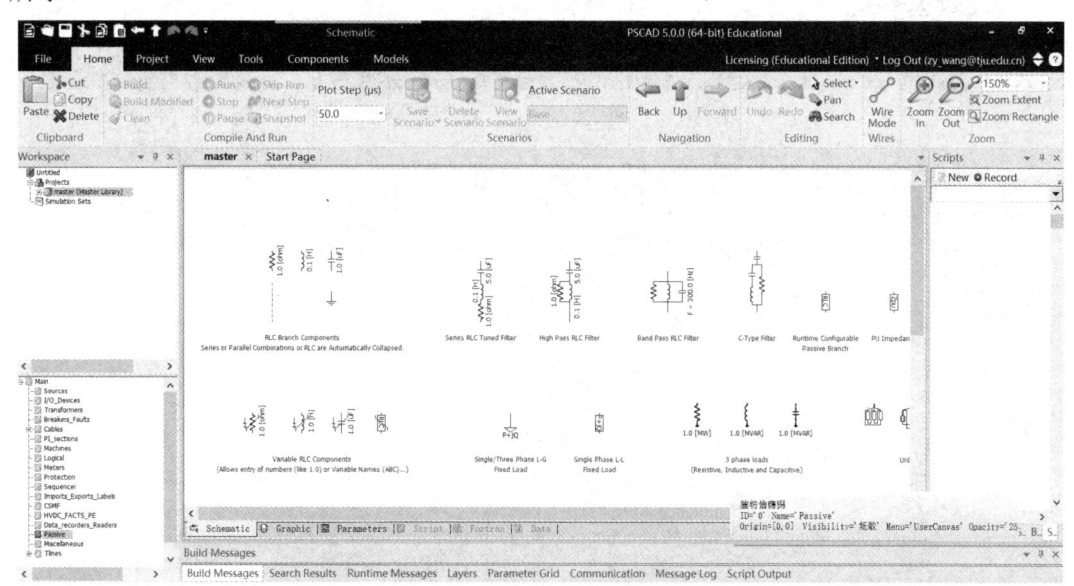

图 2-73　Passive 模型库界面

（2）Sources。

Sources 模型库中包含理想单相/三相交流电流源与电压源、受控电流源与电压源、谐波电流源、光伏阵列、光伏 MPPT 控制电路模型等。Sources 模型库界面如图 2-74 所示。

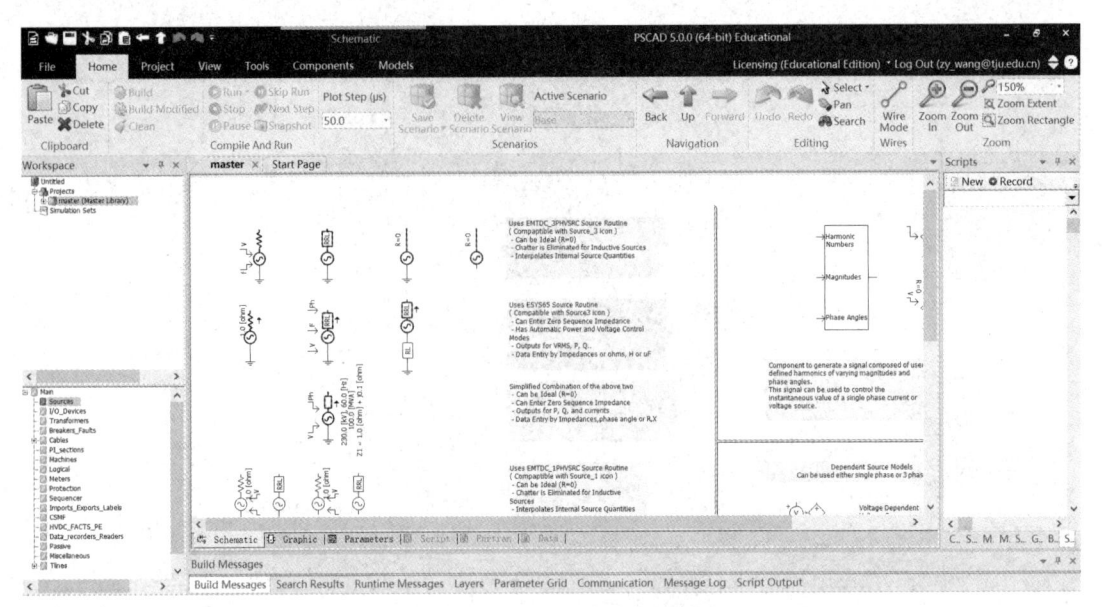

图 2-74 Sources 模型库界面

（3）Transformers。

Transformers 模型库中的元件包括三相双绕组变压器、三相三绕组变压器、三相四绕组变压器、单相双绕组变压器、单相三绕组变压器、单相四绕组变压器、单相 N 绕组变压器，以及采用统一等效磁路模型的单相双绕组变压器、单相三绕组变压器等。Transformers 模型库界面如图 2-75 所示。

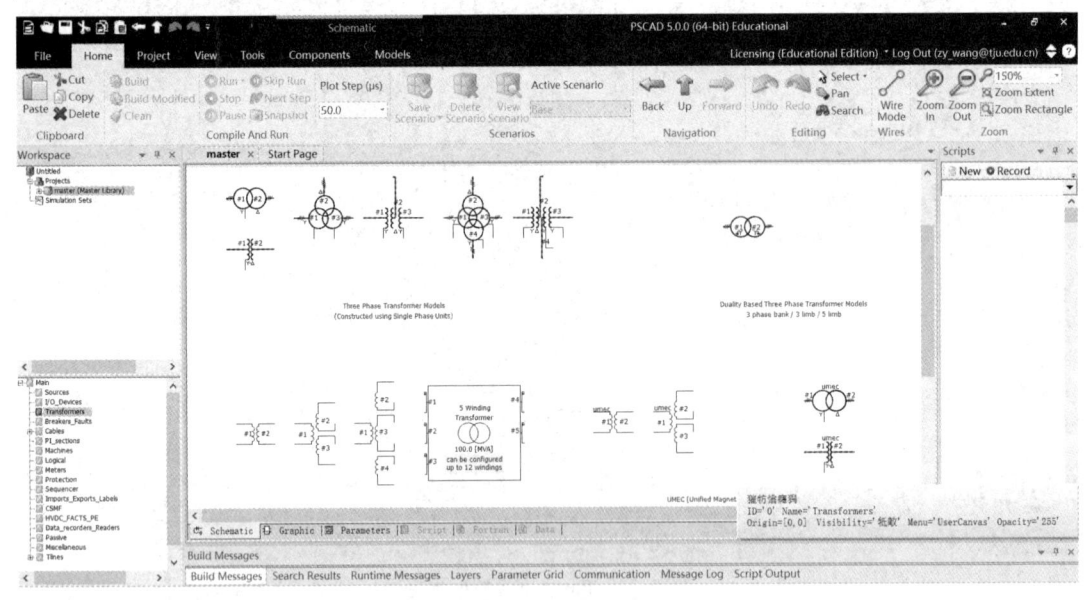

图 2-75 Transformers 模型库界面

（4）Machines。

Machines 模型库中包含了电力系统中涉及到的大部分电机模型，如同步电机、异步电机、永磁同步电机、直流电机等旋转电机模型，水轮机、涡轮机等原动机模型，交流、直流、静态励磁机模型，以及完整的风力发电机模型等。Machines 模型库界面如图 2-76 所示。

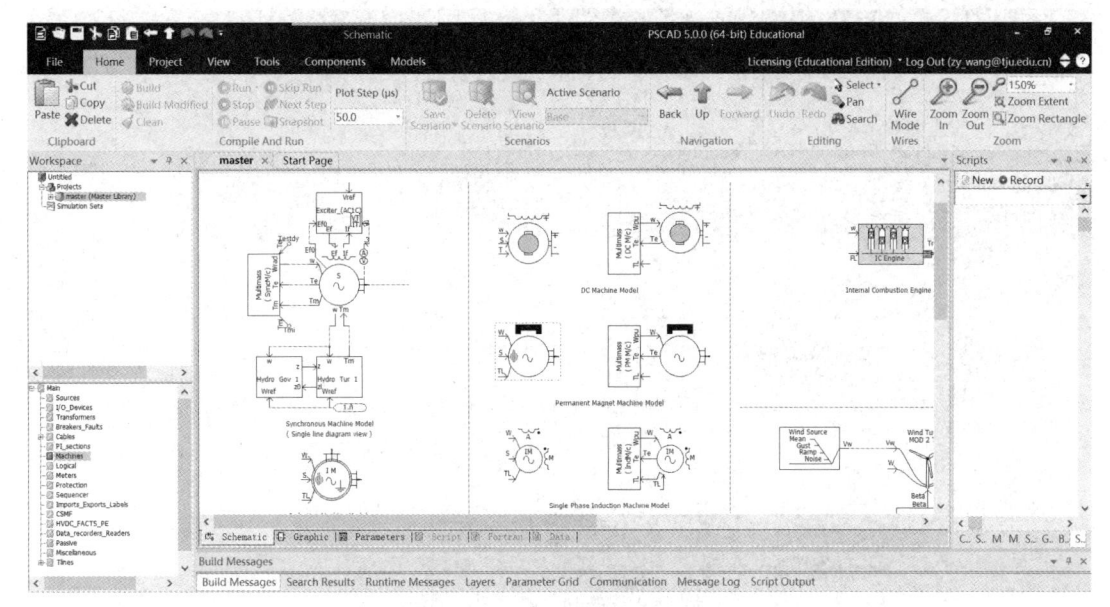

图 2-76　Machines 模型库界面

（5）Transmission Lines。

Transmission Lines 模型库包含贝瑞龙线路模型和频率相关线路模型两种，并且提供了输电线路杆塔模型几何参数输入窗口。Transmission Lines 模型库界面如图 2-77 所示。

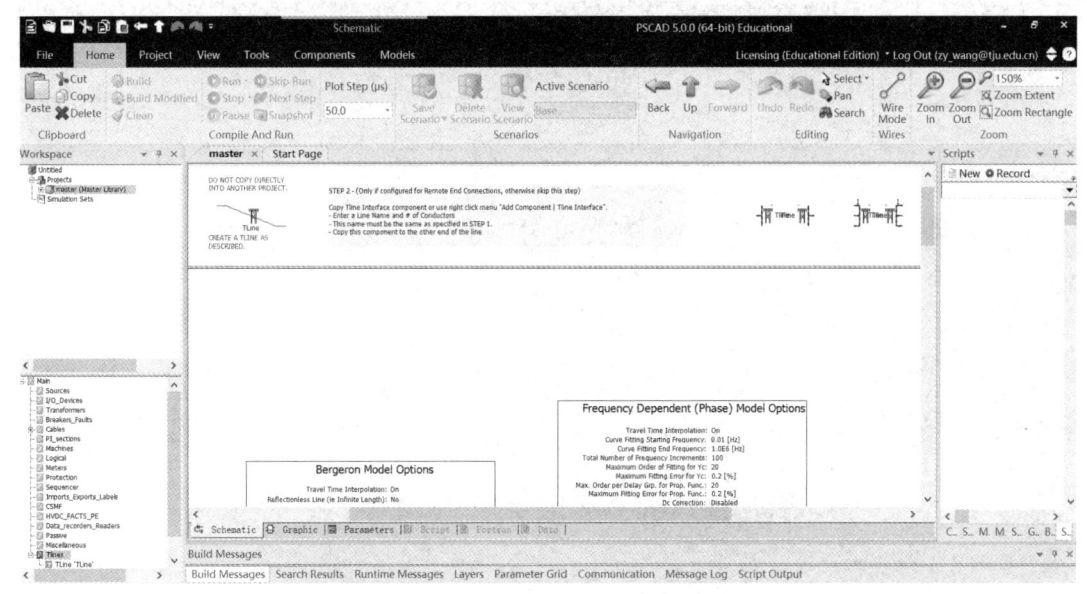

图 2-77　Transmission Lines 模型库界面

（6）Cables。

与 Transmission Lines 类似，Cables 模型库也提供了贝瑞龙线路和频率相关线路两种线路模型，同时提供了电缆几何参数输入窗口。Cables 模型库界面如图 2-78 所示。

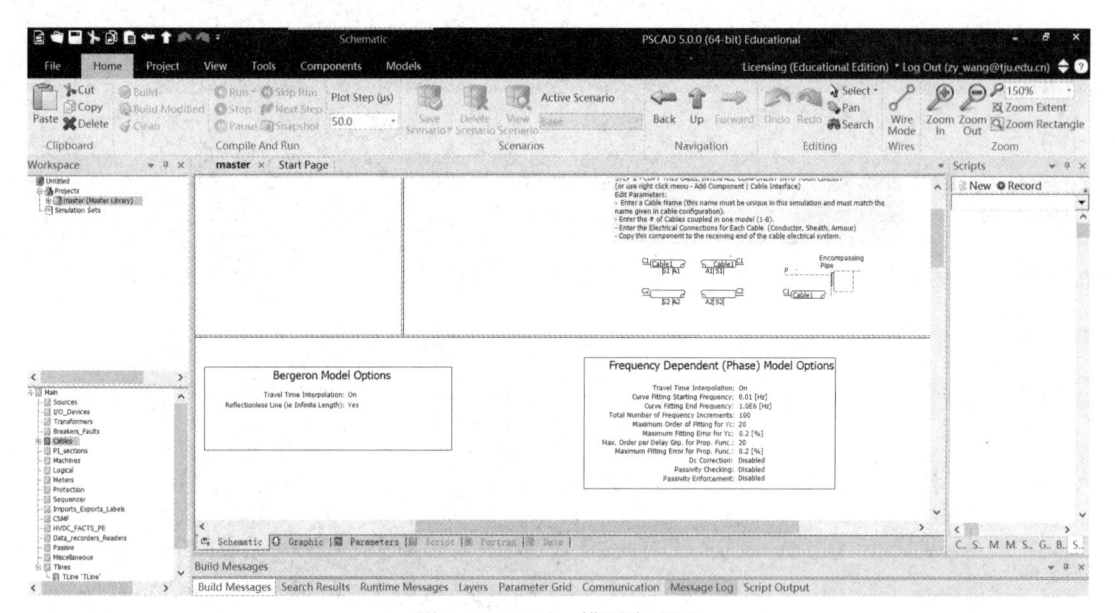

图 2-78　Cables 模型库界面

（7）PI sections。

PI sections 模型库不仅提供了 PI 型等效电路模型，还提供了两相与三相耦合线路模型，但耦合线路模型中不含对地电容参数。PI sections 模型库界面如图 2-79 所示。

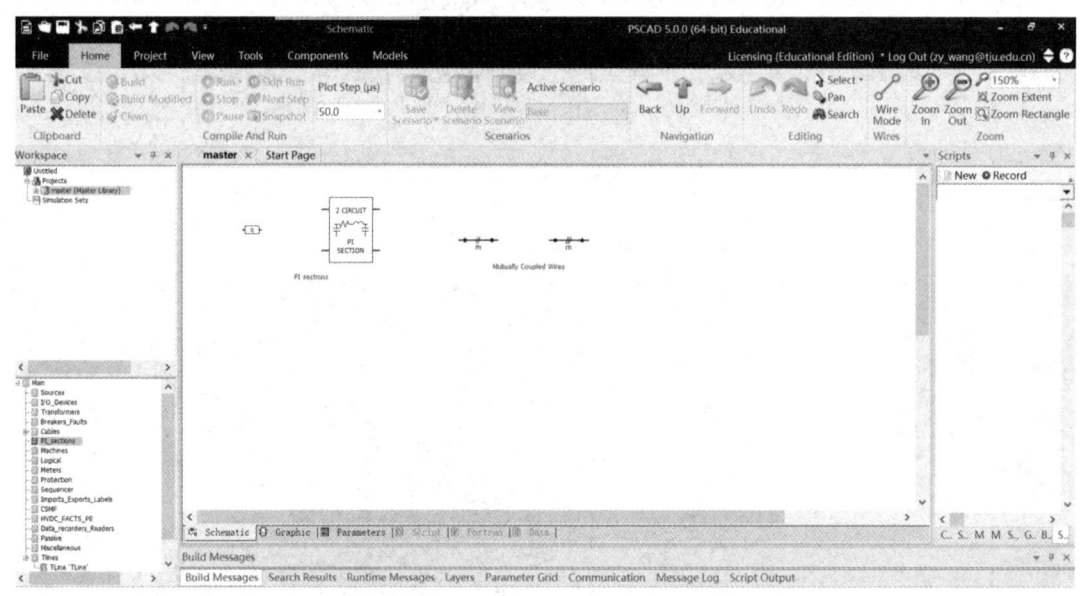

图 2-79　PI sections 模型库界面

（8）HVDC, FACTS & Power Electronics。

HVDC, FACTS & Power Electronics 模型库中提供了基本开关器件（如 IGBT、GTO、二极管等）、基本主电路单元（如逆变器、整流器等）、常见的应用级电路（如 HVDC、SVC 等）、常用的控制系统及触发脉冲产生电路等。HVDC, FACTS & Power Electronics 模型库界面如图 2-80 所示。

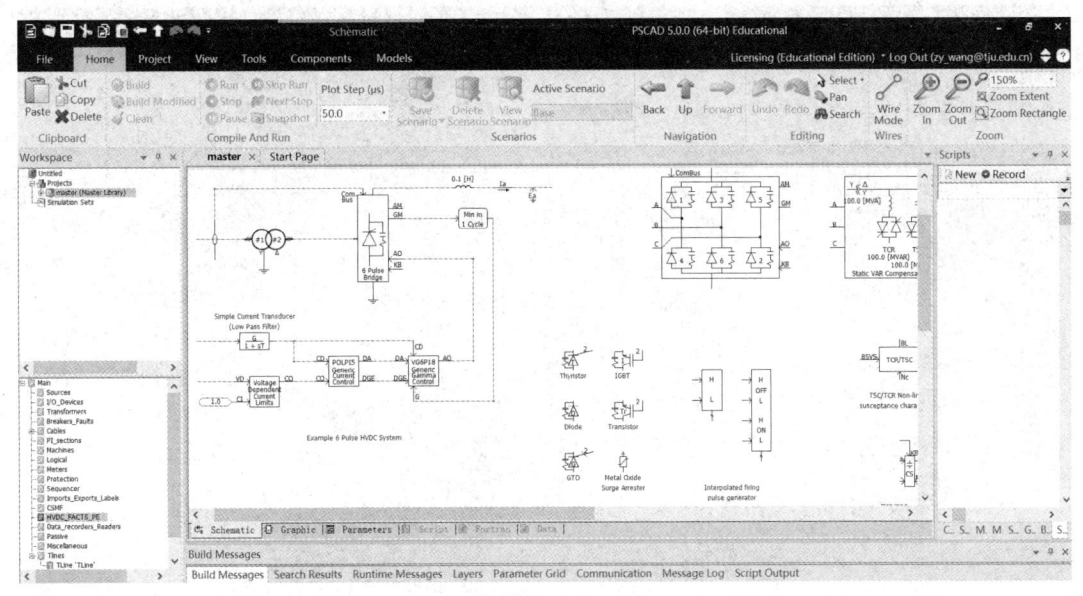

图 2-80　HVDC, FACTS & Power Electronics 模型库界面

（9）Breakers & Faults。

Breakers & Faults 模型库提供了单相、三相断路器模型，以及故障触发时间设定模块，不仅可以模拟电力系统中的断路器，还可以用于模拟各种短路故障。Breakers & Faults 模型库界面如图 2-81 所示。

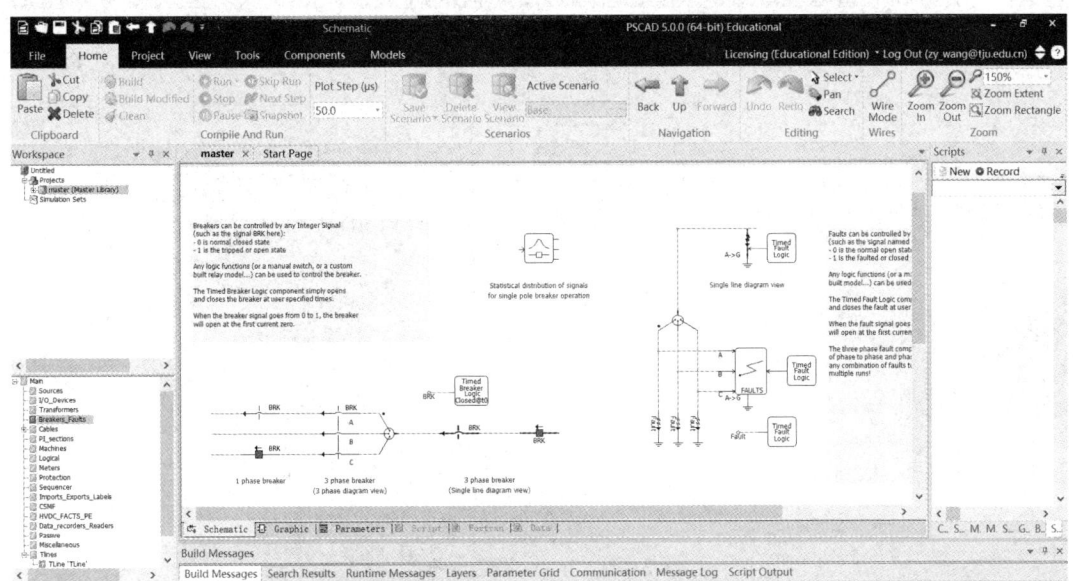

图 2-81　Breakers & Faults 模型库界面

（10）CSMF。

CSMF 模型库中提供了多种基础控制元件，如加法器、减法器、乘法器、除法器、比较器、传递函数、adc-dq0、三角函数、信号发生器、快速傅里叶变换等模型。CSMF 模型库界面如图 2-82 所示。

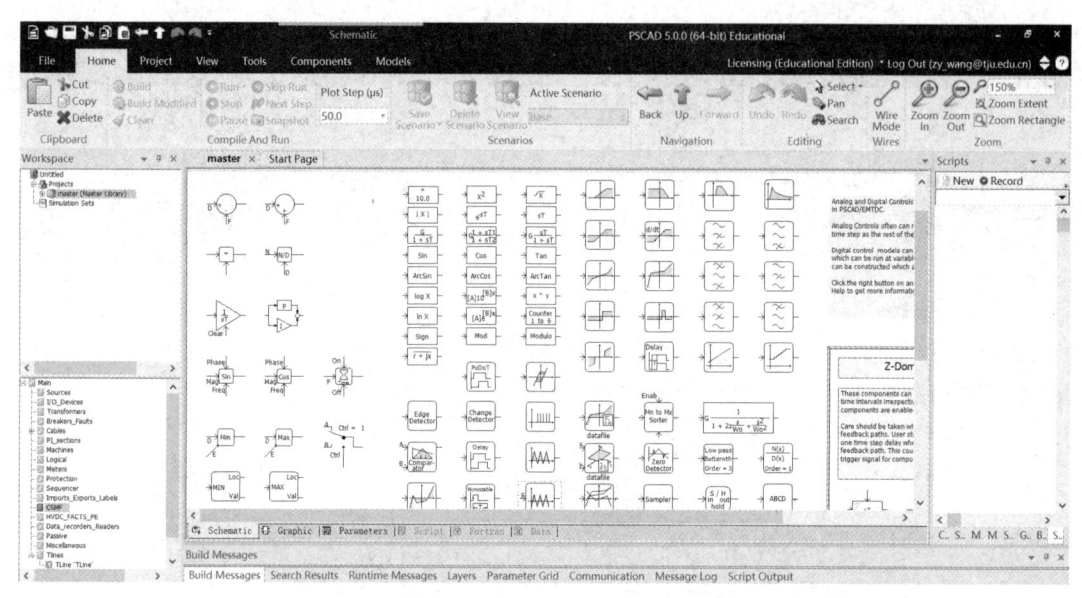

图 2-82 CSMF 模型库界面

(11) Meters。

Meters 模型库中包含电流表、电压表、电压有效值测量表计、功率测量表计等，可用于测量任意节点与支路的电压、电流、功率。Meters 模型库界面如图 2-83 所示。

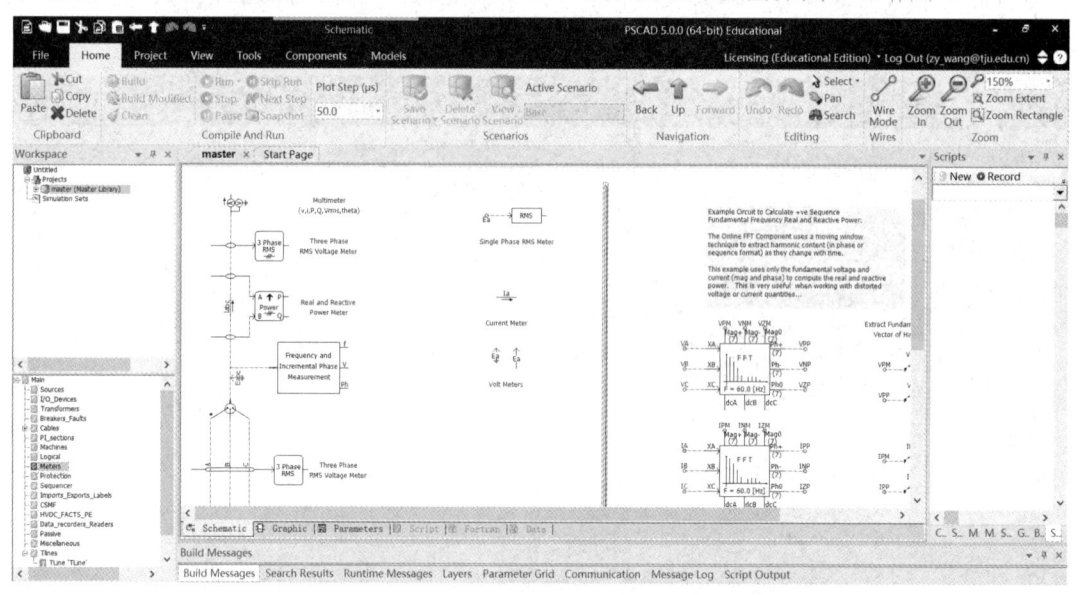

图 2-83 Meters 模型库界面

此外，PSCAD/EMTDC 还提供了用户自定义元件设计功能。EMTDC 程序的设计使其能够接受用户自定义的外部源代码。PSCAD/EMTDC 可以通过链接至预编译的源代码，如目标或静态库文件，也可以通过简单的直接附加源代码文件来实现。无论选择哪种方式，外部源代码都将在编译过程中与其他项目源代码相结合，得到用于仿真运行的可执行程序。在大多数情况下，用户可简单地将来自主元件库中的基本电气元件进行组合来建立电气模型。考虑到某些电气元件所具有的特点和特征无法用组合模型进行描述，使用用户自定义模型可以实现对该类元件的仿真。PSCAD/EMTDC 提供了用户自主定义模型与电气网络的接口，可以保持模型开发灵活性。

2）电磁暂态仿真计算

EMTDC 以时域微分方程对电磁和机电系统进行描述并求解，其程序结构也适用于没有电磁或机电系统的控制系统。EMTDC 采用节点分析法对电路进行仿真计算。电路本质上是在离散间隔点进行求解的原始微分方程的数值表示，EMTDC 采用梯形积分法对电路方程积分。对开关元件采用插值处理是 EMTDC 主要特色之一。当开关时间发生于采样点之间时，EMTDC 采用插值算法来寻找精确的事件发生时刻，将系统中的各变量值"还原"到开关动作前的状态，从而消除定步长仿真中开关动作时间延迟导致的非特征谐波。插值算法的应用场合包括具有大量快速切换设备的电路、带有浪涌避雷器的电路与电力电子设备连接、HVDC 系统与易发生次同步谐振的同步电机相连、使用小信号波动法分析 AC/DC 系统时的触发角控制、使用 GTO 与反向晶闸管构成的强制换相换流器、PWM 电路和 STATCOM 系统、分析具有电力电子设备的开环传递函数等。

以 IEEE 39 节点系统为例说明 PSCAD/EMTDC 建模仿真计算功能。图 2-84 展示了 IEEE 39 节点系统部分电路，电路中的各个元件，是从元件库中拖入主工作界面中，并使用信号线连接的。PSCAD 支持不同复杂程度案例的设计，从简单的算例到规模较大的算例，从简单的绘图到复杂的绘图，均可以通过元件库提供的元件连接实现。

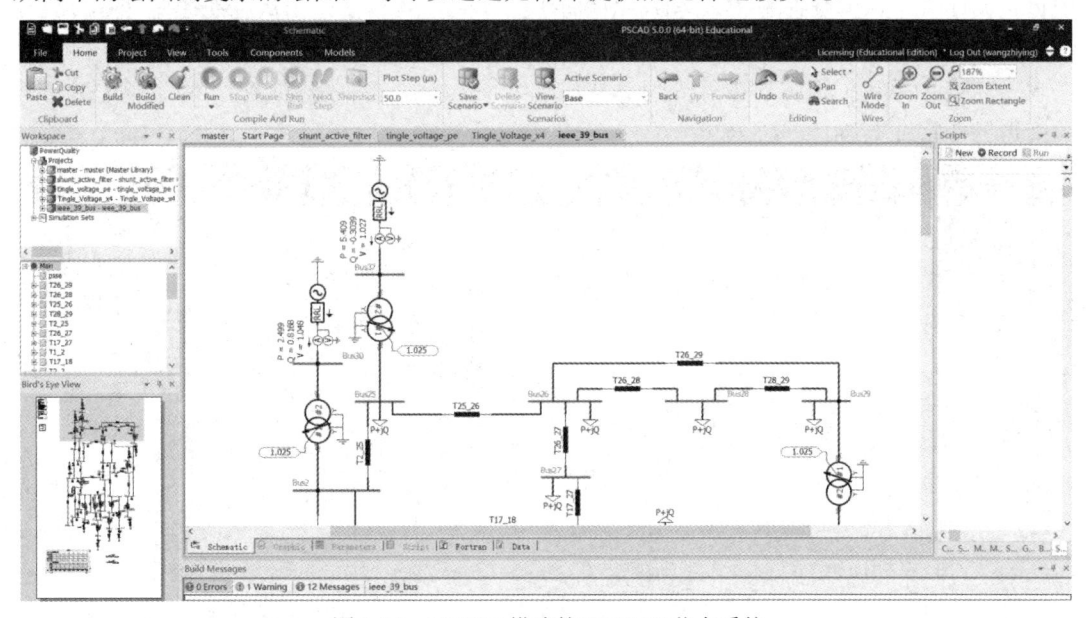

图 2-84 PSCAD 搭建的 IEEE 39 节点系统

在搭建图 2-84 所示的电路后，设置仿真时间为 5s，仿真步长为 5μs，在功能区控制条【Home】选项卡下单击【Build】按钮开始编译，编译成功后单击【Run】按钮，开始仿真。IEEE 39 节点系统母线 Bus_30 电压、电流波形图如图 2-85 所示。整个仿真系统实际仿真用时 63.4s。

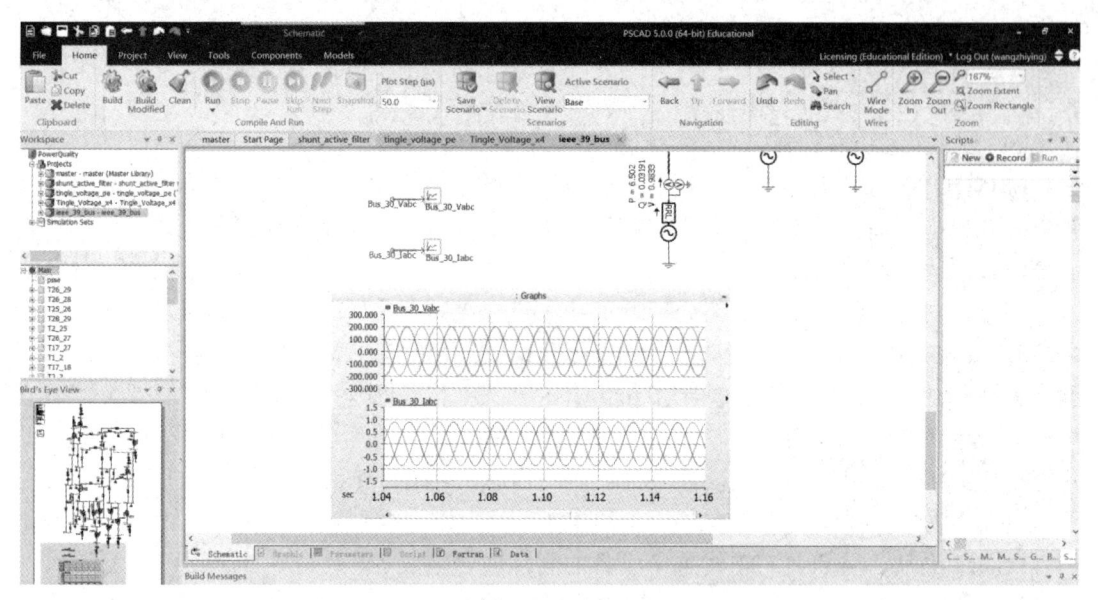

图 2-85　IEEE 39 节点系统母线 Bus_30 电压、电流波形图

图 2-86 和图 2-87 所示分别为在 PSCAD 中搭建的一个光伏发电系统与仿真结果，仿真时间与仿真步长分别为 5s 与 5μs，整个仿真实际用时 53.8s。光伏电池可以根据光伏数学模型自定义建模，也可以使用 PSCAD 元件库中的光伏电池模型。光伏电池经过 DC/DC 与 DC/AC 变换之后，接入无穷大三相交流电源。DC/DC 与 DC/AC 元件属于电力电子装置，在 EMTDC 中采用插值算法进行处理。从仿真结果来看，这种处理方式消除了电力电子开关附近的非特征谐波。

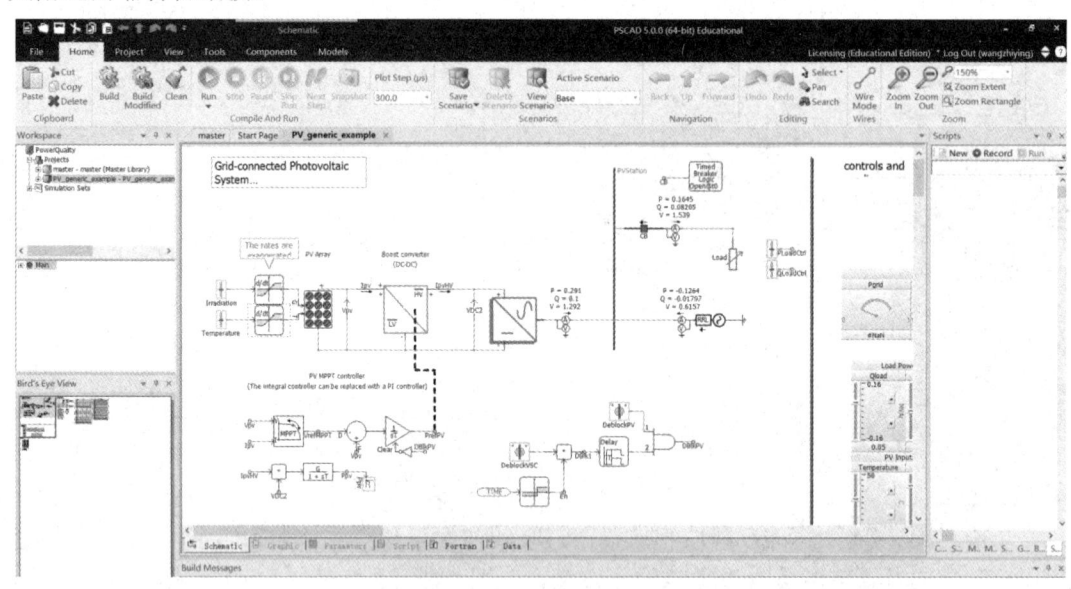

图 2-86　光伏发电系统算例

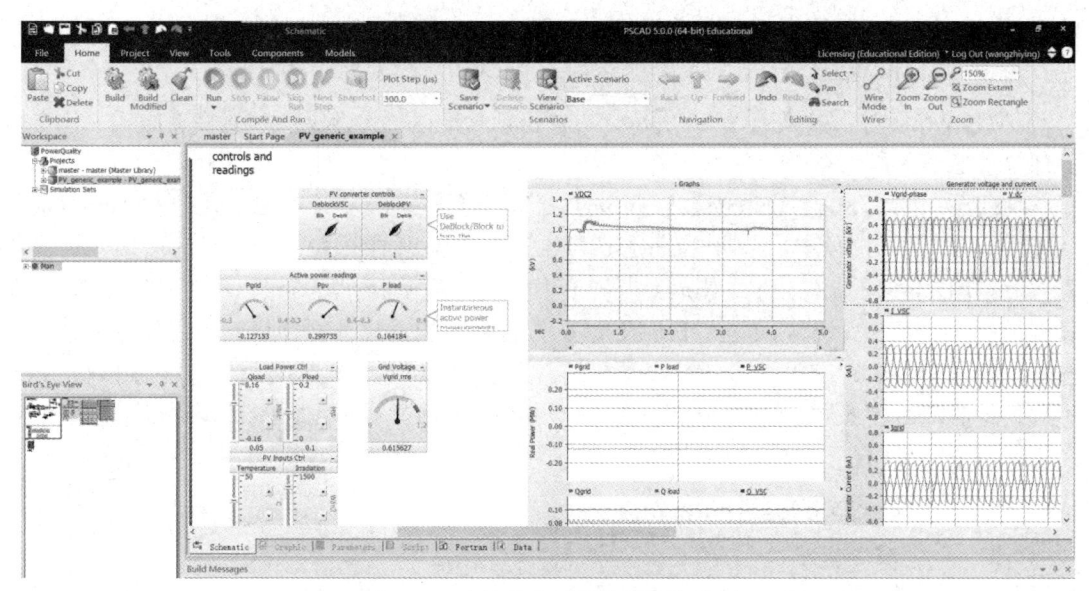

图 2-87 光伏发电系统算例仿真结果

从 IEEE 39 节点系统与光伏发电系统实际仿真用时来看，尽管 IEEE 39 节点系统规模远大于光伏发电系统，其仿真用时仅略大于光伏发电系统，一方面光伏发电系统中的电力电子开关状态变化，导致仿真过程中需要重新形成节点电导矩阵，另一方面光伏发电系统中的控制电路包含非线性元件，其求解较为耗时。两个仿真算例的实际仿真用时与仿真时间不同，这也是离线电磁暂态仿真与实时电磁暂态仿真的不同之处。

2.2.2 EMTP-RV

1. 软件基本情况

EMTP 用于计算电力系统中电磁暂态过程，由 W Sxott Meyer 等在原美国邦纳维尔电力局（BPA）开发的电磁暂态程序基础上完善而成。EMTP-RV（Restructured Version）是基于 Windows 平台的新一代图形化电磁仿真软件，是对经典 EMTP 的重新构造。EMTP-RV 使用面向对象的编程模式，根据所处理对象的不同，分为 EMTP-RV 核心计算引擎、EMTPWorks 图形化编辑界面和 ScopeView 可视化数据处理程序三部分。图 2-88 给出了 EMTP-RV 组织结构图，其中 EMTPWorks 提供了图形化建模环境，将用户使用图形模块搭建的系统模型转换为 EMTP-RV 核心计算引擎可识别的网络表文件。EMTP-RV 核心计算引擎则根据读入的网络表文件，分析网络拓扑结构，解析元器件模型，构成系统计算矩阵，并按给定条件进行仿真，最后将仿真结果写入二进制的数据文件和相关 ASCII 文本绘图文件。ScopeView 对 EMTP-RV 核心计算引擎输出的

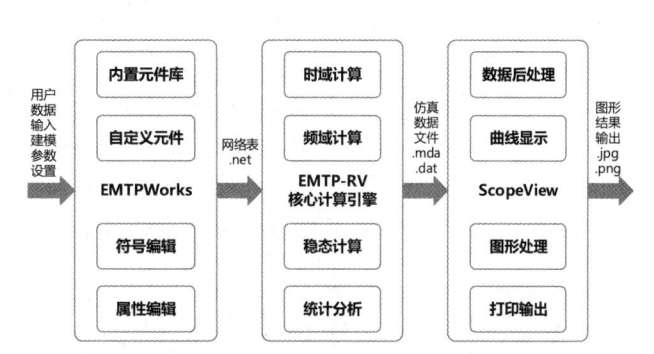

图 2-88 EMTP-RV 组织结构图

数据做进一步加工处理，最终以曲线图形式显示仿真结果。

2．基本操作说明

EMTPWorks 主界面如图 2-89 所示，主要包括功能区、设计页面和元件库面板三部分，各部分功能如下：

功能区：包括【File】、【Home】、【Options】、【View】、【Design】、【Short-circuit】、【Simulate】及【Import】八个选项卡。单击【File】选项卡，可在弹出的页面中打开或者新建设计文件算例，如图 2-90 所示。EMTPWorks 提供了不同的算例模板，用户可以根据仿真对象选择算例模板并进行二次设计。单击【Home】选项卡，将显示当前设计文件算例中的电路。【View】选项卡提供了放大、缩小、移动等操作工具。通过【Simulate】选项卡，可启动/停止仿真进程、生成网络表.net 文件、启动潮流计算、启动 ScopeView 功能等。其他选项卡功能将在后续介绍中说明。

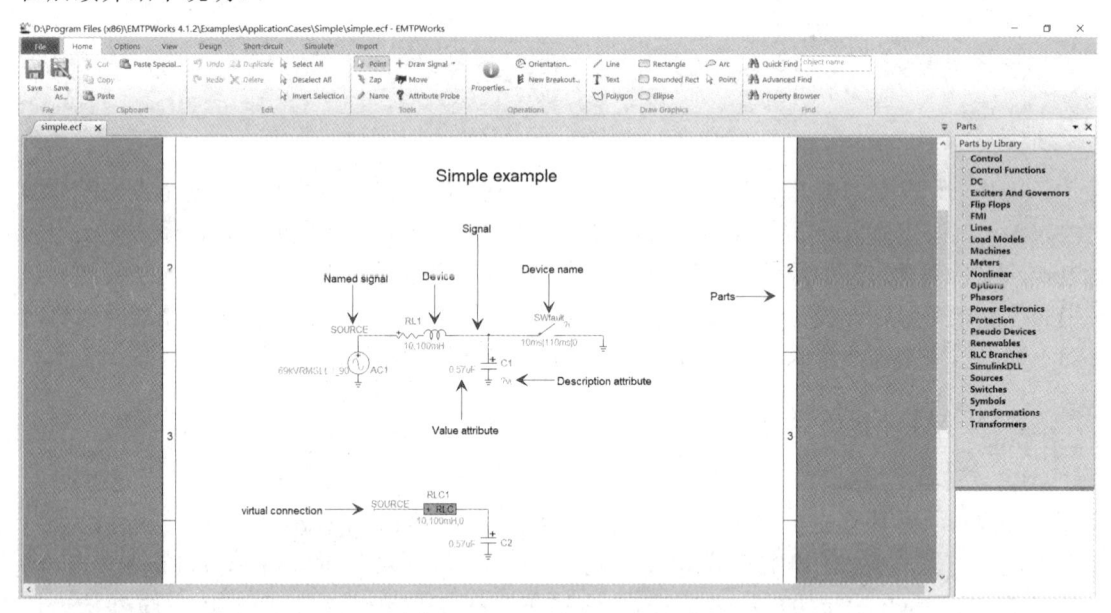

图 2-89　EMTPWorks 主界面

设计页面：在 EMTPWorks 设计文件中，最上层电路称为顶层电路，一个设计文件由一个或多个页面构成，各页面称为设计页。设计文件包括一个或多个子电路，其中子电路可以进一步嵌套多个子电路。图 2-89 所示电路中的各元件是从元件库拖入设计文件中，并使用信号线连接。

元件库面板：EMTPWorks 提供了 24 类内置的元件模型，包括电机、变压器、电力电子元件、测量元件、RLC 元件、可再生能源（光伏、风机等）、保护元件、控制元件等。

EMTPWorks 的基本操作包括仿真操作、元件操作、信号操作、绘图操作等。

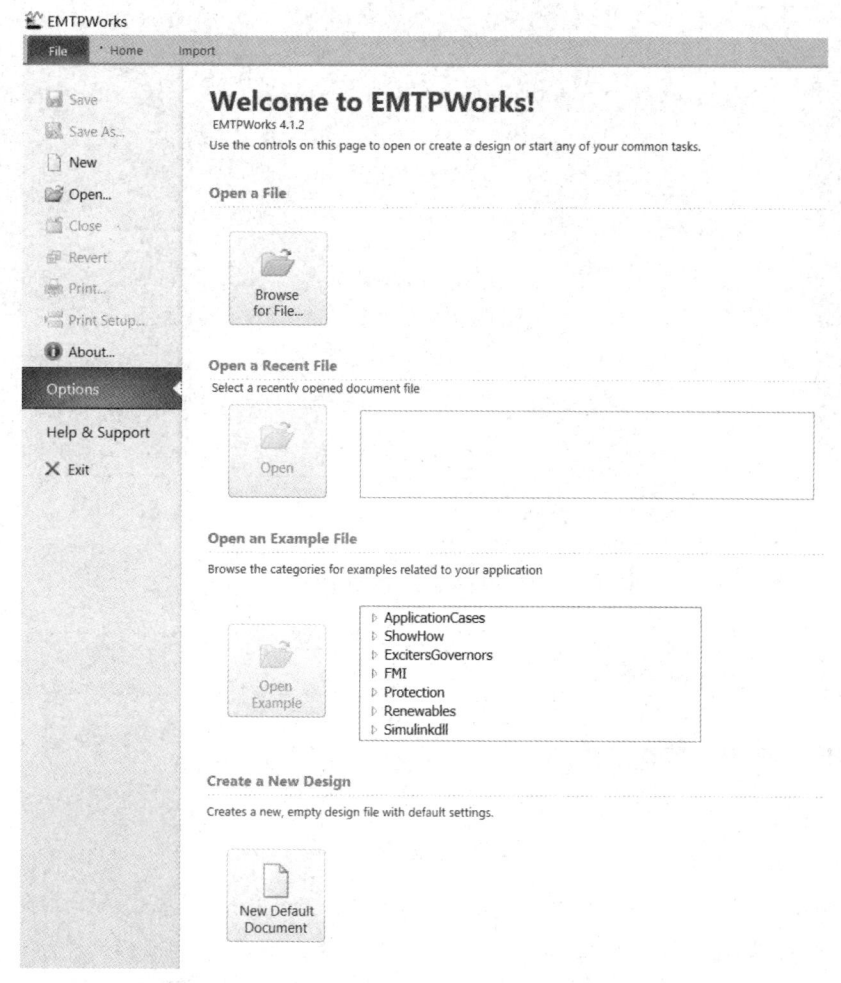

图 2-90 打开或者新建设计文件算例

1）仿真操作

在搭建电路后，根据被仿真电路实际情况，输入各元件的参数，执行【Simulate】→【Advanced】→【Simulation Options】菜单命令，输入仿真参数，单击【Simulate】选项卡中的【Run】按钮，启动仿真。此时，图 2-89 中的电路页面下方出现仿真进度面板，如图 2-91 所示。仿真结束后，可使用波形可视化工具浏览仿真结果。EMTP-RV 还会生成该仿真算例的输出页面，可以从进度条处访问（见图 2-91 中的【Case web】按钮和【Steady-State web】按钮）。在单击【Run】按钮时，EMTPWorks 将创建一个列表文件 Netlist，并将其提交给 EMTP-RV 核心计算引擎。Netlist 文件只包含 EMTP 仿真所需的特定信息，整个设计与所有其他数据，如地理位置等，将被保存为一个扩展名为.ecf 的设计文件。

2）元件操作

双击图 2-89 中的 RL1 元件，将调出图 2-92 所示的【Properties】图形用户界面，即元件数据页面。数据页面由数据选项卡组成，数据选项卡中有数据输入框，数据页面采用 DHTML 编码。数据输入框具有编程功能，在数据输入框中输入等号"="和数学表达式，该表达式将被自动执行。

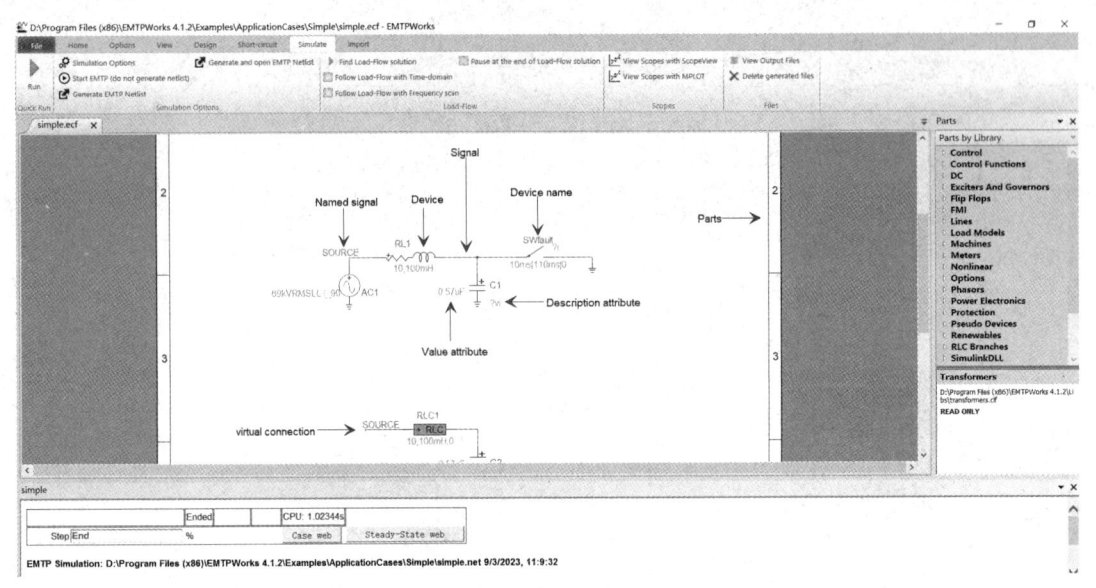

图 2-91 仿真进度面板

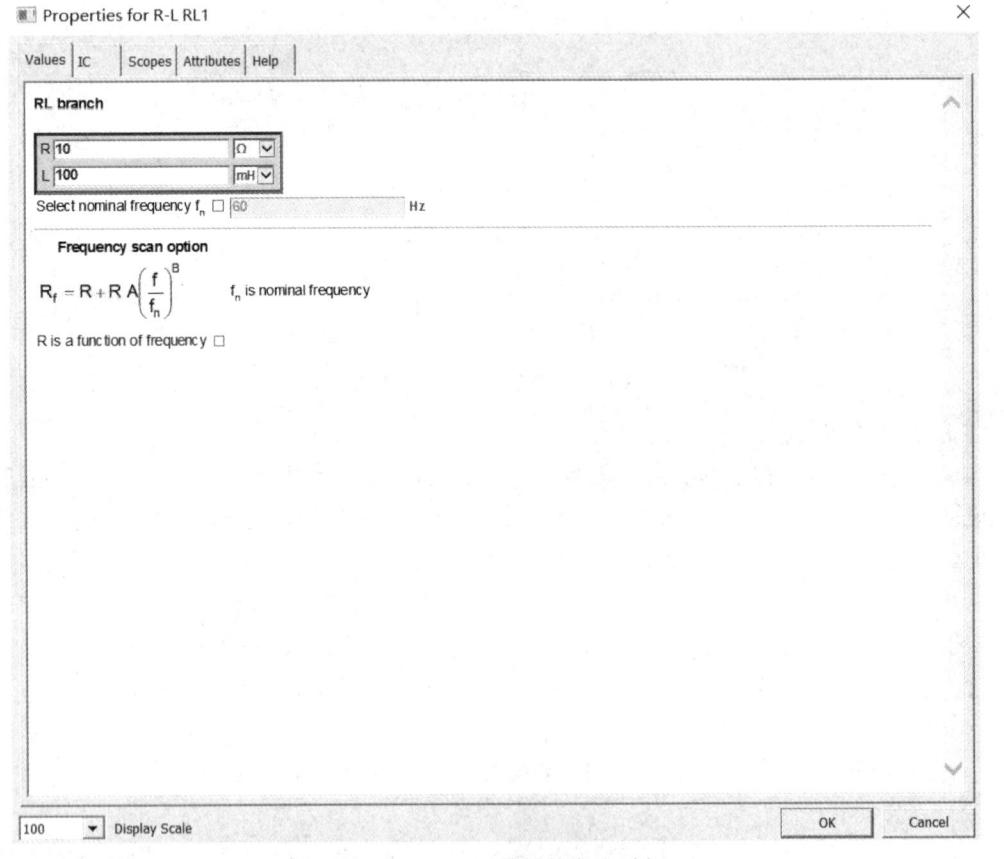

图 2-92 RLC 元件的数据选项卡

每个元件都有一个右键菜单及子菜单,如图 2-93 所示,可对元件进行复制、粘贴、剪切、删除、翻转、修改名称等操作,以及显示元件参数、稳态视图等。

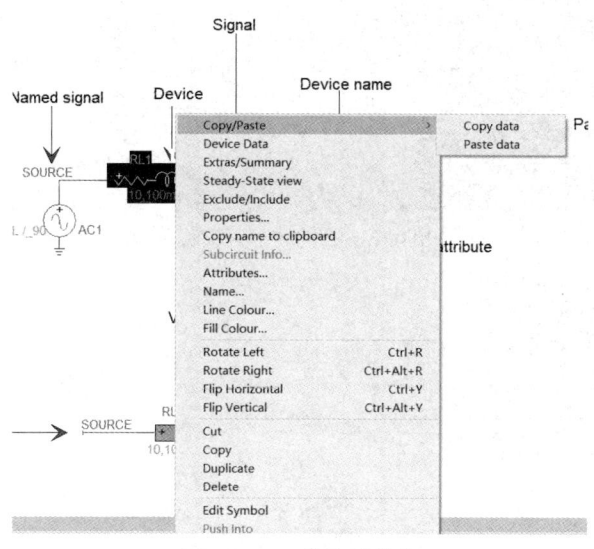

图 2-93　元件右键菜单

3）信号操作

在 EMTPWorks 中，连接到控制（输入或输出）端子的信号会被自动定义为控制信号，连接到功率端子的信号被定义为功率信号。信号之间连线使用信号绘制工具操作，单击【Home】选项卡，在【Tools】选区，打开【Point】下拉列表，可选择对应的信号绘制工具（见图 2-94）。EMTPWorks 还提供了一种虚拟连接方法，即使用信号名称连接信号，通过将两个控制信号命名为同一名称，可实现控制信号的连接。

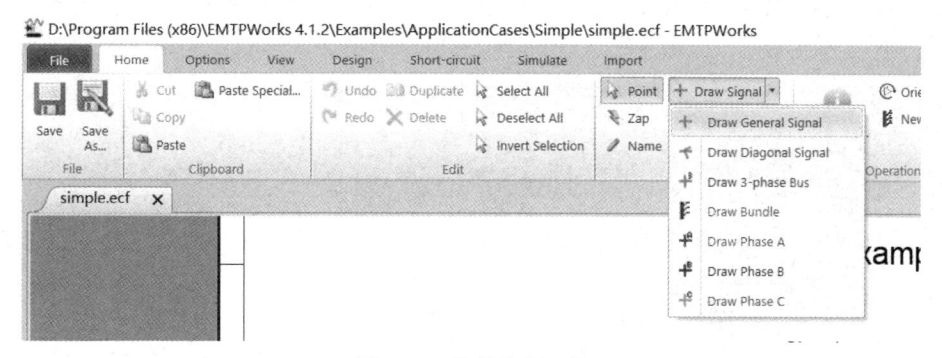

图 2-94　信号绘制工具

4）绘图操作

EMTPWorks 提供了两个波形可视化和分析工具（见图 2-95），一个可通过打开【Simulate】选项卡，选择【Scopes】选项组，单击【View Scopes with ScopeView】按钮启动。另一个波形可视化工具可通过单击【Scopes】选项组中的【View Scopes with MPLOT】按钮来启动，也可以通过在电路的右键菜单（在空白处单击鼠标右键）中选择【MPLOT】选项卡启动。ScopeView 功能界面如图 2-96 所示，单击界面中的待观测信号名称，将该信号添加到绘图板中，如图 2-97 所示。MPLOT 功能界面如图 2-98 所示，选择待观测信号，单击【y>>】、【x>>】或【z>>】按钮，即可将信号添加至绘图面板，单击【PLOT】按钮，绘图面板将显示观测信号波形。

图 2-95　EMTPWorks 的波形可视化和分析工具

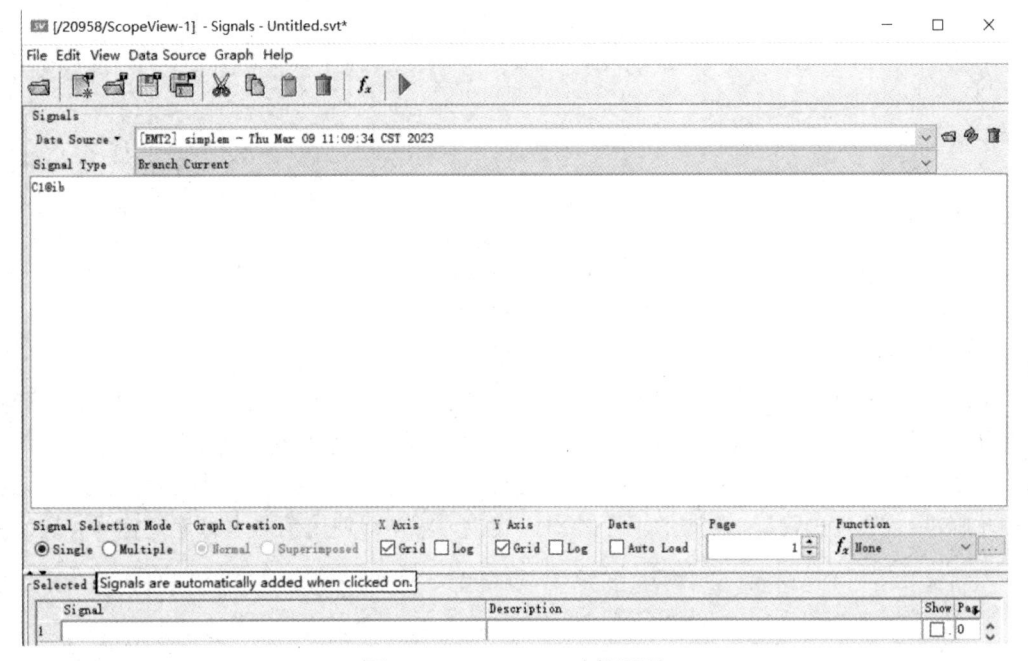

图 2-96　ScopeView 功能界面

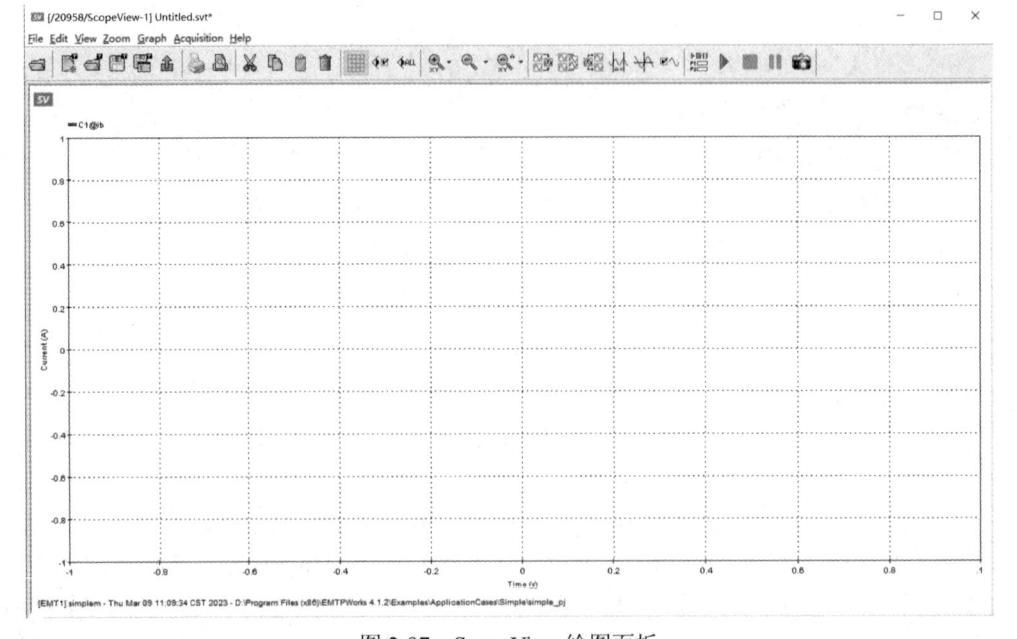

图 2-97　ScopeView 绘图面板

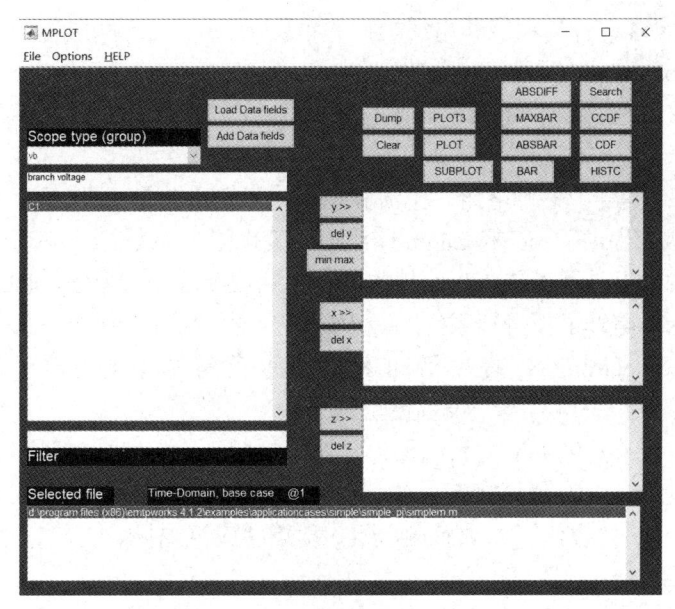

图 2-98　MPLOT 功能界面

3. 建模与计算功能

1）元件建模功能

EMTP-RV 可对雷电冲击波、开关浪涌、暂态过电压、绝缘配合、电力电子和 FACTS 装置、通用控制系统、电能质量、电容器组切换、串并联谐振、铁磁谐振、电机启动、不平衡系统稳态分析、新能源发电、次同步谐振、电力系统保护等多方面的问题进行仿真。EMTP-RV 提供了丰富的模型元件，主要分为内置元件、内置封装组件和用户自定义元件三大类型。内置元件是由 EMTP-RV 定义的基本功能模块，具有独立的数学模型，可直接被 EMTP 识别。内置封装组件是由内置元件相互连接组成的子功能模块封装后形成的，如光伏电池、风力发电机等设备模块。用户自定义元件是用户根据自己的需要用内置元件自行搭建的模型，或者直接通过动态链接库提供的用户功能模块。各种元件根据功能不同按元件库分类存储。目前，EMTP-RV 4.1.2 版本提供了 24 个元件库供用户使用，如图 2-99 所示。

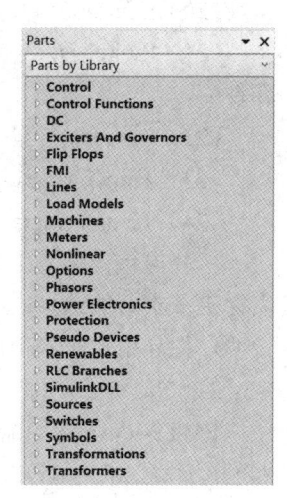

图 2-99　EMTP-RV 元件库

（1）Control：包含比较器、增益、延迟、积分、微分、采样、保持、加法器等基本控制元件的元件库。

（2）Control Functions：包含 PI 控制器、PID 控制器、锁相环 PLL、PWM 载波生成器等常见的较为复杂的控制元件。

（3）DC：集合了常用的 6 脉冲和 12 脉冲触发高压直流应用的控制信号发生装置，以及 HVDC、MMC 等。

（4）Exciters And Governors：包含多种励磁调节器和调速器在内的设备库。

（5）Flip Flops：包含各种 D、J-K、S-R 和 T 触发器模型库。

（6）FMI：提供了 FMI 标准接口。

（7）Lines：包含各种传输线和电缆模型的集合。

（8）Load Models：提供了各种负荷模型。

（9）Machines：包含同步电机、异步电机、直流电机、永磁电机、双相感应电机在内的电机模型库。

（10）Meters：集合了各种电压、电流和控制信号输出测量元件。

（11）Nonlinear：提供了 SiC 和 ZnO 避雷器、时变电阻、非线性电阻和电感等非线性元件。

（12）Options：提供了操作指令快捷方式，包括启动程序、停止、DLL 功能等。

（13）Phasors：提供了极坐标系的加减乘除、旋转、坐标变换等矢量运算功能。

（14）Power Electronics：提供了 IGBT、二极管等基本电力电子开关元件，以及 STATCOM、SVC 等传统电力电子设备模型。

（15）Protection：提供了电力系统保护元件，包括各种类型继电器。

（16）Pseudo Devices：包括接地元件、中性点、信号节点、节点连接器等伪设备元件。

（17）Renewables：提供了双馈感应风机、双馈感应风电场、光伏、光伏电站等新能源发电系统设备元件。

（18）RLC Branches：提供了电阻 R、电容 C、电感 L 及其相互组合而成的一系列 RLC 电力设备。

（19）Simulink DLL：提供了与 Matlab/Simulink 之间的接口。

（20）Sources：包含各种交直流标准电流源、电压源和脉冲电流源、电压源等。

（21）Switches：包含断路器、放电间隙、理想二极管、理想晶闸管等一般类型的开关元件库。

（22）Symbols：集合了箭头、方框、圆等标识。

（23）Transformations：提供了 Park 变换、谐波分析等常用数学变换库。

（24）Transformers：包含多种类型和不同连接方式的电力变压器模型。

这些内置元件基本涵盖了电力系统常用的设备模型，为用户搭建复杂系统模型进行仿真提供了丰富的选择；对于元件库内的每一种设备模型，EMTP-RV 提供了详尽的联机文档说明，指导用户正确使用和设置模型参数。

2）仿真计算功能

EMTP-RV 核心计算引擎使用 Fortran-95 标准编写，具有较快的运算速度和较高的存储器利用率。EMTP-RV 中网络方程稀疏矩阵表述形式使其可以处理大型网络，消除了对网络拓扑结构的限制，并提供对插件模型的接口功能；非线性模型求解方法的改进提高了计算收敛速度，同时消除了对网络拓扑的限制。对同一网络模型，EMTP-RV 提供了频域、时域、稳态和统计分析四种可选计算模式；此外，EMTP-RV 还能够自动初始化稳态求解过程，并提供稳态模型的谐波求解。EMTP-RV 开放的体系结构允许用户使用自定义的复杂模型，并对现有的专用工具箱进行扩展。

以 IEEE 34 节点系统说明 EMTP-RV 建模仿真计算功能。图 2-100 展示了 IEEE 34 节点标准系统部分电路。单击【Run】运行按钮，EMTP-RV 开始仿真计算。计算结束后，双击设计页面中的【Show Load-Flow】文本框，可以看到 IEEE 34 节点标准系统潮流计算结果，图 2-101 给出了潮流计算部分结果。使用 ScopeView 绘图功能，显示节点"806"三相电压波形，如图 2-102 所示。

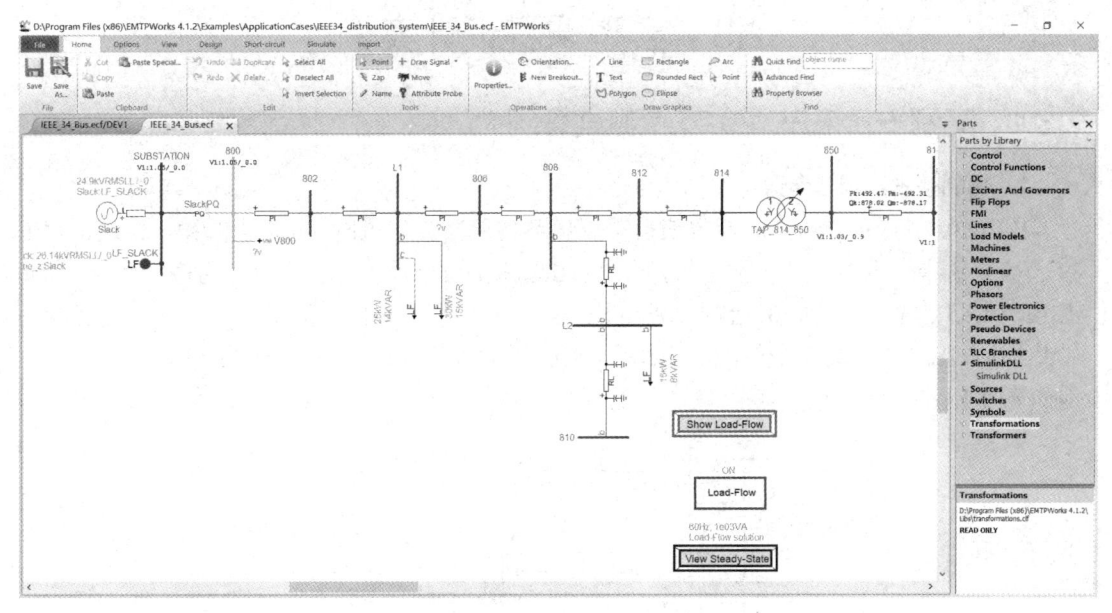

图 2-100 EMTP-RV 搭建的 IEEE 34 节点系统

Device	Type	Vabc (kVRMSLL,deg) phasor		P (W)	Q (VAR)	Eabc (kVRMSLL,deg) phasor		Iabc (A,deg) phasor	
LF_SLACK	Slack	+0.2626182674E+02	-0.4825017383E-01	+0.5978409007E+06	+0.8656223740E+06	+0.2685659651E+02	+0.7928605523E+00	+0.2904104611E+02	-0.4925590539E+02
		+0.2609480864E+02	-0.1200132978E+03			+0.2685659651E+02	-0.1192071394E+03	+0.3462804761E+02	-0.1764260757E+03
		+0.2606338986E+02	+0.1200619314E+03			+0.2685659651E+02	+0.1207928606E+03	+0.3520199488E+02	+0.6060512947E+02
	Total Generation			+0.5978409007E+06	+0.8656223740E+06				
Load1	PQload	+0.2559634046E+02	-0.1174073478E+03	+0.2800000000E+05	+0.1400000000E+05			+0.2995785986E+01	-0.1439723990E+03
Load2a	PQload	+0.2519582831E+02	+0.1200700987E+01	+0.1000000000E+05	+0.5000000000E+04			+0.1086931040E+01	-0.2536435019E+02
Load2b	PQload	+0.2511420358E+02	-0.1182664487E+03	+0.1000000000E+05	+0.5000000000E+04			+0.1090463721E+01	-0.1448314998E+03
Load2c	PQload	+0.2545403463E+02	+0.1218100090E+03	+0.1000000000E+05	+0.5000000000E+04			+0.1075905186E+01	+0.9524495780E+02
Load3	PQload	+0.2570475345E+02	+0.1214403052E+03	+0.4000000000E+04	+0.2000000000E+04			+0.4261644124E+00	+0.9487525402E+02
Load4	PQload	+0.2545403463E+02	+0.1218100090E+03	+0.1500000000E+05	+0.5000000000E+04			+0.1521559706E+01	+0.1033750602E+03
Load5	PQload	+0.2523396475E+02	+0.9540914364E+00	+0.7000000000E+04	+0.3000000000E+04			+0.7392717826E+00	-0.2224449908E+02
Load6	PQload	+0.2510658321E+02	-0.1182606252E+03	+0.4000000000E+04	+0.2000000000E+04			+0.4363178796E+00	-0.1448256764E+03

图 2-101 IEEE 34 节点系统潮流计算部分结果

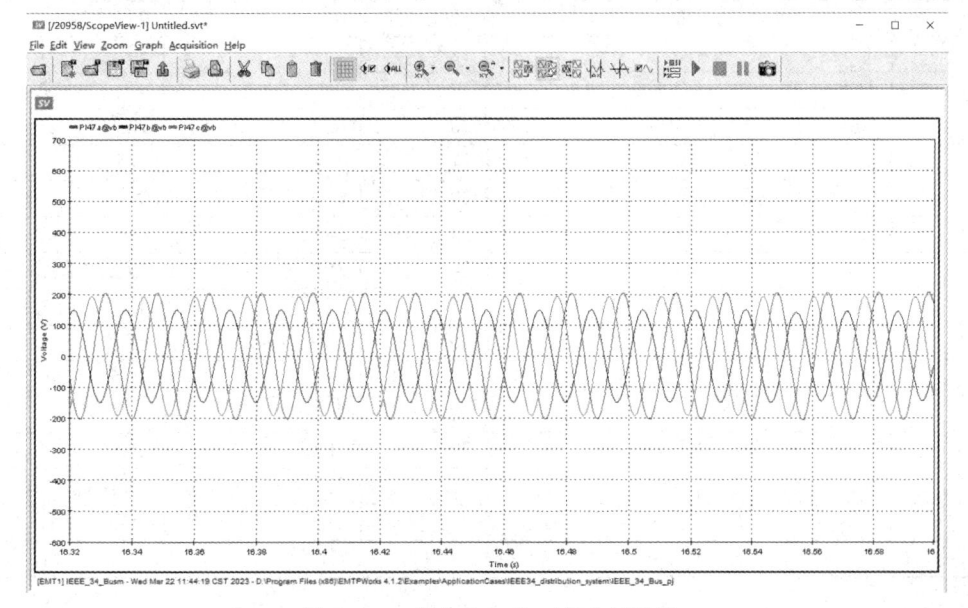

图 2-102 节点 "806" 三相电压波形

2.3 典型课程设计案例

2.3.1 案例一：IEEE 39 节点测试算例

1. 算例基本结构与参数

IEEE 39 节点系统结构与参数来自美国新英格兰某实际电网，是典型的输电系统。IEEE 39 节点系统中包含多台同步发电机，除故障试验外，还可以进行多机系统暂态稳定性分析。IEEE 39 节点系统包含 10 台同步发电机，46 条线路，电压等级为 345kV，容量基准为 100MVA。IEEE 39 节点系统结构图如图 2-103 所示，负荷、线路、发电机及变压器参数分别如表 2-1~表 2-4 所示。

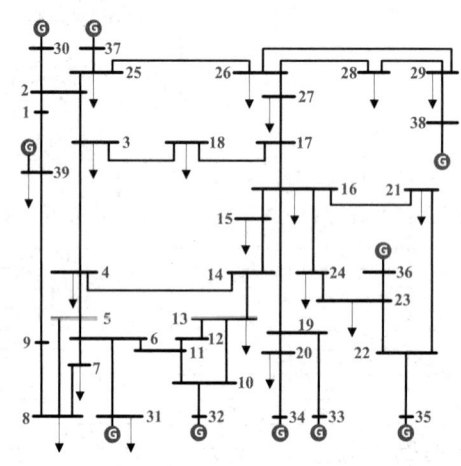

图 2-103　IEEE 39 节点系统结构图

表 2-1　IEEE 39 节点系统负荷参数

节点编号	有功功率/MW	无功功率/MVar	节点编号	有功功率/MW	无功功率/MVar
1	0	0	17	0	0
2	0	0	18	158	30
3	322	2.4	19	0	0
4	500	184	20	628	103
5	0	0	21	274	115
6	0	0	22	0	0
7	233.8	84	23	247.5	84.6
8	522	176	24	308.6	-92.2
9	0	0	25	224	47.2
10	0	0	26	139	17
11	0	0	27	281	75.5
12	7.5	88	28	206	27.6
13	0	0	29	283.5	26.9
14	0	0	31	9.2	4.6
15	320	153	39	1104	250
16	329	32.3			

表 2-2　IEEE 39 节点系统线路参数

首节点编号	末节点编号	电阻/p.u.	电抗/p.u.	1/2 对地电纳/p.u.
1	2	0.0035	0.0411	0.34935
1	39	0.001	0.025	0.375
2	3	0.0013	0.0151	0.1286
2	25	0.007	0.0086	0.0073
3	4	0.0013	0.0213	0.1107
3	18	0.0011	0.0133	0.1069
4	5	0.0008	0.0128	0.0671
4	14	0.0008	0.0129	0.0691
5	6	0.0002	0.0026	0.0217
5	8	0.0008	0.0112	0.0738
6	7	0.0006	0.0092	0.0565
6	11	0.0007	0.0082	0.06945
7	8	0.0004	0.0046	0.039
8	9	0.0023	0.0363	0.1902
9	39	0.001	0.025	0.6
10	11	0.0004	0.0043	0.03645
10	13	0.0004	0.0043	0.03645
13	14	0.0009	0.0101	0.08615
14	15	0.0018	0.0217	0.183
15	16	0.0009	0.0094	0.0855
16	17	0.0007	0.0089	0.0671
16	19	0.0016	0.0195	0.152
16	21	0.0008	0.0135	0.1274
16	24	0.0003	0.0059	0.034
17	18	0.0007	0.0082	0.06595
17	27	0.0013	0.0173	0.1608
21	22	0.0008	0.014	0.12825
22	23	0.0006	0.0096	0.0923
23	24	0.0022	0.035	0.1805
25	26	0.0032	0.0323	0.2565
26	27	0.0014	0.0147	0.1198
26	28	0.0043	0.0474	0.3901
26	29	0.0057	0.0625	0.5145
28	29	0.0014	0.0151	0.1245

表 2-3　IEEE 39 节点系统发电机参数（基准电压：345kV）

节点编号	节点类型	电压幅值/p.u.	电压相角/°	有功功率/MW	无功功率/MVar
30	PV 节点	1.0475	—	250.00	—
31	平衡节点	1.0	0	—	—
32	PQ 节点	—	—	650.00	175.90
33	PQ 节点	—	—	632.00	103.35

续表

节点编号	节点类型	电压幅值/p.u.	电压相角/°	有功功率/MW	无功功率/MVar
34	PV 节点	1.0123	—	508.00	—
35	PV 节点	1.0493	—	650.00	—
36	PQ 节点	—	—	560.00	96.88
37	PV 节点	1.0278	—	540.00	—
38	PV 节点	1.0265	—	830.00	—
39	PV 节点	1.0300	—	1000.00	—

表 2-4　IEEE 39 节点系统变压器参数

首节点编号	末节点编号	电阻/p.u.	电抗/p.u.	变比
11	12	0.0016	0.0435	1.006
13	12	0.0016	0.0435	1.006
31	6	0	0.025	1.07
32	10	0	0.02	1.07
33	19	0.0007	0.0142	1.07
34	20	0.0009	0.018	1.009
35	22	0	0.0143	1.025
36	23	0.0005	0.0272	1
37	25	0.0006	0.0232	1.025
30	2	0	0.0181	1.025
38	29	0.0008	0.0156	1.025
20	19	0.0007	0.0138	1.06

2. 实验设计内容与要求

在 PSCAD/EMTDC 或 EMTP 中搭建 IEEE 39 节点系统算例，完成以下实验要求。

（1）观察输电系统各节点电压变化情况，绘制节点电压分布图，分析输电系统电压的分布规律。

（2）观察输电系统各线路有功功率与无功功率变化情况，绘制线路有功功率与无功功率分布图，分析输电系统潮流分布规律。

（3）分别设置单相接地故障、三相短路故障，观察短路点故障相与非故障相电压、电流变化情况，并与短路计算结果进行对比，分析不同故障对电力系统的影响。

（4）在三相短路故障场景下，设置不同故障清除时间，观察系统运行情况，分析故障清除时间对多机系统暂态稳定性的影响。

2.3.2　案例二：欧盟低压微电网算例

1. 算例基本结构与参数

在欧盟第五框架计划支持下的微电网研究项目 "Microgrids" 提出了一个用于微电网设计、仿真与测试的低压微电网算例，系统中含有多种线路与负荷类型，可接入多种形式的新能源，充分体现了微电网结构与运行的复杂性。在欧盟低压微电网系统中，可以进行典型新能源（如光伏、风机等）特性试验、微电网运行模式切换试验及故障试验。欧盟低压微电网算例系统中可接入光伏、燃料电池、风机、储能、微型燃气轮机等多种类型新能源与储能。一个接入光伏系统、风力发电系统与蓄电池储能系统的微电网系统如图 2-104 所示。欧盟低压微电网系统参数如表 2-5 所示。

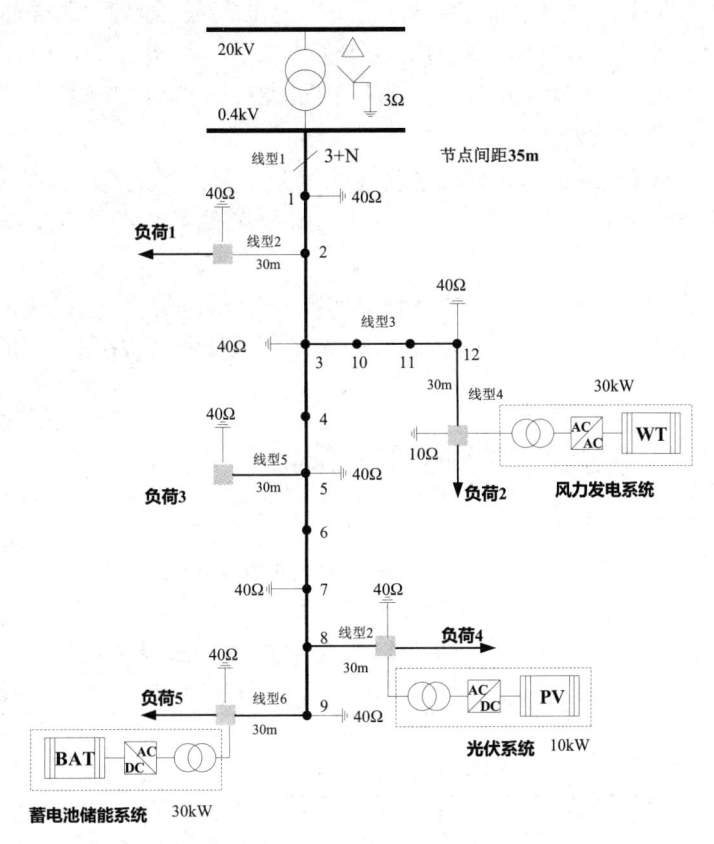

图 2-104　一个接入光伏系统、风力发电系统与蓄电池储能系统的微电网系统

表 2-5　欧盟低压微电网系统参数

元件		参数				
变压器		20/0.4kV，Dyn11，50Hz，400kVA，$u_k\%=4\%$，$r_k\%=1\%$				
线路			R_{ph}	X_{ph}	$R_{neutral}$	R_0	X_0
	线型 1	4×120mm²Al	0.284	0.083		1.136	0.417
	线型 2	4×6mm²Cu	3.690	0.094		13.64	0.472
	线型 3	3×70mm²Al+54.6mm²AAAC	0.497	0.086	0.630	2.387	0.447
	线型 4	3×50mm² Al+35 mm² Cu	0.822	0.077	0.524	2.04	0.421
	线型 5	4×25mm² Cu	0.871	0.081		3.48	0.409
	线型 6	4×16mm²Cu	1.380	0.082		5.52	0.418
负荷	负荷 1	P=3.0/3.0/3.0kW	Q=0.33/0.33/0.33kVar				
	负荷 2	P=3.0/3.0/3.0kW	Q=0.33/0.33/0.33kVar				
	负荷 3	P=3.33/3.33/3.33kW	Q=0.0/0.0/0.0kVar				
	负荷 4	P=3.33/3.33/3.33kW	Q=2.066/2.066/2.066kVar				
	负荷 5	P=6.0/3.0/6.0kW	Q=2.906/1.453/2.906kVar				

2. 实验设计内容与要求

在 PSCAD/EMTDC 或 EMTP 中搭建欧盟低压微电网系统算例，完成以下实验要求。

（1）改变光照强度，观察光伏发电系统出力变化情况，绘制不同光照强度下，光伏阵列有功功率-电压曲线，分析光伏阵列动态特性。

（2）改变风速，观察风力发电系统出力变化情况，绘制不同风速下，风力发电机有功功率-转速曲线，分析风机动态特性。

（3）改变光照强度或风速，使新能源出力发生变化，观察蓄电池储能系统在 PQ（有功-无功）控制策略下的出力变化情况，分析蓄电池储能系统在平滑新能源出力模式下的响应。

（4）改变微电网运行模式，由并网状态切换为离网（孤岛）运行模式，再切换到并网模式，观察蓄电池储能系统出力变化情况，分析蓄电池储能系统在电压-频率控制策略下的响应。

2.3.3 案例三：PG&E-69 节点测试算例

1. 算例基本结构与参数

美国太平洋天然气和电力公司（Pacific Gas and Electric，PG&E）的 69 节点系统是典型辐射状配电网络，可在不同位置接入不同容量的新能源，用于分析高渗透率新能源接入下配电系统的运行特性。PG&E 69 节点系统包含 68 条线路，电压等级为 12.66kV，容量基准为 10MVA。PG&E 69 节点系统如图 2-105 所示，负荷与线路参数分别如表 2-6 和表 2-7 所示。

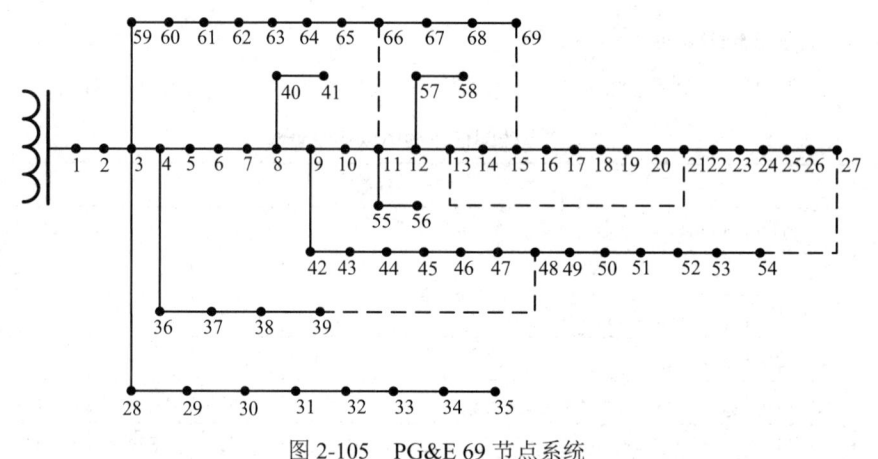

图 2-105 PG&E 69 节点系统

表 2-6 PG&E 69 节点系统负荷参数

节点编号	有功功率/kW	无功功率/kVar	节点编号	有功功率/kW	无功功率/kVar
1	0	0	36	0	0
2	0	0	37	79	56.4
3	0	0	38	384.7	274.5
4	0	0	39	384.7	274.5
5	0	0	40	40.5	28.3

续表

节点编号	有功功率/kW	无功功率/kVar	节点编号	有功功率/kW	无功功率/kVar
6	2.6	2.2	41	3.6	2.7
7	40.4	30	42	4.35	3.5
8	75	54	43	26.4	19
9	30	22	44	24	17.2
10	28	19	45	0	0
11	145	104	46	0	0
12	145	104	47	0	0
13	8	5.5	48	100	72
14	8	5.5	49	0	0
15	0	0	50	1244	888
16	45.5	30	51	32	23
17	60	35	52	0	0
18	60	35	53	227	162
19	0	0	54	59	42
20	1	0.6	55	18	13
21	114	81	56	18	13
22	5.3	3.5	57	28	20
23	0	0	58	28	20
24	28	20	59	26	18.55
25	0	0	60	26	18.55
26	14	10	61	0	0
27	14	10	62	24	17
28	26	18.6	63	24	17
29	26	18.6	64	1.2	1
30	0	0	65	0	0
31	0	0	66	6	4.3
32	0	0	67	0	0
33	14	10	68	39.22	26.3
34	19.5	14	69	39.22	26.3
35	6	4			

表 2-7　PG&E 69 节点系统线路参数

首节点编号	末节点编号	电阻/Ω	电感/Ω	首节点编号	末节点编号	电阻/Ω	电感/Ω
1	2	0.0005	0.0012	61	62	0.0304	0.3550
2	3	0.0005	0.0012	62	63	0.0018	0.0021
3	4	0.0015	0.0036	63	64	0.7283	0.8509
4	5	0.0251	0.0294	64	65	0.3100	0.3623
5	6	0.3660	0.1864	65	66	0.0410	0.0478
6	7	0.3811	0.1941	66	67	0.0092	0.0116

续表

首节点编号	末节点编号	电阻/Ω	电感/Ω	首节点编号	末节点编号	电阻/Ω	电感/Ω
7	8	0.0922	0.0470	67	68	0.1089	0.1373
8	9	0.0493	0.0251	68	69	0.0009	0.0012
9	10	0.8190	0.2707	4	36	0.0034	0.0084
10	11	0.1872	0.0691	36	37	0.0851	0.2083
11	12	0.7114	0.2351	37	38	0.2898	0.7091
12	13	1.0300	0.3400	38	39	0.0822	0.2011
13	14	1.0440	0.3450	8	40	0.0928	0.0473
14	15	1.0580	0.3496	40	41	0.3319	0.1114
15	16	0.1966	0.0650	9	42	0.1740	0.0886
16	17	0.3744	0.1238	42	43	0.2030	0.1034
17	18	0.0047	0.0016	43	44	0.2842	0.1447
18	19	0.3276	0.1083	44	45	0.2813	0.1433
19	20	0.2106	0.0696	45	46	1.5900	0.5337
20	21	0.3416	0.1129	46	47	0.7837	0.2630
21	22	0.0140	0.0046	47	48	0.3042	0.1006
22	23	0.1591	0.0526	48	49	0.3861	0.1172
23	24	0.3463	0.1145	49	50	0.5075	0.2585
24	25	0.7488	0.2745	50	51	0.0974	0.0496
25	26	0.3089	0.1021	51	52	0.1450	0.0738
26	27	0.1732	0.0572	52	53	0.7105	0.3619
3	28	0.0044	0.0108	53	54	1.0410	0.5302
28	29	0.0640	0.1565	11	55	0.2012	0.0611
29	30	0.3978	0.1315	55	56	0.0047	0.0014
30	31	0.0702	0.0232	12	57	0.7394	0.2444
31	32	0.3510	0.1160	57	58	0.0047	0.0016
32	33	0.8390	0.2816	联络开关			
33	34	1.7080	0.5646	11	66	0.5000	0.5000
34	35	1.4740	0.4673	13	20	0.5000	0.5000
3	59	0.0044	0.0108	15	69	1.0000	1.0000
59	60	0.0640	0.1565	27	54	1.0000	1.0000
60	61	0.1053	0.1230	39	48	2.0000	2.0000

2. 实验设计内容与要求

在 PSCAD/EMTDC 或 EMTP 中搭建 69 节点系统算例，完成以下实验要求。

（1）观察配电系统各节点电压变化情况，绘制节点电压分布图，分析配电系统电压分布规律，观察配电系统各线路有功功率与无功功率变化情况，绘制线路有功功率与无功功率分布图，分析配电网潮流分布规律。

（2）将光伏发电系统接入配电系统，观察配电系统各节点电压变化情况，绘制节点电压分布图，分析新能源接入对配电系统电压分布的影响，观察配电系统各线路有功功率变化情况，绘制线路有功功率分布图，分析新能源接入对配电网潮流分布的影响。

（3）在配电系统中接入多个新能源发电系统（渗透率达到 50% 以上），观察配电系统各节点电压变化情况，绘制节点电压分布图，分析高比例新能源接入对配电系统电压分布影响，观察配电系统各线路有功功率变化情况，绘制线路有功功率分布图，分析高比例新能源接入对配电网潮流分布的影响。

第3章

电力系统物理模拟实验

电力系统物理模拟实验具有物理概念明确、物理现象直观、物理过程清晰的优点,便于对电力系统开展分析与研究。在实际电力系统中无法进行的各类短路故障实验,可以在电力系统物理模拟实验平台上再现,直观地展现电力系统故障期间的动态过程,同时开展新型继电保护装置的原理验证和参数整定。

3.1 电力系统动态模拟实验

电力系统动态模拟实验以电力系统动态模拟基本原理为理论基础,主要研究电力系统运行过程中各种复杂多变的物理特性,能够准确地展现电力系统中电流、电压、功率、频率、功角等关键参数的动态变化过程,是研究电力系统的重要工具。通过电力系统动态模拟实验,学生可以直观地了解和认识电力系统运行的基本规律,系统地掌握电机学中电力系统保护与控制等课程讲授的专业知识。

3.1.1 电力系统动态模拟基本原理

电力系统动态模拟是一种物理模拟,是在一个由特殊设计制成的物理模型上复制与所研究的原型相似的物理特征,并在此模型上进行研究与试验。因此,电力系统动态模拟模型是一个"缩小"的电力系统,其各类元件(如发电机、原动机、变压器、输电线和不同类型的综合负荷)在物理性质上都与对应的实际电力系统元件类似。电力系统动态模拟模型设计的依据是相似理论,相似理论中的相似标准保证了模型与原型的相似性。

1. 电力系统动态模拟实验方法

根据相似理论,模型和原型的物理特征相似,意味着在模型和原型中用于描述现象过程的变量和参数在整个研究过程中保持一个不变的、无量纲的比例系数,满足这个相似标准的模型,其参数和变量以标幺值表示的数值在整个过程中与原型保持一致。在动态模拟中,模型和原型的物理现象应具有相同的时间尺度,即模型和原型中各类元件的时间常数应该相等。

1) 实验方法

原型和模型一般用标幺值表示系统参数和变量。当确定基准容量和基准电压后,不同电压等级的系统元件和变量可以统一用标幺值表示。根据相似标准，在选定原型和模型的基准容量、基准电压等参数后，电压、功率、电流、阻抗等参数的标幺值就可以确定了。通过改变模型的额定容量和额定电压便可以改变各参数的标幺值。当模型与原型主要参数的标幺值相同时，便可满足相似标准，其他参数若不能与原型相同，则可利用补偿装置或更换设备元件的方法来尽可能满足相似标准，以保证模拟实验结果的准确性。

综上所述，电力系统动态模拟实验方法的主要步骤如下。

（1）确定原型的电路连接和参数，并将参数换算为标幺值。

（2）根据实验要求选择系统元件和网络构成，计算系统的主要参数，建立等值系统。

（3）选择模型的基准容量和基准电压，并对模型参数进行标幺值换算。

（4）调整基准容量与基准电压以满足与实验所需的主要参数的标幺值相等的要求，由此确定原型与模型容量、电压与阻抗的比例，根据阻抗比例尺计算模型的其他参数。

（5）通过补偿装置或更换设备元件的方法，尽可能使模型主要参数的标幺值与原型相同。

（6）构成模型，并对其参数进行测定。

2）模拟准确度

物理模拟的相似标准是由理论分析得出的。在具体实现物理模拟时，由于许多条件的限制，无法达到严格意义上的相似，因此只能保证与研究有密切关系的相似标准尽可能相似，从而保证主要现象与主要过程的相似性。这也是工程技术问题研究的基本思路和方法，因此这里所建立的模型与原型是相似的。

模型主要参数与原型对应参数相比较所得到的误差为模拟误差。当用模型来复现原型的某种现象并加以分析研究时，模拟误差可能会对研究结果产生直接影响，此时必须尽可能降低模拟误差，提高模拟准确度。

在模型建立过程中，产生模拟误差的原因主要有以下三种。

（1）与相似标准直接相关的参数的准确性。此类误差主要取决于原型和模型的参数是否准确，造成这种参数不准确的原因如下。

① 原型参数一般由设计值或实验得出，设计值与实物存在一定误差，同时实验方法或测量仪器也会带来实验误差。

② 模型参数一般由实验测得，实验方法和仪表精度会使模型参数产生误差。

③ 在按相似标准确定基准值和参数标幺值时，只能保证主要参数的相似而不可能完全兼顾其他参数的相似，从而造成模拟的不准确性。

（2）用近似模拟代替准确模拟。在理论分析相似标准时，由于所采用的数学表达式比较复杂，无法得出相似标准的准确表达，这时必须简化数学表达式，便会产生模拟误差。

（3）电力系统动态模拟实验中可能存在一些外界因素导致模型中元件参数变化，进而影响准确性。

上述引起模拟不准确的因素与研究对象及过程有关，在建立模型时应重点分析并采取措施来提高模拟的准确性。同时，模型所采用的实验方法应与原型相同，并在实验测量时使用高精度仪表。

3）实验过程的控制与测量

（1）控制系统。

电力系统动态模拟的控制系统是实验过程能按照预定控制策略进行实验的保证，因此在设计与施工时要确保控制系统安全、可靠、方便、明确。电力系统动态模拟的控制系统包括以下部分。

① 原动机模拟控制系统采用可控整流电源来模拟原动机的机械功率（转矩）与同步发电机转速的机械特性（转矩-转速特性），即-45°特性。

② 同步发电机励磁控制系统包括励磁系统投/切（灭磁开关）、电阻补偿系统、恒励磁电流控制、恒机端电压控制等。

③ 同步发电机、变压器组的无限大电源出口开关线路两端开关的投/切控制，以及负荷开关的投/切控制。

④ 模拟同步发电机的同期并网控制系统。

⑤ 故障点、故障类型选择的短路故障控制系统。

⑥ 负荷模拟控制系统。

以上控制系统具有开关投/切、开关位置显示、调整旋钮、仪表显示、保护与报警功能，与发电厂电气车间的监控系统相似，主要采用手动控制系统，手动操作都集中在电力系统动态模拟系统的控制屏（包括触控屏、旋钮、开关等）。

（2）测量系统。

测量系统应具有数据采集、计算、记录、过程数据传送、图形存储、运行状态显示等功能，可以提供实验结果的全过程数据，其测量精度直接影响实验结果。该测量系统包括以下两部分。

① 暂态数据采集和记录采用数据采集与监控系统 SCADA（Supervisory Control And Data Acquisition）。电力系统电磁暂态过程中对数据进行实时采集与传输，并在上位机的 MATLAB 环境下进行波形的实时在线显示、分析及存储。暂态数据更新周期为 20ms，主要测量各节点三相电压、各支路三相电流（包括零序量测量），同步发电机的有功功率、无功功率、定子电压与电流、转速、频率、功角、励磁电压与电流，原动机的功率给定、电枢电压与电流，电力系统接线示意图上各开关位置的记录与显示。

② 稳态数据采集与监视采用系统中安装的机械式仪表和数字式仪表，主要是对系统各设备正常运行状态及开关位置进行测量。稳态数据可以在电力系统动态模拟系统控制屏的电力系统接线图上显示，也可以在触控屏上集中显示，稳态数据更新周期为 1s。

2. 电力系统主要元件模拟

相似标准指出，对于由多个元件组成的复杂系统，如果组成系统的元件彼此相似，那么可以认为整个系统是相似的。因此，只要用满足相似标准的电力系统主要元件搭建系统，就可以实现电力系统动态模拟。

电力系统主要元件包括同步发电机组（由同步发电机、原动机、调速系统、励磁系统组成）、变压器、输电线路和负荷。动态模拟针对原型设备（实际大型设备）的参数范围（如电抗、电阻、电容、互感等），按照相似标准进行设计。当模拟设备的一些参数在设计过程中不能满足时，可以采用相应的补偿装置或更换设备元件的方法来替代。下面介绍电力系统主要元件的模拟。

1) 同步发电机的模拟

对电力系统动态模拟来说，主要研究电力系统的稳态过程和暂态过程，所以这里需要重点研究的是同步发电机的电磁和机电变化过程，而同步发电机内部的电磁场变化、温度变化等不是电力系统动态模拟的研究重点，相关参数不需要进行相似处理。

（1）模拟条件。

根据同步发电机的相似标准，精确模拟要求模拟同步发电机与实际同步发电机的主要参数的标幺值及时间常数相等。由于 Park 方程可以准确描述同步发电机的电磁暂态过程，所以根据 Park 方程可导出同步发电机的模拟条件，主要归结为以下参数的标幺值相等。

- 电枢反应电抗 x_{ad}、x_{aq}；
- 定子绕组漏抗 $x_{s\sigma} = x_d - x_{ad}$；
- 励磁绕组电抗 x_f；
- 阻尼绕组漏抗 x_{Dd}、x_{Dq}；
- 定子绕组电阻 r_s；
- 励磁绕组电阻 r_f；
- 阻尼绕组电阻 r_{Dd}、r_{Dq}；
- 惯性时间常数 T_j。

上述参数可以转换成同步发电机设计中常用的以下参数。

- 同步电抗 x_d、x_q；
- 暂态电抗 x_d'；
- 次暂态电抗 x_d''、x_q''；
- 负序电抗 x_2；
- 零序电抗 x_0；
- 电枢时间常数 T_a；
- 励磁回路时间常数 T_{d0}、T_d'、T_d''；
- 惯性时间常数 T_j。

在进行同步发电机模拟时，必须保证模型与原型的参数标幺值相等，但是同步发电机的实际特性是非常复杂的，远比上述 Park 方程所描述的复杂。因为同步发电机在运行中各参数受到多种因素的影响，一般是非线性的，如所有电感都随磁路饱和情况而变化；电路的电阻随温度、频率、电流的大小而变化；同步发电机的磁滞和涡流对剩磁、损耗有影响等。这些现象是非常复杂的非线性特性，实际上无法全部模拟，但是物理模拟可以做到上述特性的近似模拟。因为部分影响因素对所要研究的实验影响很小，可以只考虑影响较大的非线性因素，如同步发电机的空载特性及附加损耗、频率特性及电压波形等。这些近似模拟可以在模拟同步发电机的选型设计中予以考虑。

综上所述，电力系统物理模拟在模型结构的完整性上优于数字仿真，只是在参数数值上不保证全部满足相似标准。因此，物理模拟存在校验数学模型的可能性，而且有可能发现某些较为复杂的物理现象，而这些物理现象在数学模型上没有体现。

（2）模拟同步发电机的特点。

把大型同步发电机按尺寸等比例缩小后，并不能保证新的小型同步发电机与原有的大型同步发电机的参数和特性相似。表 3-1 所示为大型同步发电机与小型同步发电机的主要设计参数对比。由于小型同步发电机与大型同步发电机在参数和特性方面存在较大差异，不能完全再现大型同步发电机的稳态和暂态过程。例如，小型同步发电机的电阻更大，导致其损耗大于大型同步发电机；小型同步发电机的转子转动惯量更小，导致其惯性时间常数大于大型同步发电机；小型同步发电机带负载运行且定子端部发生短路时，其动态过程是先制动后加速，而大型同步发电机是立即加速。因此，在电力系统动态模拟系统中，模拟同步发电机需要经过特殊设计才能满足相应的模拟条件，设计时主要考虑以下 5 个方面。

① 采用小型同步发电机模拟大型同步发电机的最大难题是如何模拟较小的定子绕组电阻，以保证在发生短路故障时小型同步发电机的暂态过程与大型同步发电机相似。为了降低定子绕组电阻，必须加大导线截面，降低电流密度。因此，常采用深槽与半开口槽的设计及矩形导线。

② 为了提高电枢反应电抗 x_{ad} 来满足模拟条件，必须在设计时减小定子与转子间的气隙。

③ 由于小型同步发电机转子尺寸小，因此转子的转动惯量小、转子电阻大。为了保证同步发电机惯性时间常数相似，可以通过增加飞轮来增加转子的转动惯量和惯性时间常数，并通过转子侧串联电阻补偿机来对转子电阻进行补偿。

④ 为了模拟大型同步发电机的容量可以大范围变化，在设计时模拟同步发电机参数的标幺值也可以进行相应调整。因为随着模拟容量的增大，所有阻抗的标幺值也会成比例增大，而惯性时间常数则会成比例减小。

⑤ 为了使同步发电机空载特性（空载电压-励磁电流曲线）相似，可以改变额定电压（基准电压），但这样做会影响阻抗的标幺值，因此空载特性的相似只要求在运行范围内与原型基本一致。

表 3-1　大型同步发电机与小型同步发电机的主要设计参数对比

同步发电机	x_d /p.u.	x_q /p.u.	$x_{s\sigma}$ /p.u.	x_d' /p.u.	x_2 /p.u.	x_0 /p.u.	r_s /p.u.	P_{Cu} /p.u.	T_{d0} /s	T_j /s
大型同步发电机	0.9~1.2	0.5~0.6	0.10~0.15	0.25~0.35	0.35~0.45	0.05~0.10	0.0004~0.0006	0.008~0.012	4~10	4~8
小型同步发电机	1.6	1.2	0.11	0.20	0.70	0.11	0.015	0.021	1.0	0.7

（3）模拟同步发电机参数的调整方法。

由于隐极同步发电机和凸极同步发电机的参数差别较大，应选择与原型同类型的模拟同步发电机或同类型的转子，使模型尽可能与原型相似。

虽然模拟同步发电机采用特殊设计，其参数和特性与大型同步发电机尽可能相似，但是实验时原型参数的标幺值与模型参数的标幺值并不完全相同，而且一些实验要求用一台模拟同步发电机模拟一个等值电厂，甚至一个局部系统，这就需要对模拟同步发电机参数进行调整来满足不同的实验要求。

根据同步发电机的原理可知，同步发电机的同步电抗在暂态过程中起重要作用，由于同步电抗通常用 1 个复杂的时间函数来表示，对其进行准确模拟往往十分困难。因此，只能对同步电抗的 3 个特征参数 $\{x_d, x'_d, x''_d\}$ 进行模拟，只要 $\{x_d, x'_d, x''_d\}$ 满足模拟条件，即可认为同步电抗满足对应的相似标准。需要指出的是，模拟条件满足得越精确，模拟实现的难度就越大。对于不同实验，可以根据不同实验要求选择满足 $\{x_d, x'_d, x''_d\}$ 中的 1 个或 2 个参数，剩下的参数则近似模拟。例如，在保护装置实验中要求保护装置快速动作，主要关注电磁暂态过程，要求 x''_d 和 x'_d 准确模拟；而在研究机电暂态过程时要求 x'_d 和 x_d 准确模拟。

模拟同步发电机参数的标幺值可以通过以下方法进行调整。

① 调整功率模拟比 m_P。电抗的标幺值计算公式为

$$x^* = x \frac{S_B}{U_B^2} \tag{3-1}$$

式中，S_B 为基准容量；U_B 为基准电压；x、x^* 分别为电抗的真实值和标幺值。

通过选择不同的基准容量 S_B，可以对功率模拟比 m_P（$m_P = \frac{P_1}{P_2}$）进行调整。由式（3-1）可知，调整功率模拟比可以使电抗的标幺值 x^* 发生变化，这样在模拟过程中可以通过调整基准容量 S_B 来使电抗的标幺值 x^* 接近或等于原型的电抗标幺值。

需要注意的是，调整功率模拟比时首先应该判断模拟同步发电机组原动系统的容量是否允许，然后考虑调整功率模拟比引起的惯性时间常数 T_j 的变化。在复杂系统模拟时，应该注意到多个模拟同步发电机参数调整的协同。

② 调整电压模拟比 m_U。调整模型的基准电压，可以调整电压模拟比 m_U（$m_U = \frac{U_1}{U_2}$），进而改变阻抗模拟比 m_Z（$m_Z = \frac{Z_1}{Z_2}$）。但是在调整模型的基准电压时，需要考虑空载电压特性的相似问题，一般情况下只要求在额定运行点附近与饱和条件下相似，同时考虑升压变压器抽头和电压互感器变比是否满足要求。

③ 外串电抗。只有当模拟同步发电机漏抗不满足模拟条件时才会外串电抗。由于串接电抗 Δx 会使 x_d、x'_d、x''_d 的比例发生变化，因此在进行准确模拟时要判断模型与原型的相关比例是否满足模拟条件，即

$$\frac{x'_{2d} + \Delta x}{x_{2d} + \Delta x} = \frac{x'_{1d}}{x_{1d}} \tag{3-2}$$

④ 更换转子。考虑到隐极同步发电机和凸极同步发电机的参数有较大差别，在模拟同步发电机时可以设计不同类型的转子用于更换。这样通过更换转子可以获得完全不同的同步发电机参数，进而满足不同原型的模拟要求。同时，由于更换转子后励磁绕组会发生改变，因此需要对电阻补偿机做出相应调整以满足 T_{d0} 的要求。

⑤ 调整励磁回路时间常数 T_{d0}。调整励磁回路时间常数 T_{d0} 主要通过调整电阻补偿机的补偿度来实现。

⑥ 调整惯性时间常数 T_j。调整惯性时间常数 T_j 主要通过改变转子轴上飞轮盘片的尺寸和质量来实现，同时可以通过调整模型的基准容量使惯性时间常数 T_j 满足模拟要求。

2)励磁系统的模拟

励磁系统包括励磁回路、励磁电源(励磁机或可控硅励磁)、励磁调节装置、励磁开关。励磁系统的模拟对电力系统稳态过程和暂态过程有很大影响,其作用为维持同步发电机电压水平,以及保持电力系统各枢纽点的电压稳定和系统暂态稳定。但是,由于不同类型的同步发电机的励磁系统参数及控制方式不同,对励磁系统进行准确模拟往往难以实现。因此,对于励磁系统的模拟通常根据实验重点的不同,选择不同的参数进行准确模拟,其他参数则近似模拟。

(1)模拟条件。

只有同步发电机励磁系统各部分都满足相似标准,整个励磁系统才能与原型相似。对于电力系统稳态过程和暂态过程的模拟,关键是保证励磁系统的时间常数和工作特性相似,具体模拟条件如下。

① 模拟同步发电机的转子励磁回路的标幺值与原型保持一致,即励磁绕组电阻 r_f、电抗 x_f 的标幺值相等,以及当定子和阻尼绕组开路时,励磁回路时间常数 T_{d0} 相等,其中 T_{d0} 主要影响暂态过程。

② 模型的励磁系统中各元件与原型具有相似的静态与动态特性。例如,对于由励磁机构成的励磁系统,要求励磁机的励磁绕组时间常数 T_{d0} 与原型相等,励磁机的空载特性、负载特性与原型相似;对于由可控硅励磁构成的励磁系统,要求辅助同步发电机和电源变压器的特性与原型相似。

③ 模型励磁调节装置的特性与原型相似,如调节参数、调差系数、调节装置的时间常数、强行励磁倍数等与原型相等。

目前,大型同步发电机的励磁系统通常采用具有不同功能的励磁调节装置和可控硅励磁。因此,当对此类同步发电机进行模拟时,模拟励磁系统最好配备具有相同功能的励磁调节装置和可控硅励磁,并在较大范围内对参数进行调整。

(2)电阻补偿机和电压变换机的作用。

由于模拟同步发电机的励磁绕组电阻的标幺值比原型大很多,而且当励磁绕组漏抗的标幺值小于原型时需要外串电抗,所以针对励磁回路电阻较大的问题需要采用电阻补偿机来解决。目前,常用的电阻补偿方式是采用特殊设计的串激整流子电机作为电阻补偿机(串激直流发电机),通过改变串励绕组匝数可以调整电阻补偿度。具有电阻补偿功能的励磁系统的模拟如图 3-1 所示。具有电阻补偿与电压变换功能的励磁系统的模拟如图 3-2 所示。

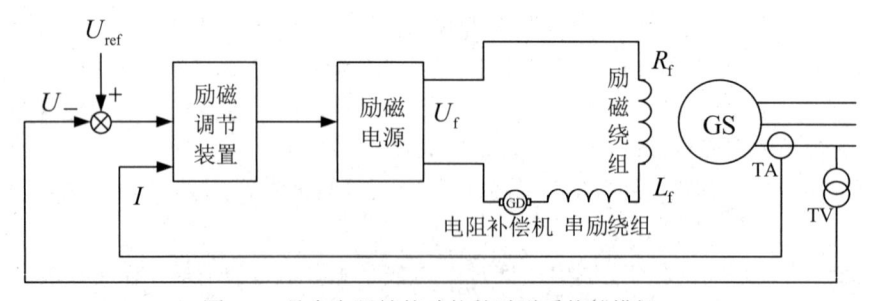

图 3-1 具有电阻补偿功能的励磁系统的模拟

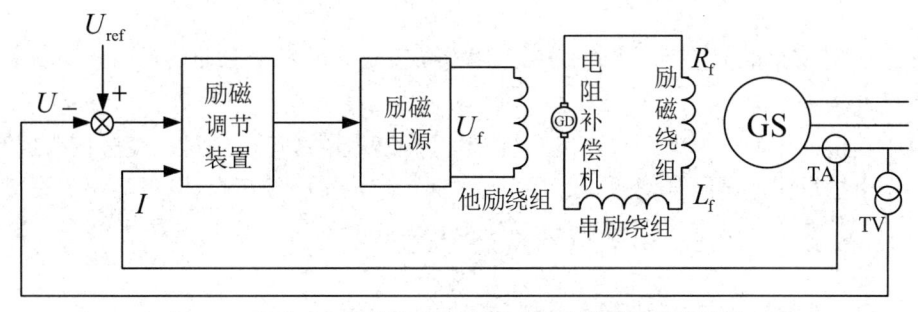

图 3-2 具有电阻补偿与电压变换功能的励磁系统的模拟

图 3-1 所示的电阻补偿方式相对简单，其将电阻补偿机串接在励磁回路中，由此可以得出励磁回路的方程为

$$U_f + U_k = r_f i_f + L_f \frac{di_f}{dt} \tag{3-3}$$

$$U_k = E_k - r_k i_f - L_k \frac{di_f}{dt} \tag{3-4}$$

式中，U_f 为励磁电源电压；U_k 为电阻补偿机电枢电压；E_k 为电阻补偿机电势；i_f 为励磁回路电流；r_k 为电阻补偿机电枢和碳刷电阻；L_k 为电阻补偿机电感。

由于 L_k 与模拟同步发电机转子的电感 L_f 相比要小很多，因此可以忽略不计。电阻补偿机电势与转速 n 及每极磁通 ϕ 成正比，可表示为

$$E_k = Cn\phi \tag{3-5}$$

式中，C 为比例系数。

当转速 n 恒定时，磁通 ϕ 与励磁回路电流 i_f 成正比，则 E_k 可表示为

$$E_k = R_k i_f \tag{3-6}$$

式中，R_k 为补偿电阻。

将式（3-6）代入式（3-4）可求得 U_k，将 U_k 代入式（3-3）可得

$$U_f + R_k i_f - r_k i_f - L_k \frac{di_f}{dt} = r_f i_f + L_f \frac{di_f}{dt} \tag{3-7}$$

将式（3-7）转换可得

$$U_f = (r_f + r_k - R_k)i_f + (L_k + L_f)\frac{di_f}{dt} \tag{3-8}$$

或

$$U_f = r_e i_f + L_e \frac{di_f}{dt} \tag{3-9}$$

式中，r_e、L_e 分别为励磁回路的等值电阻与电感，$r_e = r_f + r_k - R_k$，$L_e = L_k + L_f$。

此时励磁回路时间常数 T_{d0} 可表示为

$$T_{d0} = \frac{L_e}{r_e} = \frac{L_k + L_f}{r_f + r_k - R_k} \tag{3-10}$$

由式（3-10）可知，补偿电阻 R_k 相当于一个负电阻，达到对励磁回路电阻进行补偿的目的同时，通过调整串励绕组匝数调整 R_k，进而使励磁回路时间常数 T_{d0} 满足模拟条件。

电阻补偿度 C_k 为

$$C_k = \frac{R_k}{r_f + r_k} \tag{3-11}$$

这里 C_k 通常只能取 70%~80%，当电阻补偿度过大时，电阻补偿机工作不稳定，可能产生自激现象。

电阻补偿机作为一个串励直流发电机，其串励绕组匝数可以通过改变分接头进行调整。为了补偿电枢反应，电阻补偿机设置了补偿绕组；为了改变换向，电阻补偿机设置了换向绕组。串励绕组、补偿绕组、换向绕组是相互串联的。用实验的方法可以确定串励绕组匝数。

（3）励磁调节装置的接入条件。

① 模型可以采用与原型相同的励磁调节装置，也可以用小型同步发电机的励磁调节装置，但励磁调节装置的参数应和原型相同或相似。

② 励磁调节装置的输入一般是经电流互感器、电压互感器测得的同步发电机的电流和电压信号。这里要求互感器的角误差和比误差在允许范围内，并要求汲取功率尽量小。

③ 励磁调节装置的输出工作点及负载应与原型相同，要求空载、满载和强励时输出电压的标幺值与原型一致。为了满足此要求常采用分压电阻接入的方法，既可以保证励磁调节装置输出的工作状况，又可以满足与励磁机或励磁回路的电压成正比的模拟条件。

④ 励磁调节装置的调差系数应与原型相等，从而保证多机并网运行时，无功功率分配与原型相同。

3）原动机的模拟

（1）模拟条件。

大型同步发电机组的原动机主要是汽轮机或水轮机的动力系统。在实验室很难用小型汽轮机及锅炉系统或水轮机及水力系统来模拟。通常采用直流电动机及直流调速系统作为模型，根据相似标准对大型同步发电机组原动机的数学模型进行模拟，进而反映原型调速系统的基本特性，这是一种数学模拟方法。

在研究电力系统机电暂态过程时，原动机的模拟是一个重要环节。如果过渡过程在很短的时间内完成，那么在电磁暂态过程或静态稳定过程中，由于转速变化很小，只要求模拟机组转动惯量与原型相同。当研究暂态稳定过程时，由于转速变化不会超过额定值的±5%，这时调速器尚未改变机械转矩，因此应保证原动机的机械特性在额定转速附近相似。若研究中长期动态过程，转速变化较大，则必须在较大转速范围内考虑原动机机械特性的模拟，同时考虑调速器的影响。此外，对于水轮机还应考虑水锤效应。

（2）用直流电动机模拟原动机。

原动机的机械特性如图 3-3 所示，在额定转速附近可以近似用线性特性表示，即

$$aM^* + \omega^* = b \tag{3-12}$$

式中，M^* 为转矩的标幺值；ω^* 为角速度的标幺值；$a=1$；$b=2$。

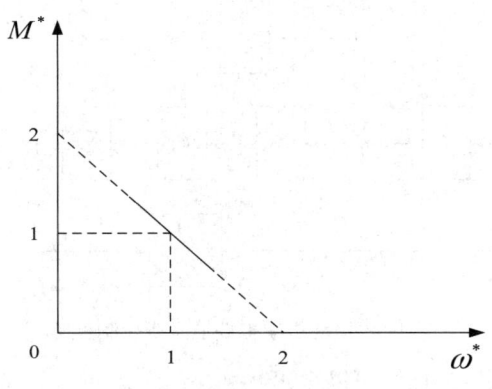

图 3-3 原动机的机械特性

在额定运行点附近工作时，式（3-12）可转换为

$$dM^* = -d\omega^* \tag{3-13}$$

采用直流电动机模拟原动机时，为获得与原型相似的机械特性（转矩-转速特性），即 -45°特性，可以采用图 3-4 所示的原动机模拟方式。在图 3-4 中，测速发电机反馈的机组实际转速信号与转速给定值进行比较，速度差值经速度调节后与交流侧反馈信号进行比较，经电流调节后生成控制电压 U_K，经过移相触发单元生成可控硅控制导通角控制信号。由此可见，当转速给定值增加时，控制电压 U_K 也会随之增加，进而导致可控硅控制导通角增大，达到增大电枢电压、提升转速的目的。

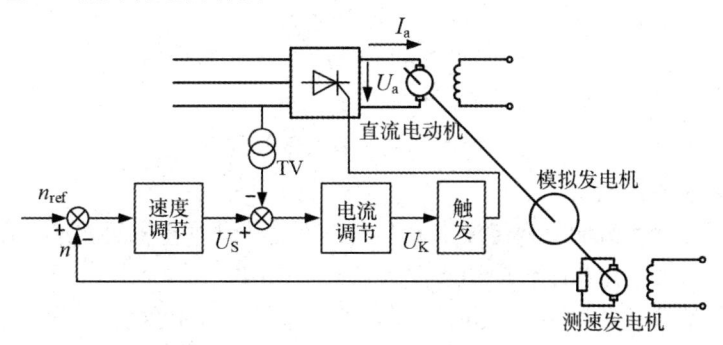

图 3-4 原动机模拟方式

当直流电动机的励磁电流恒定时，其转矩 M 与电枢电流 I_a 成正比，角速度 ω 与转速 n 成正比。根据图 3-5 所示的原动机模拟调速系统控制框图可得原动机模拟调速系统的控制方程为

$$U_a = K_3 U_K = K_3 K_2 [(U_1 - \frac{\beta}{n_e}n)K_1 - \frac{\alpha}{I_{ae}}I_a] \tag{3-14}$$

直流电动机电枢回路方程为

$$U_a = C_e n + I_a R_a \tag{3-15}$$

在式（3-14）和式（3-15）中，C_e 为常数；$C_e n$ 为直流电动机的电势；R_a 为直流电动机电枢电阻；U_a 为直流电动机的电枢电压；I_a、I_{ae} 分别为直流电动机的电枢电流及其额定值；n、n_e 为转速及其额定值；U_1 为转速给定转换为电压给定所对应的电压；α、β 为反馈系数；K_1、K_2、K_3 为控制系数。

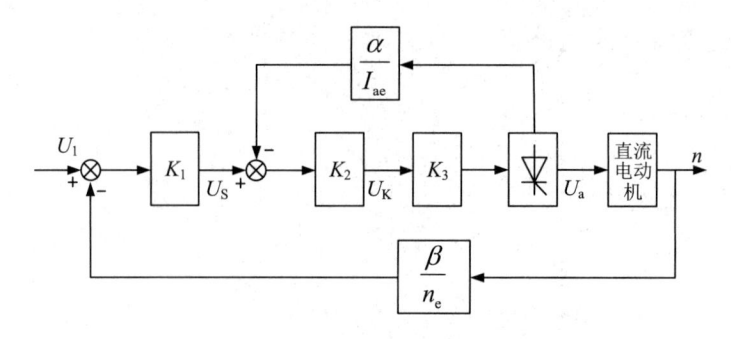

图 3-5　原动机模拟调速系统控制框图

根据式（3-14）和式（3-15）可以得出

$$K_3K_2U_1 - (K_3K_2K_1\beta + C_e n_e)\frac{n}{n_e} = (R_a I_{ae} + K_3 K_2 \alpha)\frac{I_a}{I_{ae}} \tag{3-16}$$

对式（3-16）取转速及电枢电流变化量可得

$$\frac{\Delta n}{n_e} = -\frac{K_3 K_2 \alpha + R_a I_{ae}}{C_e n_e + K_3 K_2 K_1 \beta} \cdot \frac{\Delta I_a}{I_{ae}} \tag{3-17}$$

式中，ΔI_a 为直流电动机的电枢电流变化量；Δn 为电枢电流变化量 ΔI_a 所对应的转速变化量。

通过调整反馈系数 α、β 和控制系数 K_1、K_2、K_3 可得

$$\frac{K_2 K_3 \alpha + R_a I_{ae}}{C_e n_e + K_1 K_2 K_3 \beta} = 1 \tag{3-18}$$

若式（3-18）成立，则有

$$\frac{\Delta n}{n_e} = -\frac{\Delta I_a}{I_{ae}} \tag{3-19}$$

此时，便可得到满足模拟条件的原动机机械特性。

（3）调速系统的模拟。

调速系统是原动系统的重要组成部分，其作用是自动维持机组转速和在机组间分配负荷，对维持电力系统稳定和改善同期条件具有重要作用。

调速系统包括调速器和动力部分。目前，调速系统一般用数字控制的整流装置来模拟，具有稳定、可靠、便捷等特点。作为一种数学模拟方法，原动系统的模型能模拟原型调速系统和动力系统的主要特性，如水轮调速器与水力机械的特性、汽轮机调速器与热力设备的特性。若需要对电力系统动态过程进行长时间模拟，则应在调速系统模型中考虑锅炉、汽轮等热力过程或水力管道、水库等水力过程。

4）变压器的模拟

（1）模拟条件。

在研究电力系统电磁暂态过程时，主要要求变压器过渡过程相似，不要求变压器模型的电场、磁场与原型相似。也就是说，不要求变压器模型的内部电磁现象与原型相似，因此这里可将变压器作为一个集中参数元件进行模拟。

根据变压器的模拟条件，变压器模型与原型应保证以下参数的标幺值相等。

① 短路电抗 x_K^*。

② 短路损耗 P_K^*。

③ 额定电压时空载损耗 P_0^* 和空载电流 I_0^*。

④ 用标幺值表示的空载特性 $U^* = f(I_0^*)$。

为了模拟不对称运行，还应满足以下两点。

① 绕组接线方式。

② 磁路相同。

（2）模拟变压器的特点。

因为普通小型变压器和原型变压器差别很大，无法满足上述模拟条件，如小型变压器的短路电阻 r_K^*、铜损 P_{Cu}^* 和磁化电流 I_M^* 较大，而短路电抗 x_K^* 却很小。此外，为了适应不同的实验要求，一些参数应有一定可调范围。因此，模拟变压器需要经过特殊设计，才能满足模拟条件。例如，降低电流密度和磁通密度；采用磁导率高、比损耗较低的磁性材料；改变绕组结构和铁芯结构等方法。

为了使短路电抗有较大的调节范围，可以采用以下两种方法。

① 磁分路法。在模拟变压器与低压绕组之间插入硅钢片构成磁分路，改变漏磁路磁阻，从而改变短路电抗。

② 不平衡绕组法。在同一铁芯上将高压、低压绕组的位置互换，不同绕组的互换可以改变漏磁磁路，从而改变短路电抗。

实际上，同时满足上述模拟条件是比较困难的，因此应根据不同的实验要求考虑满足主要的模拟条件和其他近似条件。例如，当重点分析电力系统稳定性问题时，只要求保证短路损耗的标幺值和空载电流的标幺值相等，不要求空载特性相同及空载损耗的标幺值完全相等；当重点分析线路在空载运行或带负载运行条件下电压的变化情况时，要求变压器空载特性相同，但对短路损耗的相似要求不高。

5）输电线路的模拟

（1）模拟条件。

实际输电线路可等效为具有分布参数的电路，包含串联电阻、电感及并联电容，而且三相输电线路之间具有互感和电容。在实验室对输电线路进行模拟时，一般不要求空间电磁场相似，也不要求波沿线路传播过程相似，只要求线路上某些节点的电压、电流随时间的变化过程相似，因此输电线路模拟一般采用等值链型电路进行等效。等值链型电路模型以分段集中参数模型来模拟分布参数模型，在研究电力系统各种运行方式和机电暂态过程时，此类模型可以满足相似要求。

（2）模拟输电线路的特点。

采用分段集中参数的等值链型电路模拟实际输电线路时应考虑以下几点。

① 当频率为恒定值时，若考虑修正系数，则输电线路模型的参数与原型可以保持一致，但此时模型的频率特性与实际输电线路完全不同，这是因为在不同频率下模型与原型的波阻抗是不同的，而且频率越高，二者的差别越大。若模型采用每个等值链型电路表示 100km 输电线路，则在工频下可以保证 19 次以下的谐波过程不会发生畸变。

② 输电线路模型中每个等值链型电路所表示的输电线路越短，模型与原型的频率特性差别越小。当等值链型电路数量无穷增大时，实际上已具有分布参数的特性。

③ 当实验重点关注过电压问题时，需要考虑电磁波引起的高频过电压问题，因此每个

等值链型电路表示的输电线路要尽可能长，如可以选择 50km。当实验重点关注电力系统静态稳定和暂态稳定过程时，每个等值链型电路可以表示较长的输电线路，如 100km。

（3）分段集中参数的等值链型电路。

由于交流输电线路是由三相导线组成的，每相导线存在电感，因此不同导线之间、导线和大地之间、架空地线之间存在互感和电容。若是双回路输电线，则不同回路之间也存在互感和电容。因此，在采用分段集中参数的等值链型电路模拟时，必须考虑这种相互作用。

利用模型与原型的阻抗模拟比 $m_Z = \dfrac{Z_1}{Z_2}$ 可以得到模拟输电线路等值链型电路的主要参数。

设正序网络参数包括正序感抗 x_1、正序电纳 b_1、正序电阻 r_1、正序电导 G_1；零序网络参数包括零序感抗 x_0、零序电纳 b_0、零序电阻 r_0、零序电导 G_0。

若用一个 Π 型等值网络来模拟一段长度为 l 的输电线路，则以上各参数均应乘以 l。若忽略电导 G_1 和 G_0，则此段输电线路模拟的正序（负序）网络示意图如图 3-6 所示，模拟的零序网络示意图如图 3-7 所示。

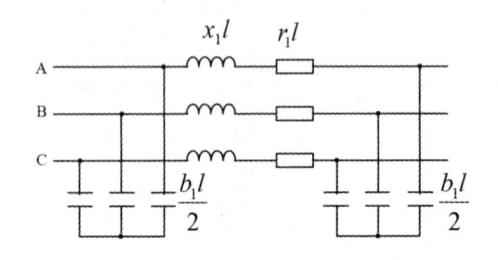

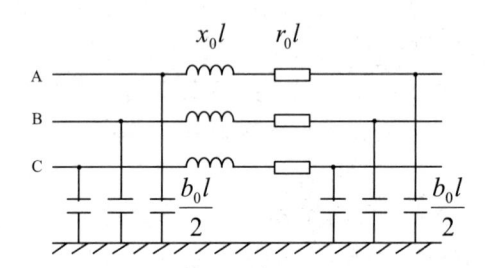

图 3-6　输电线路模拟的正序（负序）网络示意图　　图 3-7　输电线路模拟的零序网络示意图

当系统不对称运行时，输电线路上同时流过正序、负序、零序电流，正序、负序电流仅在线路上流过，零序电流经线路流入大地和地线构成回路。由于零序阻抗比正序大，因此可将图 3-6 和图 3-7 所示的网络合为一个包含正序、负序、零序的等效网络，如图 3-8 所示。

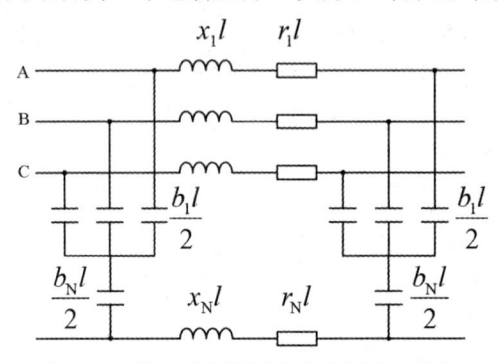

图 3-8　输电线路模拟的等效网络示意图

图 3-6 所示的正序（负序）网络总电压降为
$$\Delta U_0 = I_0(r_1 l + \mathrm{j} x_1 l) + 3 I_0(r_N l + \mathrm{j} x_N l) \tag{3-20}$$

图 3-7 所示的零序网络总电压降为
$$\Delta U_0 = I_0(r_0 l + \mathrm{j} x_0 l) \tag{3-21}$$

由式（3-20）和式（3-21）可得
$$r_0 l + j x_0 l = r_1 l + j x_1 l + 3(r_N l + j x_N l) \tag{3-22}$$
由此可得出中性线的电阻、电抗和电纳分别为
$$r_N = \frac{r_0 - r_1}{3} \tag{3-23}$$
$$x_N = \frac{x_0 - x_1}{3} \tag{3-24}$$
$$b_N = \frac{3 b_0 b_1}{b_1 - b_0} \tag{3-25}$$

若要模拟较长的输电线路，则需要将多个Π型等值网络串联起来。实验时可根据需要调整线路参数（电抗、电阻和电容）。

此外，为了模拟原型输电线路，电抗器必须按最小的 R/x 比值来设计，电抗器根据需要可以选择由空芯或铁芯构成。空芯式电抗器的线性较好，但体积大、铜耗多、费用高，可用于500kV及以上电压等级的输电线路模拟；而铁芯式电抗器的线性差，高次谐波损耗大，适用于220kV、110kV等电压等级的输电线路模拟。

6）电力负荷的模拟

电力负荷一般由异步电动机、同步电动机、照明负荷、电热负荷、空调等组成。其电力系统的负荷组成和大小都是随时间变化的，且各类负荷的特性也不尽相同。因此，要想准确模拟电力负荷是非常困难的。电力负荷模拟一般采用近似的方法，只对某些典型的负荷运行情况进行模拟，同时以集中式负荷代替分散式负荷。

（1）模拟条件。

① 模型负荷功率根据原型等效的负荷功率及功率模拟比 m_P 确定。

② 各类负荷组成的比例与原型相同，以保证功率因数和负荷特性相同。

③ 负荷的静态特性与原型相同，包括电压静特性 $\frac{dP^*}{dU^*}$、$\frac{dQ^*}{dU^*}$ 与频率静特性 $\frac{dP^*}{df^*}$、$\frac{dQ^*}{df^*}$。

④ 模型与原型中作为负荷的电动机惯性时间常数相同。

⑤ 模型与原型中作为负荷的电动机阻力机械特性相同。

⑥ 对于冲击性负荷，应保证有相同的冲击负荷曲线。

上述模拟条件都需要在模型上进行测定、计算与调整。

（2）负荷模拟。

① 异步电动机负荷模拟。异步电动机是电力系统中最重要的负荷，一般占总负荷的55%~60%。由于异步电动机种类多、参数不尽相同，一般模拟主要参数，如功率模拟比、等效电阻的标幺值、电抗的标幺值和惯性时间常数等。为了满足电阻的标幺值、电抗的标幺值的模拟要求，可以在电动机上串联和并联电阻、电抗来达到调整参数的目的。

② 同步电动机负荷模拟。同步电动机一般占总负荷的10%~15%。与异步电动机模拟类似，一般也采用普通小容量同步电动机通过串联和并联电阻、电抗来满足电阻的标幺值、电抗的标幺值的模拟要求，通过调整飞轮片的尺寸和质量来满足惯性时间常数的模拟要求。

③ 其他负荷。除了上述主要负荷，还有照明及电热负荷占总负荷的15%~20%、线路

损耗及其他损耗约占总负荷的 5%～10%。

3.1.2 电力系统动态模拟实验台

电力系统动态模拟实验台是一套综合实验平台，集中展示了电力系统发电、输电、变电、用电的全过程。该实验台由同步发电机控制系统、输电线路、无限大系统、短路故障设置系统等组成。电力系统动态模拟实验台实物图如图 3-9 所示。

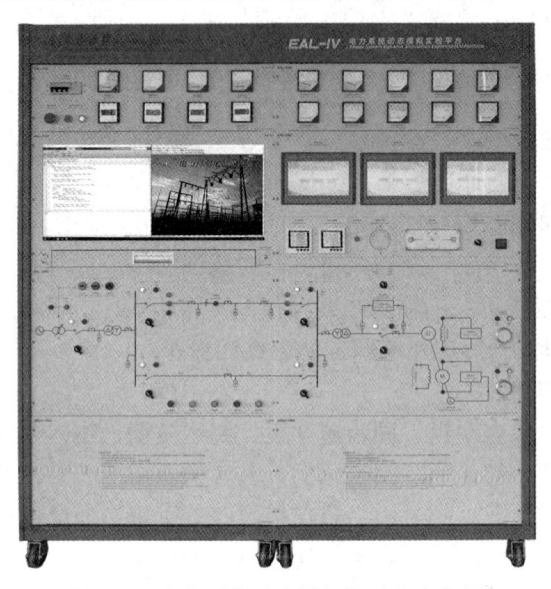

图 3-9 电力系统动态模拟实验台实物图

1．系统额定参数

1）同步发电机

（1）有功功率为 2kW。

（2）功率因数为 0.8。

（3）定子线电压为 400V。

（4）定子电流为 3A。

（5）转速为 1500 r/min。

（6）频率为 50Hz。

（7）励磁电压为 40V。

（8）励磁电流为 2.7A。

2）原动机（直流电动机）

（1）输出功率为 2.2kW。

（2）电枢电压为 220V。

（3）电枢电流为 12.5A。

（4）转速为 1500r/min。

（5）励磁方式为他励。

（6）励磁电压为 220V。

（7）励磁电流为 0.42A。

3）三相调压器

（1）输出容量为15kVA。

（2）额定频率为50Hz。

（3）输入电压范围为380V±(1+5%)V。

（4）额定输出电流为20A。

（5）输出电压范围为0～430V。

2. 同步发电机控制系统

同步发电机控制系统包括原动机调速系统、同步发电机励磁调节系统及同期系统，详细介绍如下。

1）原动机调速系统

原动机采用直流电动机来模拟汽轮机或水轮机。原动机调速系统的功能是为原动机提供电枢电压，并网前通过改变电枢电压来调节原动机转速；并网后通过改变电枢电压来调节原动机的有功功率输出。通过控制模式切换开关可将调速系统设置为手动控制或自动控制模式。

（1）在手动控制模式下，通过启停按钮来控制原动机的启动与停止，通过调速旋钮来控制原动机的电枢电压，进而达到控制转速或输出功率的目的。

（2）在自动控制模式下，通过调速系统来控制原动机。在调速系统触摸屏上单击【转速闭环】按钮进入【恒转速控制模式】界面。在【转速给定】数值框中输入数值后单击【转速启动】按钮就可以控制原动机启动，单击【转速加】或【转速减】按钮可以控制转速加大或减小。同时，在界面上可以读取原动机的转速、电枢电压、电枢电流等参数。微机调速系统控制界面如图3-10所示。

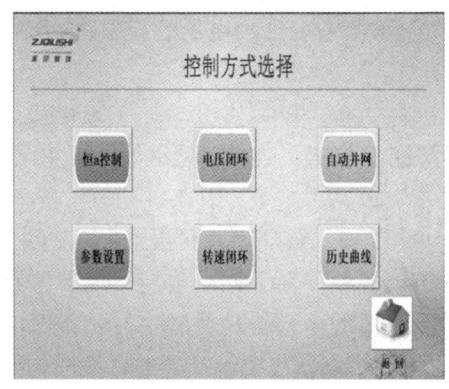

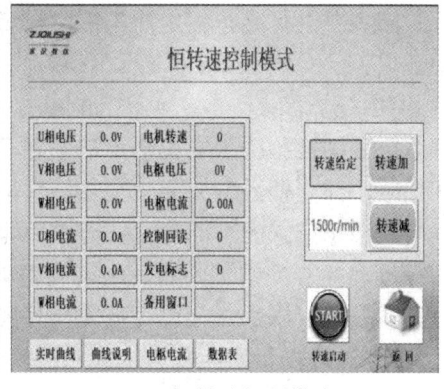

（a）控制方式选择　　　　　（b）恒转速控制模式

图3-10　调速系统控制界面

注意：原动机转速不能超过1800r/min，如果转速超过1800 r/min，应该立即关闭电源开关。

2）同步发电机励磁调节系统

同步发电机励磁调节系统采用三相全控整流电路，将交流电压整流成可以调节的直流电压，为同步发电机励磁绕组提供励磁电流或电压。通过控制模式切换开关可将同步发电机励磁调节系统设置为手动控制或自动控制模式。

(1) 在手动控制模式下,同步发电机励磁电流采用恒励磁电流控制方式。通过启停按钮来控制同步发电机励磁调节系统的启动与停止,通过励磁旋钮来控制同步发电机的励磁电流。

(2) 在自动控制模式下,通过同步发电机励磁调节系统来控制同步发电机励磁电流。在同步发电机励磁调节系统触摸屏上单击【他励模式】按钮后,单击【电压闭环】按钮进入【他励电压闭环控制(自动)】界面。在【电压给定】数值框中输入数值后单击【恒U_g启动】按钮就可以启动同步发电机励磁调节系统,单击【电压增】或【电压减】按钮可以控制同步发电机励磁增大或减小。此外,在界面上还可以读取同步发电机三相电压、电流、有功功率、无功功率、功角、励磁电压和励磁电流等参数。同步发电机励磁调节系统控制界面如图 3-11 所示。

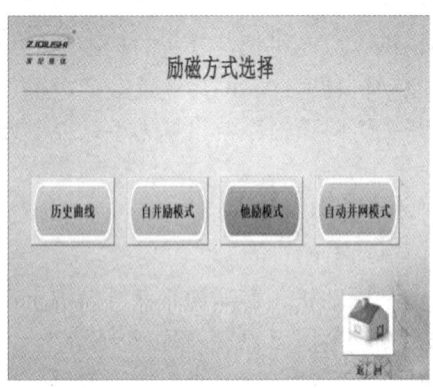

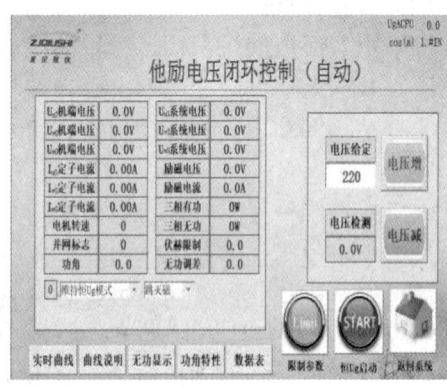

(a) 励磁方式选择　　　　　　　　(b) 他励电压闭环控制

图 3-11　同步发电机励磁调节系统控制界面

注意:同步发电机定子相电压不能超过 240V,如果定子相电压超过 240V,应该立即关闭电源开关。

3) 同期系统

同期系统分别检测同步发电机出口断路器两侧的相序、电压、频率信号,并计算压差、频差、相位差,在同期系统界面上显示。

根据同期控制方式的不同,可以选择手动并网模式、半自动并网模式及自动并网模式。

(1) 在手动并网模式下,通过手动调速旋钮调节频差,手动励磁旋钮调节压差。在频差和压差满足并网要求后,根据【同期相位指示】判断相位差是否满足并网条件,指示灯旋转至 12 点位置时表示同步发电机和系统侧的相位相同。若指示灯顺时针旋转,则表示同步发电机频率大于系统侧频率;若指示灯逆时针旋转,则表示同步发电机频率小于系统侧频率。

(2) 在半自动并网模式及自动并网模式下,同期系统可以选择控制方式。在半自动并网模式下,通过控制调速系统和励磁调节系统,手动调压及调频,当频差、压差、相位差满足并网条件时手动闭合并网开关。在自动并网模式下,同期系统通过控制调速系统和励磁调节系统,自动调压及调频,当频差、压差、相位差满足并网条件时自动闭合并网开关。同期系统控制界面如图 3-12 所示。

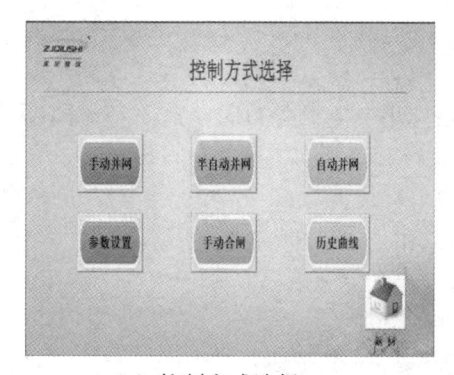

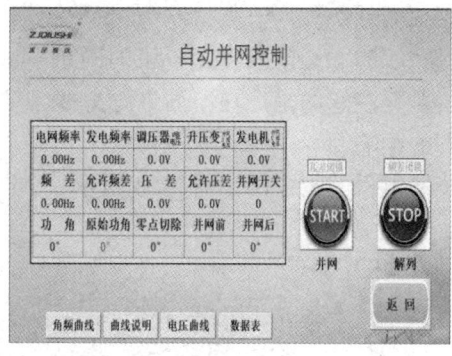

(a) 控制方式选择

(b) 自动并网控制

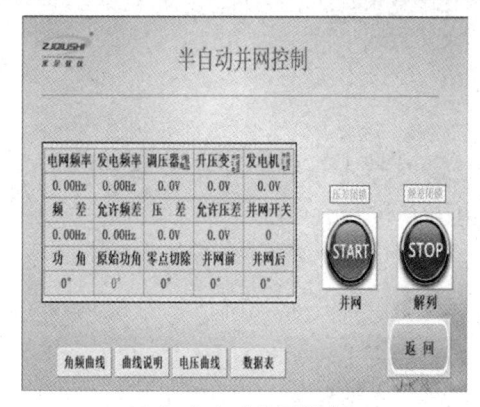

(c) 半自动并网控制

图 3-12 同期系统控制界面

3. 输电线路

采用双回路输电线路，每回路输电线路由两段集中参数 RLC 构成，并设置中间开关站。通过控制开关 $QF_1 \sim QF_4$ 可以构成 4 种不同的线路阻抗。

4. 无限大系统

无限大系统从理论上可以用一个无限大母线表示，无限大母线上的电压幅值和相角是恒定不变的，频率为电网频率。这里采用三相交流电源经 1 台调压器和 1 台变压器组成无限大系统。调压器用于调节无限大侧电压，使其与实验系统的电压相匹配。需要指出的是，无限大系统的变压器和调压器容量都应足够大。

5. 短路故障设置系统

为了研究不同短路故障对电力系统的影响，在实验系统中配置了输电线路的短路故障模拟。故障类型包括单相接地短路、两相相间短路、两相接地短路和三相接地短路等。输电线路的短路故障模拟通过接地电阻实现。

3.1.3 同步发电机参数在线测定

1. 实验目的

掌握同步发电机参数在线测定的实验方法，通过实验加深对同步发电机电磁关系基本理论的理解。

2. 实验原理

通过在线静态测定同步发电机的同步电抗可以分析研究不同运行方式下同步电抗的变化情况。需要注意的是,在不同运行方式下测定同步发电机参数时,需要考虑同步发电机磁路饱和的影响。

同步发电机的相量图如图 3-13 所示。

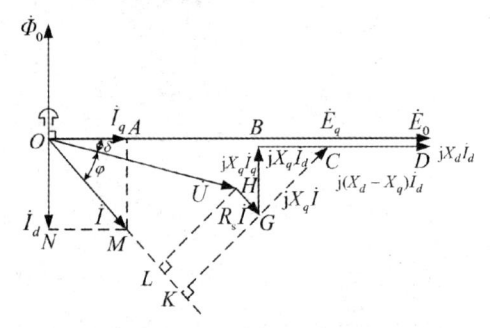

图 3-13 同步发电机的相量图

同步发电机稳态时的电压方程为

$$\begin{cases} U_q = I_f X_{ad} - I_d X_d - I_q R_s \\ U_d = -I_q X_q - I_d R_s \end{cases} \tag{3-26}$$

式中,I_f 为转子励磁电流;R_s 为定子电阻;U_d、U_q 分别为定子电压的 d 轴和 q 轴分量;I_d、I_q 分别为定子电流的 d 轴和 q 轴分量;X_{ad} 为电枢反应电抗的 d 轴分量。

根据 $X_d = X_{ad} + X_{s\sigma}$ 和式(3-26)可得

$$\begin{cases} X_d = X_{s\sigma} + \dfrac{U_q + + I_d X_{s\sigma} + I_q R_s}{I_f - I_d} \\ X_q = -\dfrac{U_d + I_d R_s}{I_q} \end{cases} \tag{3-27}$$

式中,$X_{s\sigma}$ 为定子绕组漏抗。

由图 3-13 所示的向量关系可得

$$\begin{cases} U_d = U \sin\delta \\ U_q = U \cos\delta \end{cases} \tag{3-28}$$

$$\begin{cases} I_d = I_s \sin(\delta + \varphi) = \dfrac{P\sin\delta}{3U} + \dfrac{Q\cos\delta}{3U} \\ I_q = I_s \cos(\delta + \varphi) = \dfrac{P\cos\delta}{3U} + \dfrac{Q\sin\delta}{3U} \end{cases} \tag{3-29}$$

式中,I_s 为定子电流;U 为定子电压;P、Q 分别为同步发电机的有功功率和无功功率。

通过实验可以测得同步发电机有功功率 P、无功功率 Q、转子励磁电流 I_f、定子电压 U 和功角 δ,根据式(3-27)~式(3-29)可计算得到同步发电机的同步电抗 X_d、X_q。

3. 实验步骤

(1)闭合降压变压器低压侧及高压侧开关、模拟线路开关。

(2)启动原动机,先将原动机转速调节至 1500r/min,再闭合同步发电机励磁开关,将同步发电机定子电压调节至 220V。

（3）采用准确同期法先将同步发电机的定子电压频率、电压幅值、电压相位调节至与系统侧相同，再闭合并网开关使同步发电机投入电网并联运行。

（4）保持同步发电机定子电压不变，改变同步发电机的有功功率和无功功率，观测同步电抗 X_d、X_q 随有功功率 P 和无功功率 Q 的变化情况，包括 $X_d = f(P)$、$X_d = f(Q)$、$X_q = f(P)$、$X_q = f(Q)$。将实验测得的有功功率 P、无功功率 Q、转子励磁电流 I_f、定子电压 U 和功角 δ 记录于表 3-2 所示的同步发电机参数在线测定实验结果记录表中。

（5）保持同步发电机输出功率不变，改变同步发电机定子电压，观测同步电抗 X_d、X_q 随同步发电机定子电压的变化情况，包括 $X_d = f(U)$、$X_q = f(U)$。将实验测得的有功功率 P、无功功率 Q、转子励磁电流 I_f、定子电压 U 和功角 δ 记录于表 3-2 中。

4．实验结果

根据实验内容记录实验数据，并将结果填写在表 3-2 中。

表 3-2　同步发电机参数在线测定实验结果记录表

运行点	定子电压恒定					输出功率恒定				
	P/W	Q/Var	I_f/A	δ/(°)	U/V	P/W	Q/Var	I_f/A	δ/(°)	U/V
1										
2										
⋮	⋮	⋮	⋮	⋮	⋮	⋮	⋮	⋮	⋮	⋮
19										
20										

5．实验注意事项

（1）严格按照同步发电机组各设备的启动和停止顺序进行操作，避免出现失磁飞车、失步运行等操作错误。

（2）准确同期法需要在同步发电机与系统侧的电压频率、电压幅值和电压相位均相同时，才可以进行并网操作。

（3）将同步发电机准确调节至所要求的运行点，避免因错误操作引起过电压和过电流等危险。

（4）读取同步发电机某个运行点的参数时，应记录同一时刻同步发电机的 5 个参数的实验数据。

6．实验报告要求

（1）计算在不同运行方式下同步发电机的同步电抗 X_d、X_q，并绘制出相应曲线进行比较。

（2）分析运行方式对同步发电机的同步电抗 X_d、X_q 的影响。

7．思考题

（1）分析同步发电机的同步电抗 X_d、X_q 主要受哪些因素的影响。

（2）除了在线静态测量方法，还有哪些实验方法可以测定同步电抗 X_d、X_q？

（3）当同步发电机面临失步风险时，应采用哪些措施避免？

3.1.4 同步发电机静态安全运行极限测定

1. 实验目的

掌握同步发电机静态安全运行极限测定的实验方法，通过实验加深对同步发电机静态安全运行极限的基本理论的理解。

2. 实验原理

同步发电机如果维持在额定状态下运行，其功率、电流、电压等参数均为额定值。但在同步发电机并网后，其运行状态会随着电网的波动而波动，无法始终维持在额定状态下运行，所以同步发电机的功率、电流、电压等参数也会随之发生变化。可见，为了保证同步发电机安全稳定地运行，同步发电机与电网并网运行时，不但要知道同步发电机在额定功率因数、额定状态下所能输出的有功功率和无功功率，而且要知道非额定运行状态下，不同有功功率所能输出的无功功率。因此，预先确定不同运行状态下同步发电机的静态安全运行极限，即极限的 P-Q 关系，不但对指导发电厂操作人员进行同步发电机参数调整，保证同步发电机的安全运行十分必要，而且对电力系统的运行调度和设计也十分重要。

同步发电机的静态安全运行极限取决于以下 4 个条件。

（1）定子发热和绝缘的限制：当同步发电机冷却条件一定，且定子电压一定时，定子发热主要由定子电流决定。

（2）转子发热的限制：当同步发电机冷却条件一定，且定子电压一定时，转子发热主要由转子励磁电流决定。

（3）原动机输出功率的限制：同步发电机有功功率由原动机输出功率决定。

（4）静态稳定运行条件的限制：当同步发电机功率因数小于 0（电流超前于电压）而转入进相运行时，同步发电机的功角由静态稳定运行条件决定。

图 3-14 所示为隐极同步发电机的静态安全运行极限，其是由隐极同步发电机的相量图（见图 3-15）转化来的。

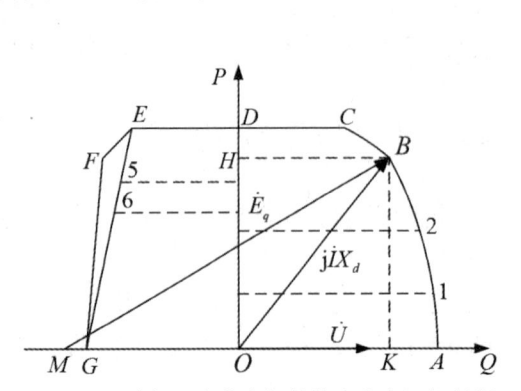

图 3-14　隐极同步发电机的静态安全运行极限 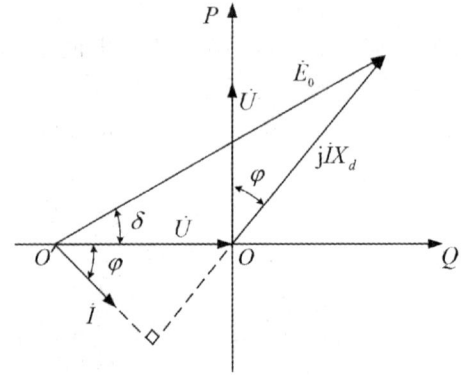　　　图 3-15　隐极同步发电机的相量图

设在 B 点，隐极同步发电机的定子电流和转子励磁电流都达到极限对应的运行状态，此时隐极同步发电机的有功功率和无功功率分别用 OH 线段和 OK 线段表示。

AB 线段是隐极同步发电机运行在功率因数低于 B 点功率因数的运行极限曲线，此时隐极同步发电机运行极限受转子励磁电流极限的约束。隐极同步发电机的转子励磁电流运行极限可以用以 M 点为圆心、MB 线段为半径画出的圆弧表示。隐极同步发电机的电压用 MO

线段表示。

BC 线段是隐极同步发电机运行功率因数高于 B 点功率因数的运行极限曲线,此时隐极同步发电机的运行极限受定子电流极限的约束,定子电流运行极限可以用以 O 点为圆心、OB 线段为半径画出的圆弧表示。

若隐极同步发电机的有功功率极限用 OD 线段表示,则 E(D)C 线段受原动机输出功率极限的约束,即隐极同步发电机的有功极限可以用 E(D)C 线段表示。

运行点 E 除受原动机输出功率约束外,还受以下两个条件之一的约束。

(1) 受定子电流运行极限的约束:在原动机输出功率极限较小且隐极同步发电机静态稳定功率极限较大时,会出现 DC 线段和 DE 线段长度相等的情况。

(2) 受隐极同步发电机静态稳定运行极限的约束:在原动机输出功率较大且隐极同步发电机最大功角较小的情况下,E 点与 F 点重合,不会出现受定子电流运行极限约束的 EF 线段,此时隐极同步发电机静态稳定运行极限可以用 E(F)G 线段表示。

3. 实验步骤

(1) 闭合降压变压器低压侧及高压侧开关、模拟线路开关。

(2) 启动模拟同步发电机组中的原动机,将原动机转速调节至 1500r/min,闭合同步发电机励磁开关,将同步发电机定子电压调节至 220V。

(3) 采用准确同期法先将同步发电机的定子电压频率、电压幅值、电压相位调节至与系统侧相同,再闭合并网开关使同步发电机投入电网并联运行。

(4) 调节同步发电机至图 3-14 中 B 点处,调节原动机出力、同步发电机转子励磁电流及调压器,使同步发电机有功功率 $P=P_B$,无功功率 $Q=Q_B$,定子电压 $U=U_B$,并记录此时同步发电机的定子电流 I、转子励磁电流 I_f、功角 δ 及系统侧电压 U_{sys}。

(5) 测定转子励磁电流运行极限约束(对应图 3-14 中的 AB 线段)。维持同步发电机定子电压 U 等于 U_B 和转子励磁电流 I_f 等于极限(B 点对应的转子励磁电流 I_{fB})不变,改变同步发电机有功功率(从 P_B 逐步调节至 0),可测取 AB 线段。当同步发电机有功功率调节至 0 时,无功功率达到最大,此时同步发电机相当于同步补偿机,其运行至有功功率等于 0 且转子励磁电流达到极限的运行状态,对应图 3-14 中的 A 点。

(6) 测定定子电流运行极限约束(对应图 3-14 中的 BC 线段)。从 B 点开始增加同步发电机有功功率至极限($1.1P_B$),同步发电机运行受定子电流运行极限约束,这时需要相应地减少转子励磁电流,即降低同步发电机无功功率(注意:需维持同步发电机定子电压 U 等于 U_B 不变),以维持定子电流等于极限(B 点对应的定子电流 I_B),可测取 BC 线段。当同步发电机有功功率等于极限($1.1P_B$)时,同步发电机运行至有功功率和定子电流都达到极限的运行状态,对应图 3-14 中的 C 点。

(7) 测定有功功率运行极限约束(对应图 3-14 中的 CD 线段)。维持同步发电机有功功率等于极限($1.1P_B$)不变,降低发电机转子励磁电流,使同步发电机无功功率输出逐步调节至 0(注意:需维持同步发电机定子电压 U 等于 U_B 不变),可测取 CD 线段。同步发电机无功功率输出等于 0 且有功功率达到允许极限的运行状态,对应图 3-14 中的 D 点。

(8) 测定有功功率运行极限约束和静态稳定运行极限约束(对应图 3-14 中的 DE 线段)。继续降低同步发电机的转子励磁电流,使同步发电机无功功率从 0 逐步负向增加(注意:

需维持同步发电机定子电压 U 等于 U_B 不变),直至同步发电机功角达到最大值,可测取 DE 线段,在 DE 线段同步发电机处于进相运行状态,同步发电机有功功率和最大功角都达到极限的运行状态,对应图 3-14 中的 E 点。

(9)测定同步发电机静态稳定运行极限约束(对应图 3-14 中的 EG 线段)。继续降低同步发电机有功功率和转子励磁电流(注意:需维持发电机定子电压 U 等于 U_B 不变),可测取 EG 线段。

将步骤(4)~步骤(9)所测得的同步发电机定子电压 U、定子电流 I、有功功率 P、无功功率 Q、转子励磁电流 I_f、功角 δ 及系统侧电压 U_{sys} 记录于表 3-3 中。

4. 实验结果

根据实验内容记录实验数据,并将结果填写在表 3-3 中。

表 3-3 同步发电机静态安全运行极限实验结果记录表

运行点	U/V	I/A	P/W	Q/Var	I_f/A	δ /°	U_{sys}/V
A							
1							
2							
B							
C							
D							
E							
5							
6							

5. 实验注意事项

(1)严格按照同步发电机组各设备的启动和停止顺序进行操作,避免出现失磁飞车、失步运行等操作错误。

(2)准确同期法需要保证同步发电机与系统侧的电压频率、电压幅值和电压相位均相同时,才可以进行并网操作。

(3)根据同步发电机静态安全运行极限约束,将同步发电机准确调节至 9 个运行点,避免因错误操作引起过电压和过电流等危险。

(4)读取同步发电机某个运行点的参数时,应记录同一时刻同步发电机的 7 个参数的实验数据。

6. 实验报告要求

(1)根据给定的同步发电机参数和定子电流、转子励磁电流、有功功率及功角的极限,用作图法绘制同步发电机静态安全运行极限曲线。

(2)根据实验数据,绘制同步发电机静态安全运行极限曲线。

(3)比较上述两种方法得到的同步发电机静态安全运行极限曲线,分析作图法和实验方法中出现误差的原因。

7. 思考题

（1）取同步发电机定子电压分别为 B 点定子电压的 0.95、1.00、1.05 倍时，静态安全运行极限会有怎样的变化？

（2）当同步发电机的定子电流或转子励磁电流的极限发生变化时，静态安全运行极限会有怎样的变化？

（3）分析影响图 3-14 中的 EG 线段（静态稳定运行极限曲线）测量实验准确性的原因。

（4）同步电机运行在图 3-14 中的 AB 线段时处于饱和状态。若将不饱和状态下的同步电机参数用作图法绘制静态安全运行极限曲线，将产生什么误差？

8. 凸极同步发电机静态安全运行极限

凸极同步发电机静态安全运行极限与隐极同步发电机静态安全运行极限有相似的几个区段，但求取方法有所不同，现简述如下。

对于凸极同步发电机的定子电流运行极限约束和有功功率运行极限约束，对应的曲线绘制方法与隐极同步发电机相同。

图 3-16 所示为凸极同步发电机的相量图。同样设 B 点为凸极同步发电机定子电流和转子励磁电流都达到极限时对应的运行状态，凸极同步发电机的定子电压为 $\dot{U}$、q 轴电势为 $\dot{E}_q$、功角为 δ。

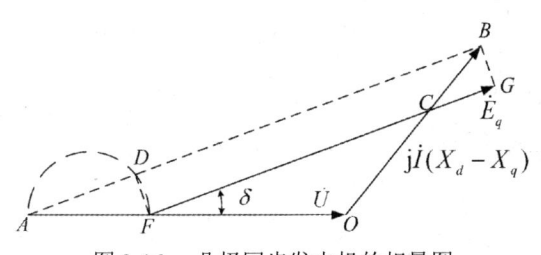

图 3-16 凸极同步发电机的相量图

1）转子励磁电流运行极限约束

与隐极同步发电机相似，当凸极同步发电机的功率因数低于图 3-14 中的 B 点的功率因数时，凸极同步发电机的安全运行极限受转子励磁电流运行极限约束。以下考虑凸极效应时以转子励磁电流运行极限为约束的凸极同步发电机静态安全运行极限。

在图 3-16 中，通过 B 点作 BA 线段平行于 GF 线段，与 FO 线段的延长线交于 A 点，作 BG 线段垂直于 FG 线段，又作 FD 线段垂直于 AB 线段。从平行四边形 $FDBG$ 来看，BD 线段等于 FG 线段，即 $\dot{E}_q$。当功率因数下降时，需要保持转子励磁电流不变，即保持 BD 线段的长度不变。由三角形 OFC 和三角形 OAB 可以得出

$$\begin{cases} \overrightarrow{AF} = \dfrac{X_d - X_q}{X_q} \dot{U} \\ \overrightarrow{AO} = \dfrac{X_d}{X_q} \dot{U} \end{cases} \tag{3-30}$$

当凸极同步发电机的定子电压 $\dot{U}$ 不变时，AF 线段和 AO 线段的长度也是不变的。由于 $\angle ADF$ 为直角，故当凸极同步发电机的转子励磁电流及定子电压 $\dot{U}$ 均恒定时，改变凸极同步发电机的功率因数，D 点的运行轨迹在以 FA 线段为直径的圆周上，这时 B 点的运行轨

迹就是转子励磁电流运行极限约束所对应的曲线。

2）静态稳定运行极限约束

图 3-17 所示为凸极同步发电机进相运行时的相量图。其中，$\overrightarrow{BD}=\dot{E}_q$，$\overrightarrow{FO}=\dot{U}$。当定子电压恒定且凸极同步发电机进相运行时，静态稳定运行极限可由以下方法确定。

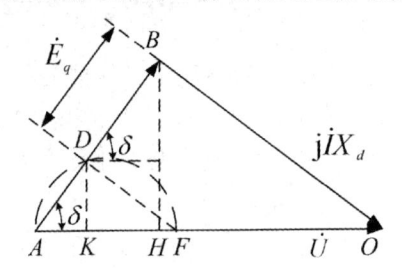

图 3-17　凸极同步发电机进相运行时的相量图

凸极同步发电机的有功功率为

$$P = \frac{E_q U}{X_d}\sin\delta + \frac{U^2}{2}\left(\frac{1}{X_q} - \frac{1}{X_d}\right)\sin 2\delta \tag{3-31}$$

静态稳定运行极限对应的数学表达式为

$$\frac{\partial P}{\partial \delta} = \frac{E_q U}{X_d}\cos\delta + U^2\left(\frac{1}{X_q} - \frac{1}{X_d}\right)\cos 2\delta = 0 \tag{3-32}$$

对式（3-32）化简可得

$$U_{AO}\cos^2\delta = U_{AO} - U_{AO}\cos^2\delta - E_q\cos\delta \tag{3-33}$$

式中

$$U_{AO} = \frac{X_d - X_q}{X_q}U = \overrightarrow{AF} \tag{3-34}$$

当定子电压保持恒定且凸极同步发电机处于进相运行时，凸极同步发电机的静态稳定运行极限可以从图 3-17 中找到相应的几何解释，即

$$\begin{cases} |\overrightarrow{AD}| = |\overrightarrow{AF}|\cos\delta = U_{AO}\cos\delta \\ |\overrightarrow{AK}| = |\overrightarrow{AD}|\cos\delta = U_{AO}\cos^2\delta \\ |\overrightarrow{HF}| = |\overrightarrow{AF}| - |\overrightarrow{AK}| - |\overrightarrow{KH}| = U_{AO} - U_{AO}\cos^2\delta - E_q\cos\delta \end{cases} \tag{3-35}$$

由式（3-33）可知，处于进相运行下凸极同步发电机静态安全运行极限的几何解释为

$$\overrightarrow{AF} = \overrightarrow{HF} \tag{3-36}$$

根据上述几何关系，可以确定凸极同步发电机进相运行的静态稳定运行极限所对应的曲线是图 3-16 中 B 点的运行轨迹。若考虑稳定储备，静态稳定运行极限对应的最大功角较小。

3.1.5　电力系统静态稳定性测定

1. 实验目的

掌握电力系统并网运行的静态稳定性和提高静态稳定性的措施，通过实验加深对电力系统静态稳定性基本理论的理解。

2. 实验原理

在电力系统正常运行过程中，假设原动机的输入功率保持不变，当同步发电机在受到小扰动时，功角 δ 随之发生变化，在扰动消失后，功角 δ 可以自行恢复到原来的平衡状态并继续保持同步运行的能力，称为电力系统静态稳定性。

电力系统静态稳定性与同步发电机的功角特性方程中各参数的关系如下。

隐极同步发电机的功角特性方程为

$$P = \frac{E_q U}{X_{d\Sigma}} \sin\delta \tag{3-37}$$

凸极同步发电机的功角特性方程为

$$P = \frac{E_q U}{X_{d\Sigma}} \sin\delta + \frac{U^2}{2} \frac{X_{d\Sigma} - X_{q\Sigma}}{X_{d\Sigma} X_{q\Sigma}} \sin2\delta \tag{3-38}$$

在式（3-37）和式（3-38）中，P 为系统的传输功率；E_q 为同步发电机 q 轴电动势；U 为系统侧电压；$X_{d\Sigma}$、$X_{q\Sigma}$ 分别为系统综合电抗的 d 轴和 q 轴分量；δ 为系统功角。

此时系统传输的有功功率极限为 $E_q/X_{d\Sigma}$。若 δ 为定值，则系统传输的有功功率与同步发电机电动势 E_q、系统侧电压 U 成正比，与系统综合电抗 $X_{d\Sigma}$ 成反比；若 $E_q/X_{d\Sigma}$ 为定值，则系统传输的有功功率为功角 δ 的正弦函数。

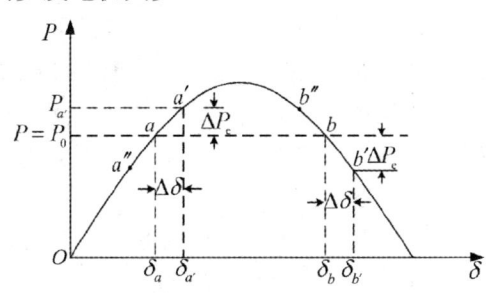

同步发电机的功角特性曲线如图 3-18 所示。小扰动后同步发电机功角的变化情况如图 3-19 所示。可见，在功角特性曲线上，同步发电机有功功率 P 对应两个点 a、b，但根据静态稳定性判据 $(dP/d\delta) > 0$ 可知，只有 a 点才是平衡点，可以保证同步发电机在受到小扰动后功角重新恢复稳定并保持发电机同步运行，而同步发电机在 b 点受到小扰动后，功率无法达到平衡，进而造成同步发电机失步。

图 3-18 同步发电机的功角特性曲线

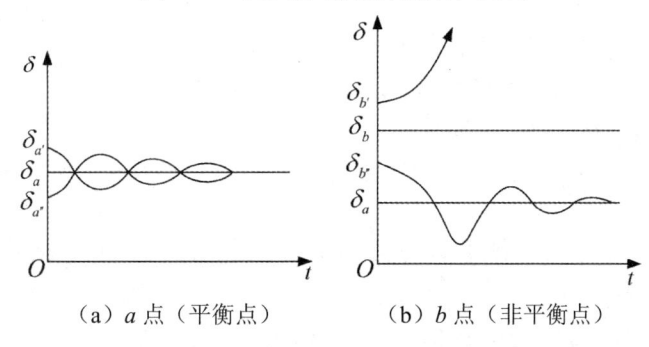

(a) a 点（平衡点）　　(b) b 点（非平衡点）

图 3-19 小扰动后同步发电机功角的变化情况

3. 实验步骤

1) 网络结构变化对电力系统静态稳定性的影响

同步发电机采用手动调节励磁，其转子励磁电流等于空载状态时的转子励磁电流并保持恒定，测定输电线路为单回路和双回路时同步发电机的功角特性曲线，具体实验步骤如下。

（1）将同步发电机励磁调节系统调为手动模式，此时励磁调节系统采用转子励磁电流 I_f 闭环控制。

（2）先将输电线路切换为双回路运行，再按照正确顺序启动同步发电机组的各设备，采用准确同期法将同步发电机投入电网并联运行。

（3）同步发电机调节至空载状态（$P=0$，$Q=0$，$U=220V$），并将功角测量仪清零。

（4）调节同步发电机转子励磁电流等于空载状态时的转子励磁电流并保持恒定。

（5）从 0 开始逐步增加同步发电机的有功功率，使功角 δ 从 0 开始逐步增加至 50°，每 10°记录 1 组实验数据，包括同步发电机的定子电压 U、定子电流 I、有功功率 P、无功功率 Q、转子励磁电流 I_f、功角 δ 及系统侧电压 U_{sys}。

在同步发电机调节至空载状态后，将输电线路切换为单回路运行，重复步骤（3）～步骤（5）。比较输电线路分别为单回路和双回路时测得的实验数据，分析网络结构变化对电力系统静态稳定性的影响。

2) E_q 变化对电力系统静态稳定性的影响

同步发电机采用手动调节励磁，使同步发电机的转子励磁电流等于半载状态时的转子励磁电流并保持恒定，测定输电线路为单回路时同步发电机的功角特性曲线，具体实验步骤如下。

（1）同步发电机调节至半载状态（$P=0.5\ P_N$，$Q=0.5\ Q_N$，$U=220V$），保持输电线路为单回路运行，并将功角测量仪清零。

（2）调节同步发电机的转子励磁电流等于半载状态时的转子励磁电流并保持恒定。

（3）从 0 开始逐步增加同步发电机的有功功率，使功角 δ 从 0 开始增加至 50°，每 10°记录 1 组实验数据，包括同步发电机的定子电压 U、定子电流 I、有功功率 P、无功功率 Q、转子励磁电流 I_f、功角 δ 及系统侧电压 U_{sys}。

比较输电线路为单回路时分别在保持转子励磁电流等于空载状态时的转子励磁电流和半载状态时的转子励磁电流情况下测得的实验数据，分析 E_q 对电力系统静态稳定性的影响。

3) 不同励磁控制方式对电力系统静态稳定性的影响

同步发电机分别采用手动励磁和自动励磁调节装置使定子电压保持恒定，测定同步发电机功角特性曲线，具体实验步骤如下。

（1）将同步发电机励磁系统调节为手动模式，此时励磁系统仍采用转子励磁电流 I_f 闭环控制。

（2）同步发电机调节至空载状态（$P=0$，$Q=0$，$U=220V$），保持输电线路为单回路运行，并将功角测量仪清零。

（3）通过控制转子励磁电流 I_f 将同步发电机定子电压调至 200V 并保持恒定。

（4）从 0 开始逐步增加同步发电机的有功功率，使功角 δ 从 0 开始增加至 50°，每 10°记录 1 组实验数据（注意：每组数据都需要保证定子电压等于 200V），包括同步发电机的定子电压 U、定子电流 I、有功功率 P、无功功率 Q、转子励磁电流 I_f、功角 δ 及系统侧电压 U_{sys}。

先将同步发电机调节至空载状态后解列停机，再将同步发电机励磁系统切换为自动模式，此时励磁系统仍采用定子电压 U 闭环控制。然后按照正确顺序启动同步发电机组的各设备，采用准确同期法将同步发电机投入电网并联运行，重复步骤（2）～步骤（4）。比较输电线路为单回路时分别采用手动励磁和自动励磁调节装置保持同步发电机定子电压恒定情况下测得的实验数据，分析不同励磁控制变化对电力系统静态稳定性的影响。

4．实验结果

将以下 5 个子实验的实验数据分别记录在表 3-4 中。

（1）模拟输电线路为双回路运行时，保持转子励磁电流等于空载状态时的转子励磁电流不变，测定同步发电机的功角特性曲线。

（2）模拟输电线路为单回路运行时，保持转子励磁电流等于空载状态时的转子励磁电流不变，测定同步发电机的功角特性曲线。

（3）模拟输电线路为单回路运行时，保持转子励磁电流等于半载状态时的转子励磁电流不变，测定同步发电机的功角特性曲线。

（4）模拟输电线路为单回路运行时，通过手动励磁调节装置保持定子电压不变，测定同步发电机的功角特性曲线。

（5）模拟输电线路为单回路运行时，通过自动励磁调节装置保持定子电压不变，测定同步发电机的功角特性曲线。

表 3-4　电力系统静态稳定性实验结果记录表

P/W	Q/Var	U/V	I/A	I_f/A	U_{sys}/V	δ/（°）
						0
						10
						20
						30
						40
						50

5．实验注意事项

（1）严格按照同步发电机组各设备的启动和停止顺序进行操作，避免出现失磁飞车、失步运行等操作错误。

（2）准确同期法需要保证同步发电机与系统侧的电压频率、电压幅值和电压相位均相同，才可以进行并网操作。

（3）准确调节 5 个子实验的初始状态，并将功角测量仪准确清零。

（4）根据每个子实验的要求，将同步发电机准确调节至相应运行点，避免因错误操作引起过电压和过电流等危险。

（5）读取同步发电机在某个运行点的参数时，应记录同一时刻同步发电机的 7 个参数的实验数据。

6. 实验报告要求

（1）将实验测得各种运行方式下同步发电机的功角特性曲线绘制在同一个坐标系上。

（2）分析比较各种运行方式下同步发电机的功角特性曲线。

7. 思考题

（1）自动励磁调节装置对电力系统静态稳定性有什么影响？

（2）当同步发电机濒临失步时应采取哪些措施？

（3）影响电力系统静态稳定性的因素有哪些？

（4）提高电力系统静态稳定性的措施有哪些？

（5）多机系统的功角特性和单机系统的功角特性有什么区别？

3.2 电力系统保护与控制实验

电力系统保护与控制对电网安全稳定运行具有重要意义。电力系统保护与控制实验主要研究各种保护与控制装置的构成原理、整定计算原则和调试方法。通过电力系统保护与控制实验，学生可以直观地了解和认识保护装置的保护原理和动作过程，确保当电力系统发生故障时，保护装置能自动、迅速、有选择性地切除故障，使非故障部分快速恢复供电；当电力系统发生不正常运行状况时，保护装置能正确动作并发出报警信号。

3.2.1 电力系统保护与控制实验台

电力系统保护与控制实验台是用来测试电流保护、电压保护和微机保护的综合实验装置。实验台上配有电磁型继电器、高压输电线路成套保护装置、实验开关、测量仪表、故障指示灯和直流电源等。电力系统保护与控制实验台实物图如图 3-20 所示。

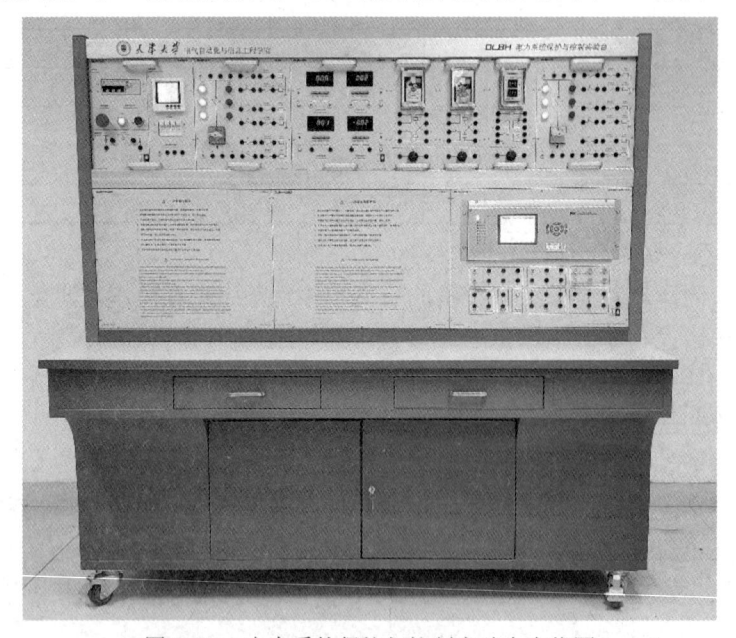

图 3-20　电力系统保护与控制实验台实物图

1. 电磁型继电保护装置

电磁型过电流继电器采用双线圈结构，转动刻度盘上的指针可以改变游丝的反作用力矩，从而改变该继电器的整定值。当两个线圈串联时，动作电流范围为 1.5~3.0A；当两个线圈并联时，动作电流范围为 3.0~6.0A。当电流升高至整定值或大于整定值时，电磁型过电流继电器动作，动合触点闭合，动断触点断开；当电流降低到某定值（此定值小于整定值）时，电磁型过电流继电器返回，动合触点断开，动断触点闭合。

电磁型低电压继电器采用双线圈结构，转动刻度盘上的指针可以改变游丝的反作用力矩，从而改变该继电器的整定值。当两个线圈串联时，动作电压范围为 80~160V；当两个线圈并联时，动作电压范围为 40~80V。当电压降低至整定值或小于整定值时，电磁型低压继电器动作，动合触点断开，动断触点闭合；当电压升高到某定值（此定值大于整定值）时，电磁型低电压继电器返回，动合触点闭合，动断触点断开。

电磁型时间继电器采用单线圈结构，线圈额定电压为 100V。电磁型时间继电器具有两个计时器，每个计时器配备一个通电延时型触点（延时闭合触点），计时器的计时范围为 0~9.99s。当计时器达到时间整定值时，电磁型时间继电器动作，延时闭合触点闭合。

2. 微机保护装置

微机保护采用南瑞继保 PCS-941 型高压输电线路成套保护装置，可用作 110kV 输电线路的主保护及后备保护，具有完整的三段相间和接地距离保护、四段零序方向过流保护、低周保护，配有三相一次重合闸功能、过负荷警告功能、频率跟踪采样功能等。

1）额定电气参数

（1）直流电压为 220V。

（2）交流电压为 $110/\sqrt{3}$ V（额定电压 U_n）。

（3）交流电流为 5A（额定电流 I_n）。

（4）频率为 50Hz。

（5）电流回路过载能力：2 倍额定电流，连续工作；10 倍额定电流，允许工作 10s；40 倍额定电流，允许工作 1s。

（6）电压回路过载能力：1.5 倍额定电压，连续工作。

2）保护技术参数

（1）整组动作时间。

① 纵联保护全线路跳闸时间＜30ms。

② 距离保护Ⅰ段＜30ms。

（2）启动元件。

① 电流变化量启动元件，整定范围为 $(0.1~0.5)I_n$。

② 零序过流启动元件，整定范围为 $(0.1~0.5)I_n$。

③ 负序过流启动元件，整定范围为 $(0.1~0.5)I_n$。

（3）纵联保护。

① 纵联距离元件：整定范围为 0.1~25Ω。

② 零序方向元件：最小动作电压为 0.5~1V；最小动作电流＜$0.1I_n$。

（4）距离保护。

① 整定范围为 0.01～25Ω。
② 距离元件定值误差＜5%。
③ 精确工作电压＜0.25V。
④ 最小精确工作电流为 $0.1I_n$。
⑤ 最大精确工作电流为 $30I_n$。
⑥ Ⅰ、Ⅱ、Ⅲ段跳闸时间均为 1～10s。
（5）零序过流保护。
① 整定范围为$(0.1～20)I_n$。
② 零序过流元件定值误差＜5%。
③ Ⅰ、Ⅱ、Ⅲ、Ⅳ段跳闸时间均为 1～10s。
（6）低周保护。
① 整定范围为 45～50Hz。
② 低周保护低频定值误差为(45～50)±0.03Hz。
③ 低周保护出口延时为 0～10s。
（7）过负荷告警。
① 整定范围为$(0.1～20)I_n$。
② 过负荷元件定值误差＜5%。
③ 过负荷告警出口延时为 0～10s。
（8）自动重合闸。
检同期元件角度误差＜±3°。

3.2.2 保护测试仪

保护测试仪采用高性能工控机及 Windows 操作系统，装置面板带有 10.4 寸 LCD 显示器、轨迹球和优化键盘，无须外接鼠标或键盘就可直接使用，并设有 USB 口、10～100MB 网口、串口，可方便地进行数据存取、数据通信和软件升级等。

保护测试仪测试软件具有功能完备、界面简洁明晰、操作简便、易学易用等特点。根据各测试模块功能的不同，把测试模块划分为交流试验、直流试验、交直流试验、谐波试验、状态序列、线路保护等子测试模块，并且可以任意扩展。继电保护测试系统界面如图 3-21 所示。

图 3-21 继电保护测试系统界面

1．额定参数及常用按钮

1）交流电流输出

（1）六相电流输出时每相输出（有效值）为 0~30A。

（2）输出精度（0.5~30A）为 0.1 级。

（3）六相并联电流输出（有效值）为 0~180A。

（4）相电流长时间允许工作值（有效值）为 10A。

（5）相电流最大输出功率为 450VA。

（6）最大输出功率为 1000VA。

（7）最大电流输出时的允许工作时间为 10s。

（8）频率范围（基波）为 0~1200Hz。

（9）谐波次数为 2~24 次。

2）直流电流输出

（1）电流输出为 0~±10A/每相，0~±60A/6 并。

（2）输出精度为 0.2 级。

（3）最大输出负载电压为 20V。

3）交流电压输出

（1）相电压输出（有效值）为 0~120V。

（2）输出精度（2~120V）为 0.1 级。

（3）线电压输出（有效值）为 0~240V。

（4）相电压/线电压输出功率为 80VA/100VA。

（5）频率范围（基波）为 0~1200Hz。

（6）谐波次数为 2~24 次。

4）直流电压输出

（1）相电压输出幅值为 0~±160V。

（2）输出精度为 0.2 级。

（3）线电压输出幅值为 0~±320V。

（4）相电压/线电压输出功率为 70VA/140VA。

5）常用按钮

图 3-22 所示为交流试验界面，其中包含以下常用按钮。

（1）【打开参数】按钮：用于从指定文件中调出已保存的试验参数，将参数放到软件界面上。

（2）【试验开始】按钮：用于开始试验。

（3）【试验停止】按钮：用于正常结束试验或中途强行停止。

（4）【波形监视】按钮：单击【波形监视】按钮可以打开【波形监视】对话框，监控仪器当前输出波形，并实时录波。再次单击【波形监视】按钮可以关闭该对话框。

（5）【数据复归】按钮：用于将参数恢复到试验前的初始值，便于多次重复性试验。

（6）【变量步增】按钮：在手动试验时，单击【变量步增】按钮手动增加变量值的

1个步长量,其功能与保护测试仪键盘上的【↑】键相同。该按钮在自动试验时无效,会自动变成灰色,无法单击。

(7) 【变量步减】按钮:在手动试验时,单击【变量步减】按钮手动减小变量值的 1 个步长量,其功能与保护测试仪键盘上的【↓】键相同。该按钮在自动试验时无效,会自动变成灰色,无法单击。

(8) 【功率显示】按钮:在交流试验模块中,单击【功率显示】按钮可在试验期间打开【功率显示】对话框,对比保护测试仪的实际输出功率与现场表计实测功率。

(9) 【短路计算】按钮:单击【短路计算】按钮可打开【短路计算】对话框,用于故障时的短路计算,并自动填入计算结果。需要注意的是,当故障类型为接地故障时,零序补偿系数要设置正确。

(10) 【对称输出】按钮:单击【对称输出】按钮可以使电流、电压按对称输出,只需改变任一相的值,其他几相便会自动根据对称三相交流量输出幅值和相位。若某一相的值选择可变,则其他相的值也会相应地变为可变。

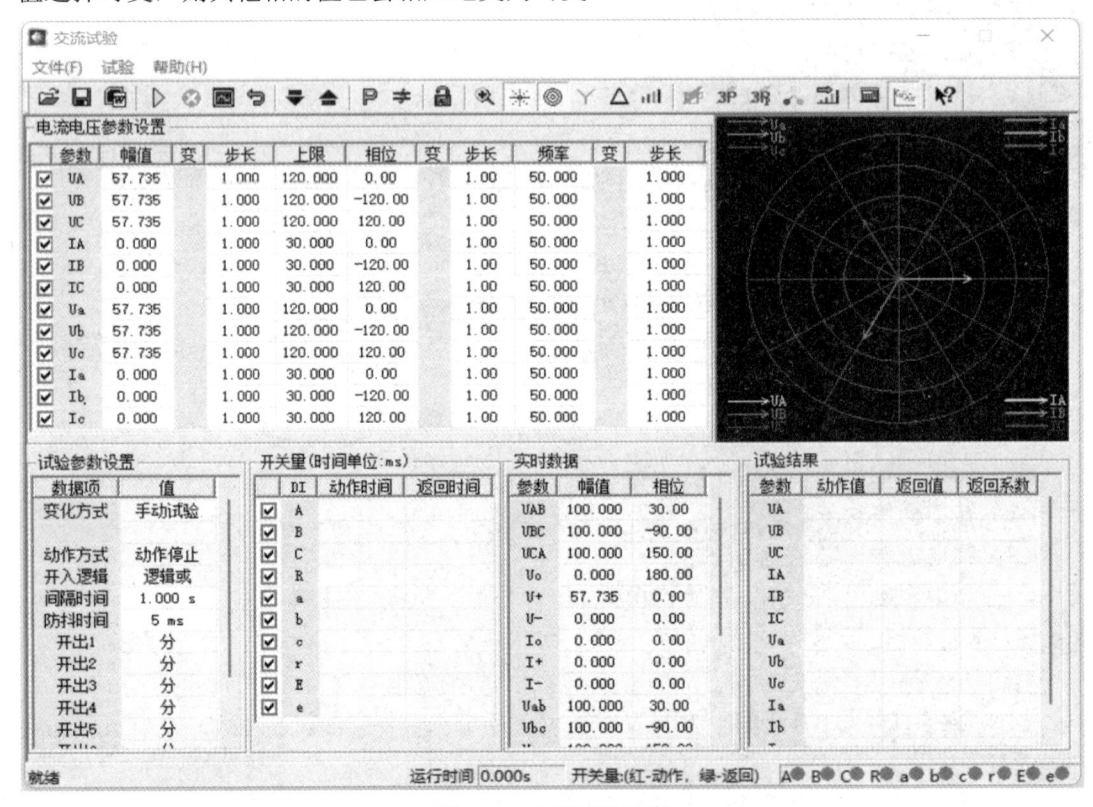

图 3-22 交流试验界面

6) 使用注意事项

(1) 保护测试仪内置了工控机和 Windows 操作系统,请勿过于频繁地开关主机电源。

(2) 装置面板或背板装有 USB 口,允许热拔插 USB 口设备(如 U 盘等),但注意拔插时一定要在数据传输结束后进行。

(3) 为了保证工控机内置的 Windows 操作系统能稳定、可靠地运行,不要随意删除或修改硬盘上的文件和桌面上的图标,不要随意操作、更改、增加、删除、使用内置 Windows

操作系统，以免 Windows 操作系统损坏。使用 U 盘复制数据时一定保证 U 盘干净、无病毒，也不要利用 U 盘在本系统中安装其他软件程序。

（4）勿在输出状态下直接关闭电源，以免因关闭时输出错误导致保护误动作。

（5）开入量兼容空接点和电位（DC0～250V），使用带电接点时，接点电位高端（正极）应接入公共端子+KM。

（6）当保护测试仪工作时，勿堵住或封闭机身的通风口，通常将仪器站立放置或打开支撑脚稍倾斜放置。

（7）禁止将外部的交直流电源引入保护测试仪的电压、电流输出插孔。

（8）如果现场干扰较强或安全要求较高，试验之前，将电源线（3 芯）的接地端可靠接地或装置接地孔接地。

（9）如果在使用过程中出现界面数据出错或无法正确输入等问题，先在主界面上单击【恢复默认参数】按钮，再启动运行程序，此时界面所有数据均恢复至默认值。

（10）关机时勿直接关闭面板电源，应先关闭计算机的 Windows 操作系统，等待屏幕上提示可以安全关机时，再关闭电源。

2．交流试验模块

1）功能介绍

交流试验模块是一个通用型、综合型测试模块，具有独立的四相电压三相电流测试单元、四相电压三相并联电流测试单元（I_A 和 I_a 相加作为 I_A 相电流、I_B 和 I_b 相加作为 I_B 相电流及 I_C 和 I_c 相加作为 I_C 相电流）、六相电压六相电流测试单元和交流序分量试验单元。通过单击【四相电压三相电流测试】、【四相电压三相电流并联测试】、【六相电压六相电流测试】和【交流序分量试验】4 个按钮进行输出模式切换。这些独立单元互相调用，能充分满足各种要求下的交流试验测试。它们的共同点是：通过设置相应的电压或电流为变量，赋予变量一定的变化步长，并且选择合适的试验方式（手动、自动增加和自动减少），方便地测试各种电压电流保护的动作值、返回值，以及动作时间和返回时间等，并自动计算出返回系数。电压电流测试界面如图 3-23 所示。交流试验模块主要功能如下。

（1）实时监测当前输出波形，并以标准数据格式进行录波。

（2）可以灵活控制输出四相电压三相电流、四相电压六相电流、六相电压六相电流，同时输出多种组合测量动作值、返回值、动作时间、返回时间。

（3）具有按序分量输出功能，直接设置序分量数值，自动组合出各相电压、电流输出，并按序分量进行变化输出。

（4）各相电压、电流输出均可以任意设置幅值和相位，幅值可以设置上限。

（5）各量的幅值、相位、频率均可以设置，变化步长可任意设定。

（6）U_x 可以设置多种输出方式组合，也可以任意置数。

（7）可以自动、手动变化，且在输出时可以任意切换。

（8）在输出状态下可以直接修改幅值、相位、步长及变量的个数。

（9）可以直接显示功率数值，用于校验功率计量仪表。

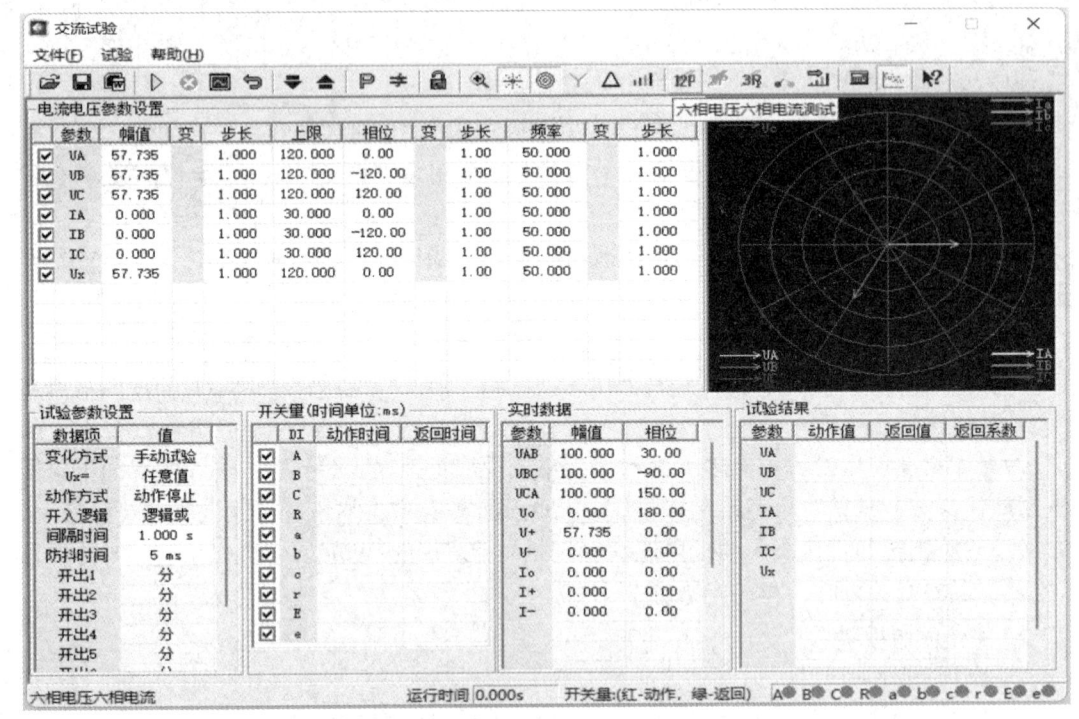

图 3-23　电压电流测试界面

鉴于最常用的是四相电压三相电流测试单元，而其他单元在使用方法上与此单元基本相同，所以下面仅以四相电压三相电流测试单元为例进行详细介绍。

2）参数设置

（1）交流量设置。

键入电压、电流的有效值后，单击【确认】按钮或用鼠标单击其他位置，被写入的数据将自动保留小数点后三位有效数字。电压的单位默认为 V，电流的单位默认为 A。设置相位时，可键入 -180°～360° 范围内的任意角度。在矢量图窗口中能实时观察到所设置的各交流量的大小和方向的示意图。

交流电压单相的最大输出为 120V。当需要输出更高电压时，可将任意两路电压串联使用，其幅值可不同，但相位相差 180°。例如，设 U_a 输出 120V、0°，U_b 输出 120V、180°，则 U_{ab} 输出的有效值为 240V。

交流电流单相的最大输出为 30A（在四相电压六相电流并联模式中，单相的最大输出为 60A）。若要输出更大电流，可将多路电流并联使用。在并联使用时，各相的相位应相同。采用大电流输出时，应尽量使用较粗、较短的导线，并且输出时间尽可能短。

电压电流测试界面中的【变】栏用于选择该输出量是否可变，如果在某相的有效值或相位旁边的【变】栏上选择【√】选项，则说明该输出量是可变的。同时，【步长】栏由灰色变成高亮色，即步长允许设置。幅值的变化步长最小值为 0.001，角度的变化步长最小值为 0.01，频率的变化步长最小值为 0.001。

【上限】栏是设置各相最大允许输出的有效值。在试验时，如果担心某相会不小心输出太大而损坏继电器，那么可为该相设置上限，这样在试验过程中该相将不会超限，可确保继电器安全。在软件出厂时的默认值是电压电流的最大输出幅值，即上限。

需要注意的是，由于电流相不可以开路，因此当不需要输出电流时，需要将对应电流相前的【√】取消，并将输出值置 0。

（2）U_x 设置。

U_x 是特殊相，可设置为以下几种输出情况。

① 设定为 $+3U_0$、$-3U_0$、$+\sqrt{3} \times 3U_0$、$-\sqrt{3} \times 3U_0$ 时，U_x 的输出值由当前输出的 U_A、U_B、U_C 组合出 $3U_0$ 乘以各自系数得出，并始终跟随 U_A、U_B、U_C 的变化而变化。

② 若选择等于某相（如 U_A）的输出，则 U_x 的输出与对应相的输出相同。

③ 若选择【任意方式】选项，则此时 U_x 的输出和其他三相电压一样，可以在输出范围内任意输出，也可以按照一定的步长变化其幅值和角度。

（3）手动方式和自动方式。

① 手动方式。各变量的变化完全由手动控制，单击工具栏中的【变量步增】或【变量步减】按钮，或者按下面板键盘上的【↑】或【↓】键，各变量将加或减 1 个步长量。当保护动作时，保护测试仪发出"嘀"声，并记录动作值。若还需要测量保护的返回值，则此时反方向减小或增加变量至保护接点返回，"嘀"声消失，记录下返回值并计算返回系数。

② 自动方式。在该方式下，当选择【自动增加】或【自动减少】选项时，开始试验后各变量将自动按步长递增或递减，增减的时间间隔可以设定。当保护动作时，自动记录所需量。若选择【仅测接点动作】选项，则装置测得动作值后将自动停止试验；若选择【测动作值和返回值】选项，则装置在测得动作值后将自动转换变量变化方向，反向变化各变量，直到装置接点返回，从而测量出返回值，记录返回值并计算返回系数。

间隔时间是指在自动方式下每步故障变化的间隔时间，在设置间隔时间时必须保证间隔时间比保护动作的时间长，以便保护能够可靠动作。

注意： 在手动方式中，当变量接近保护动作值时，增减变量的速度不能太快，以保证变量在每个步长停留足够时间让动作出口，这样测得的结果才准确。在自动方式中，每变化一步，内部计时器将自动清零。在测量继电器的动作时间时，若时间较长，选择手动方式，并缓慢变化。

3）开入量。

保护测试仪各开入量共用一个公共端。当接入保护的动作接点时，一端接开入量公共端，另一端接开入量 A、B、C、R、E、a、b、c、r、e 中任一个。需要注意的是，当接点带电位时，一定要把正极接入开入量公共端。

在交流试验模块中，开入量 A、B、C、R、E、a、b、c、r、e 均默认有效，互为"或"的关系，当不需要某个开入量时，可选择关闭。在试验时，保护装置的跳闸、合闸接点可接至任一路开入量中。需要注意的是，在线路保护中，软件默认开入量 R 为重合闸信号接入端。开入量公共端（红色端子）在接有源接点时，一般接电源的正极。只要保护测试仪接收到某路开入量的变位信号，即在该开入量栏中记录一个时间。如果有多路开入量同时变位，各路开入量都会记录各自的时间。

4）短路计算。

交流试验模块是一个通用模块。当需要模拟更复杂的故障试验时，在工具栏中单击【短路计算】按钮，打开图 3-24 所示的【短路计算】对话框，在这个对话框中可以进行故障参数设置，主要参数设置如下。

（1）故障类型。在该下拉菜单中可选择的故障类型有单相接地短路、两相短路、三相短路和正常状态。其中，正常状态是指三相电压为正序额定电压，三相电流为 0A。

（2）故障方向。默认情况下为正向故障，当有些方向性保护需要模拟反向故障时，可在该下拉菜单中选择【反向故障】选项。

（3）额定电压。系统的额定相电压一般为 57.735V。非故障相电压默认为此电压。

（4）整定阻抗。根据保护定值单给出的定值类型不同，在【整定阻抗】窗格中可按照"Z/Φ"或"R/X"两种方式设置故障阻抗。当选择其中一种方式设置故障阻抗时，另一种方式的定值由计算机自动计算得出。

（5）短路阻抗倍数。在试验时，常常按整定阻抗的 0.95 倍或 1.05 倍进行校验。因此，短路阻抗＝倍数×整定阻抗，用此短路阻抗再参与短路计算。在做零序保护试验时，有时可通过灵活设置短路阻抗，在不退出距离保护的情况下躲开距离保护的抢动。

（6）计算模型。当单击【短路电流不变】单选按钮时，需要设置短路电流，通过给定的短路阻抗和该短路电流计算出相应故障类型下的短路电压。当单击【短路电压不变】单选按钮时，需要设置短路电压，通过给定的短路阻抗和该短路电压计算出相应故障类型下的短路电流。在做距离保护试验时，可通过灵活设置短路电流，在不退出零序保护的情况下躲开零序保护的抢动。

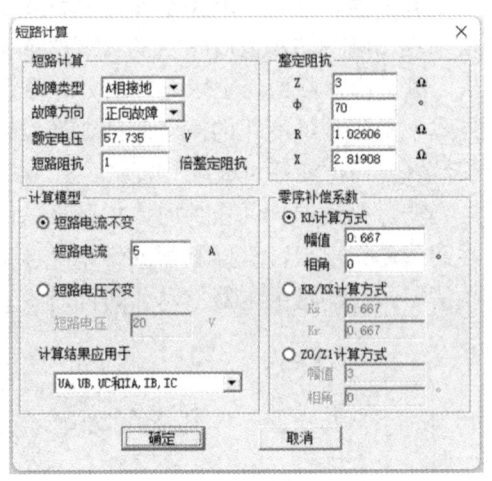

图 3-24　短路计算参数

注意：（1）在两相短路时短路电压是指故障线电压，在其他类型短路时是指故障相电压。

（2）测试常规继电器时，开关变位确认时间应设置得大一点，如设置为 20ms 左右；若测试的返回值误差过大，可能是由于继电器接点抖动过大，这时可以选择手动方式来完成；在测试继电器的动作时间时，保护测试仪输出的交流量应大于 1.2 倍整定动作值，以确保保护可靠动作。

（3）在测试多段式过流保护时，一般是逐段进行试验。也就是说，当测试 I 段定值时，把 II 段、III 段都退出，逐步递升电流直到保护动作。但是在这种方式下测出的动作时间往往是不准确的。当测试动作时间时，最好由保护测试仪直接输出 1.2 倍及以上的整定动作值（低电压保护为 0.8 倍及以下），以确保保护能够可靠动作，这样测试出来的动作时间比较准确。

（4）在测试距离保护时，短路阻抗小于整定值时保护才会出口，所以一般取定值的 0.95 倍来做实验，可保证保护能够可靠出口；在模拟接地距离故障时，零序补偿系数一定要设置正确。

（5）在校验零序电流定值时，要注意区分定值单里给出的是 $3I_0$ 的定值，还是 I_0 的定值。若是 I_0 的定值，则在测试模块的左下角会有显示；若是 $3I_0$ 的定值，则将左下角显示的 I_0 乘以 3，比较与定值是否一致。对于距离和零序保护定值的校验，保护测试仪配有专门的测试模块，这里不进行赘述。

（6）在测试低周保护时，选择频率可变。频率变化步长根据精度的要求来设置，最好选择自动方式来完成，因为低周保护有 df/dt 的闭锁值，如果采用手动方式，保护测试仪不好控制。频率从 50Hz 开始下降，一直降到保护动作。需要注意的是，间隔时间应该大于保护的动作时间。

3．直流试验模块

1）功能介绍

直流试验模块提供专门的直流电压和电流输出，主要是为了满足做直流电压继电器、时间继电器、中间继电器等试验的要求。直流试验界面如图 3-25 所示。

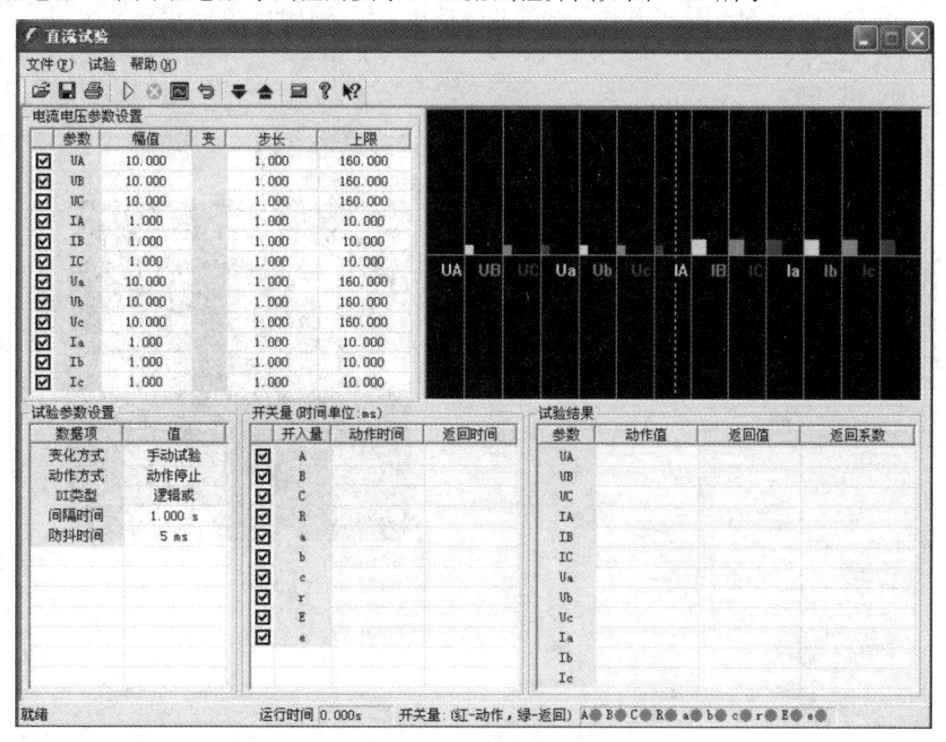

图 3-25 直流试验界面

2）参数设置

（1）每相的最大输出电压为±160V。当需要输出更大的电压时，可采用两相电压输出，数值上一正一负，这时最大可达 320V。例如，U_A=110V，U_B=−110V，则 U_{AB}=110−(−110)= 220V。U_A 和 U_B 不一定要相等，但需要注意正、负极性。

(2) 每相电流最大输出为 10A，如果需要输出更大的电流，则可采用两路或三路电流并联输出的方式，每相电流幅值应基本相等。

注意： 在做时间继电器试验时，由于一般动作时间较长，应选用手动方式，给继电器加上额定电压后不需要变化，一直等待其动作即可。在接线时，应将继电器的延时接点接至保护测试仪的开入量。

4．状态序列试验模块

1）功能介绍

状态序列试验模块主要是为了满足电力系统中一些特殊的保护测试需要。状态序列的功能比较强大，因为其可以设置多个状态，在多个不同状态下翻转，可以完成一些相对复杂的试验项目，如做厂用电的快切及备用电源的自动投入试验、配电系统保护装置多次重合闸等。状态序列试验中可以添加多个状态，每个状态都可根据实际情况自由定义电压、电流数据，模拟复杂的电网状态变化。通过 10 对开入量的翻转来获取并测量保护的动作值与动作时间。状态序列试验界面如图 3-26 所示。状态序列试验模块的主要功能如下。

(1) 可以灵活控制多个状态输出，每个状态都可以输出六相电压、六相电流。

(2) 每个状态都可以关闭、增删、插入，状态可以重新命名，也可以设置多种触发方式。

(3) 可以方便灵活地模拟各种复杂的故障情况，测试复杂的逻辑组合。

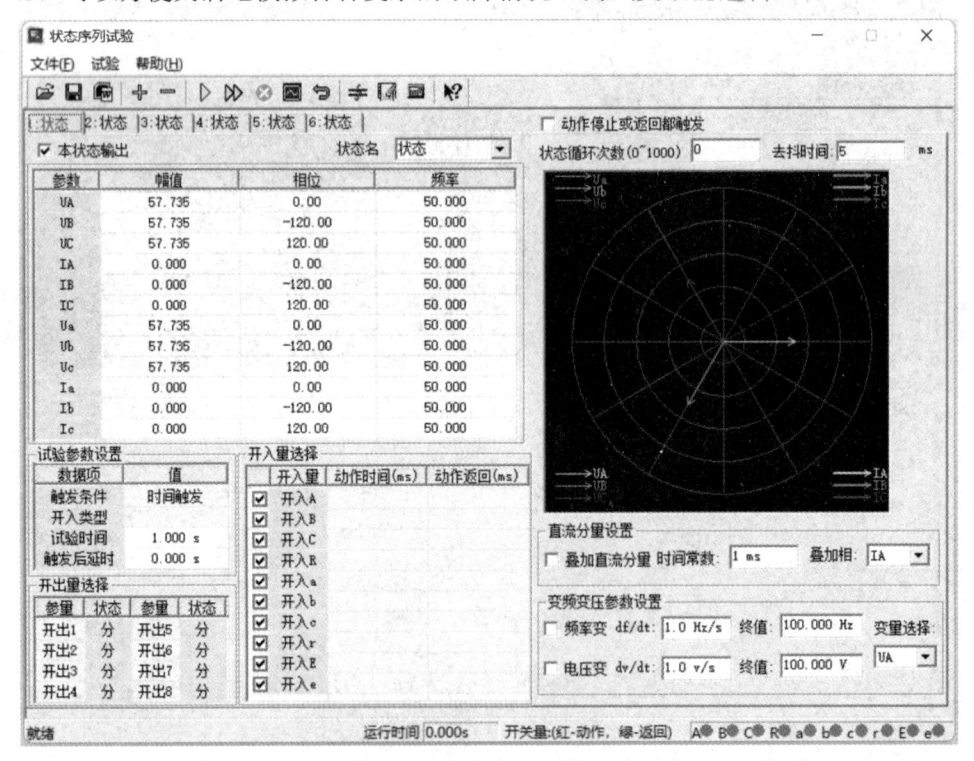

图 3-26 状态序列试验界面

2）参数设置

(1) 添加、删除状态。

单击【＋】和【－】按钮可以添加新状态或删除当前状态，最多可以添加 9 个状态。

在添加新状态时，默认添加到当前状态之后，试验人员可在弹出的对话框中根据实际需要将新状态添加至合适位置。当需要删除状态时，先用鼠标选中该状态（当某状态处于当前状态时，其标题以红色字显示），再单击【-】按钮。

(2) 状态输出。

根据实际需要，可以通过在此状态前取消【√】来跳过某个状态。此时，该状态将以灰色显示，不再参与整个试验过程。

(3) 状态名。

因为该模块常用来做重合闸及后加速试验，在【状态名】下拉菜单中，软件定义了故障前、故障、跳闸后、重合和永跳 5 个默认状态名，供试验人员选择。试验人员也可根据需要，直接在方框内键入自定义的状态名。自定义的状态名不会被固化到【状态名】下拉菜单中，可随时更改。参与过试验的自定义状态名在下次打开此模块时仍然存在。

(4) 状态参数设置。

每个状态下的交流量参数均可自由设置，方法同交流试验模块。要模拟复杂试验时，还可通过软件中的短路计算功能自动计算得出，计算出的数据也可以进行修改。

(5) 短路计算。

单击【短路计算】按钮，打开【短路计算】对话框，该对话框用于模拟各种故障时的短路计算，并将计算结果填入当前状态。需要特别注意的是，当故障类型为接地故障时，零序补偿系数要设置正确。

(6) 状态翻转条件。

状态翻转有多种触发方式，状态翻转条件是由一种状态翻转进入下一种状态的条件，可在【试验参数设置】窗格的【触发条件】栏中设置状态切换方式。

① 时间触发。当选择时间触发方式时，可以根据实际需要，在【试验时间】和【触发后延时】数值框中分别设置一定的时间。当试验时，经过上述两段延时后，自动进入下一种状态。试验时间是指这种状态的输出时间。触发后延时是指触发条件满足后延时进入下一种状态，该时间可用于模拟开关变位确认时间来躲过保护接点的抖动，也可以模拟保护开关跳闸或合闸的延时。若某状态的试验时间和触发后延时均为 0，则跳过此状态。

注意：时间触发和开入量触发可以同时选择，此时哪个条件先满足都可触发状态翻转。

② 开入量触发。在选择开入量触发方式时，保护测试仪的十路开入量都将有效。十路开入量为"或"的关系，可以根据需要去掉多余的开入量（取消其前面的【√】）。保护测试仪检测到所选的开入量动作时，将经触发后延时翻转至下一种状态。为了防止接点抖动而影响试验，在开入量触发方式下一般应设置一定的触发后延时（约 5~20ms）。

③ 按键触发。选择【按键触发】选项后，在试验期间，当状态翻转至该状态时，可通过单击【状态】按钮或按下保护测试仪面板上的【Tab】键来实现状态触发翻转。这是手动控制试验进程的一种有效方式。

5. 线路保护试验模块

1) 功能介绍

线路保护试验模块可以完成线路保护 8 个试验项目的定值校验，包括阻抗定值、零序电流定值、负序电流定值的校验、z/t 动作阶梯[①]、自动重合闸及后加速、非全相零序保护定值校验、工频变化量阻抗元件定值校验和最大灵敏角测试。在进行某项目试验之前，要注意及时进行软压板的投退，以防试验受到其他因素的影响。线路保护试验界面如图 3-27 所示。线路保护试验模块的主要功能如下。

（1）在一个测试模块中可以完成多种高、低压线路保护试验项目。

（2）能校验检同期重合闸、非全相、工频变化量阻抗等复杂的保护功能。

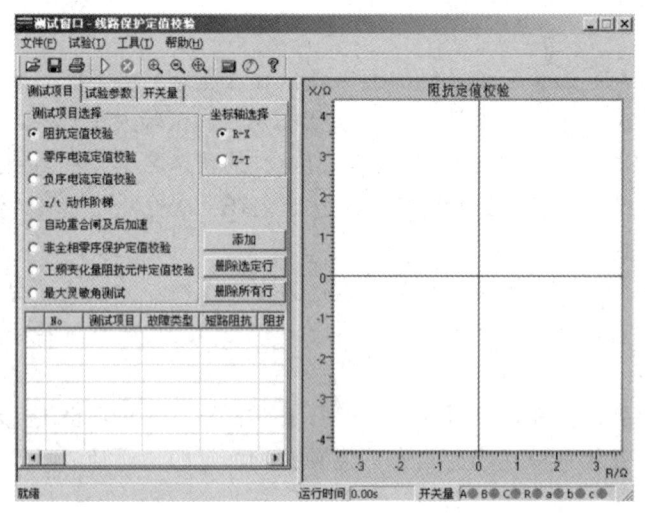

图 3-27　线路保护试验界面

2）参数设置

线路保护试验模块有 8 个试验项目可供选择。选中一个测试项目后，先单击【添加】按钮，再在打开的对话框中设置该测试项目的试验参数，然后单击【确认】按钮，试验数据即可添加到下面的参数窗口中。之后可以选中另一个测试项目，进行同样的参数设置和添加操作。一次试验可以添加多个测试项目，试验时按参数列表的顺序依次进行测试。

当需要删除参数列表中某一行的试验参数时，可以先选中这一行，再单击【删除选定行】按钮；当需要删除参数列表中全部的试验参数时，可以直接单击【删除所有行】按钮。通过单击【R-X】或【Z-T】单选按钮来改变图 3-27 中的坐标，实现不同的显示方式。线路保护试验模块提供了时间控制、按键触发、开入量触发和 GPS 触发 4 种触发方式。

根据现场电压互感器安装情况进行设置。电压互感器安装在母线侧时，开关断开后电压不消失，即保护测试仪不停止给保护输出电压，且输出为额定电压；电压互感器安装在线路侧时，开关断开后电压消失，即保护测试仪停止给保护输出电压。当电流互感器中性点指向线路时，I_A、I_B、I_C 为极性端，I_N 为非极性端；当电流互感器中性点指向母线时，与上述相反，此时保护测试仪输出的电流方向相反。

（1）阻抗定值校验。

阻抗定值校验用来校验距离保护各段在各种短路状态下的动作整定值。【阻抗定值校验】对话框如图 3-28 所示。将保护装置定值单中各试验参数（如各段阻抗整定值、试验电流、整定时间、试验时间等）填入相应栏。整定时间在试验过程中不起作用，一般试验时

[①] z/t 动作阶梯为软件自带表示形式，为与图片保持一致，此处字母使用正体。

间应设置得稍大于保护的整定时间。前 4 段为正向故障，还增加了 2 段反向故障，以满足不同故障的情况。

图 3-28 阻抗定值校验参数

整定阻抗可以以阻抗值和阻抗角方式或电阻和电抗方式输入，也可以通过单击【整定阻抗以 R、X 方式表示】按钮来切换。试验阻抗倍数有 0.80、0.95、1.05、1.20 可供选择，一般选 0.95 和 1.05。当试验阻抗倍数为 0.95 时，保护应可靠动作；当试验阻抗倍数为 1.05 时，保护应可靠不动作。在这两种倍数下保护动作不正确时，可检查试验阻抗倍数为 0.80 和 1.20 时保护动作的情况。短路阻抗=阻抗整定值×试验阻抗倍数。试验阻抗倍数也可以根据实际需要进行修改，以检查保护在哪种倍数下动作正确。

试验时可以同时选择多种故障类型。参数设置完成后单击【确定】按钮，各种故障下各段的试验参数将依次添加在图 3-27 所示的试验参数列表中。

（2）零序定值检验。

在做完阻抗定值校验后，退出距离保护压板并投入零序保护压板，否则容易造成两种保护抢动的现象。单击【零序电流定值检验】单选按钮后，单击【添加】按钮。【零序定值检验】对话框如图 3-29 所示。

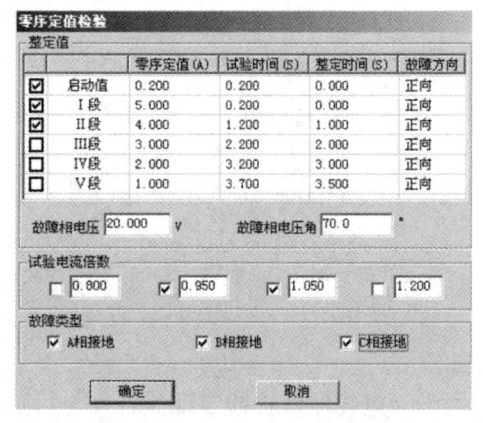

图 3-29 零序定值检验参数

【启动值】栏用于测试保护的启动电流。保护是否启动往往可以从保护的启动指示灯上观察到，也常常用来替代Ⅰ段，从而由启动值、Ⅰ段、Ⅱ段共同构成保护的Ⅰ、Ⅱ、Ⅲ段，这里的故障方向可以根据需要进行选择，在【故障方向】栏中选择正向或反向，以实现故障方向的相互切换。

默认情况下，试验电流倍数可选择 0.95 和 1.05 两种情况。当试验电流倍数为 0.95 时，保护应可靠不动作；当试验电流倍数为 1.05 时，保护应可靠动作。短路电流=零序电流定值×试验电流倍数。

（3）负序定值检验。

负序定值检验专门用于检验负序电流保护的定值。【负序定值检验】对话框如图 3-30 所示。故障电压和故障电压角是指该故障情况下的电压及角度。若选单相接地故障，则指故障相电压；若选相间短路故障，则指故障线电压。一般试验时间应设置得稍大于保护的整定时间。每次只设置一种故障，若需要同时测试多种故障，则须重复上述操作进行添加。

图 3-30　负序定值检验参数

（4）z/t 动作特性。

z/t 动作特性用于测试各种故障类型下多段距离保护的阻抗与时间的关系，即阻抗-时间动作特性。【z/t 动作特性】对话框如图 3-31 所示。阻抗变化始值至阻抗变化终值应覆盖需要测试的各段阻抗，试验时间应大于动作时间最长的那一段的整定动作时间。需要指出的是，阻抗变化步长的大小会直接影响测试的精度。

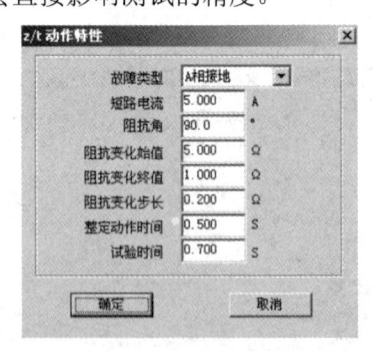

图 3-31　z/t 动作特性参数

（5）自动重合闸及后加速。

自动重合闸及后加速用于检查线路保护的自动重合闸与后加速的动作情况。重合前与重合后的故障类型、短路电流和短路阻抗均可以选择不同设置，可以真实模拟电力系统中实际的多重故障情况。【自动重合闸及后加速】对话框如图 3-32 所示。

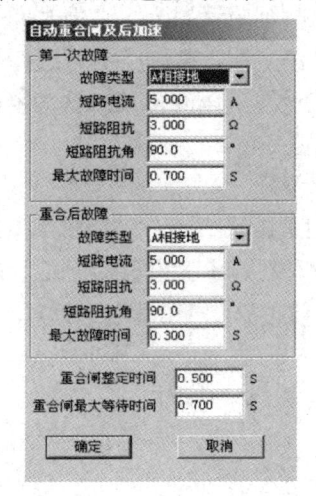

图 3-32 自动重合闸及后加速参数

重合前故障的最大故障时间应大于短路电流或短路阻抗对应保护段的整定动作时间，重合后故障的最大故障时间应大于短路电流或短路阻抗对应加速保护段的加速延时。重合闸的等待时间应大于重合闸整定时间。

若需要测试检同期或检无压重合闸的情况，则需要将 U_x 设置为线路抽取电压，并正确设置抽取电压相、开关断开情况下的电压、电压角差等。需要注意的是，线路抽取电压无论是相电压还是线电压，在正常状态时都为 100V。

（6）非全相零序保护定值检验。

非全相零序保护定值检验用于测试非全相运行状态下非全相零序保护的动作定值。在分相跳闸情况下出现第一次单相故障时，保护跳开单相开关且尚未重合，线路允许短时间内两相运行。在此非全相运行状态下又发生第二次故障，此时由非全相零序保护（又称不灵敏零序保护）动作跳开三相开关。这里第一次故障和第二次故障都是单相接地故障，并且前后两次的故障相别不同。【非全相零序保护定值检验】对话框如图 3-33 所示。

图 3-33 非全相零序保护定值检验参数

第二次故障的出现时刻可以设定，可选择从第一次跳闸后起算何时出现，也可设定从第一次故障开始时起算何时出现。设定时刻到达后将自动输出第二次故障对应的参数。若保护的重合闸功能未退出，则该时刻应设置为重合闸时间未到。

针对第二次故障时非全相零序定值，整定倍数可选择 0.95 和 1.05。因此，不灵敏零序定值必须按照保护的实际整定值设置。同时，第二次故障的最大故障时间应大于非全相零序保护的整定动作时间。

（7）工频变化量阻抗元件定值。

工频变化量阻抗元件定值用于测试工频变化量阻抗继电器的动作情况，可对某些线路保护的工频变化量距离保护的定值进行校验。【工频变化量阻抗元件】对话框如图 3-34 所示。

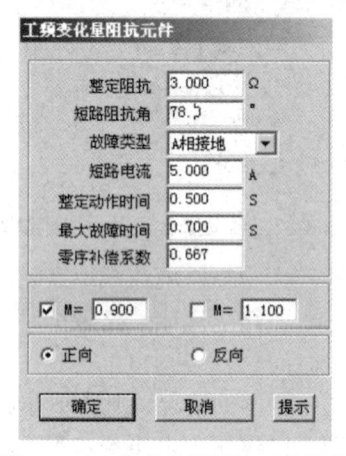

图 3-34 工频变化量阻抗元件参数

M 值默认情况下有 0.9 和 1.1 两种设置。一般情况下，当 $M=0.9$ 时，保护应可靠不动作；当 $M=1.1$ 时，保护应可靠动作。设置 $M=1.2$ 时，可以测出保护的动作时间。单击【工频变化量阻抗元件】对话框中的【提示】按钮可以获得更多提示。

短路电流参数应设置得大一些，建议为 10～20A，因为短路电流太小，计算出来的电压可能为负值。在试验时，距离保护压板应投入。单击【正向】或【反向】单选按钮，可测试保护的方向性。

（8）最大灵敏角测试。

最大灵敏角测试用于测试距离保护的最大阻抗角。【最大灵敏角测试】对话框如图 3-35 所示。阻抗角变化始值、阻抗角变化终值应分别设置在保护的两动作边界外，且包含最大灵敏角。因为测试点很多，如果保护实际动作的边界整定值未知，那么为了节约时间，在第一次测试时将变化步长设置得大一些，可以测试出大概的边界。然后，将阻抗角变化始值、阻抗角变化终值设置在已知的两边界附近，并且选定一个合适的变化步长就可以测出精度符合要求的最大灵敏角。

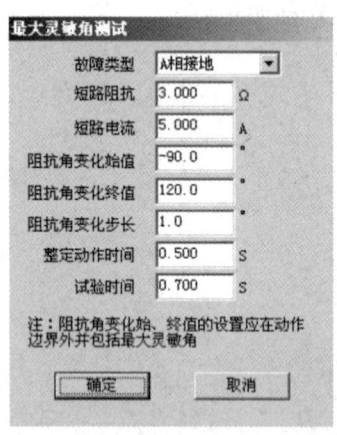

图 3-35 最大灵敏角测试参数

3.2.3 电磁型电流电压和时间继电器特性验证实验

1. 实验目的

掌握电力系统中常用的电磁型继电器的构造原理和基本特性，学习其调整校验的实验方法。

2. 实验原理

电磁型继电器的可动部分由可旋转的 Z 型薄舌片构成，在继电器动作过程中，空气隙 σ 的变化较小，而且舌片很薄、易于饱和，因此磁通不会增大很多，减小了末端的剩余力矩，提高了返回系数，故在电流电压继电器中得到了广泛的应用。电磁型继电器的构造和动作原理如图 3-36 所示。

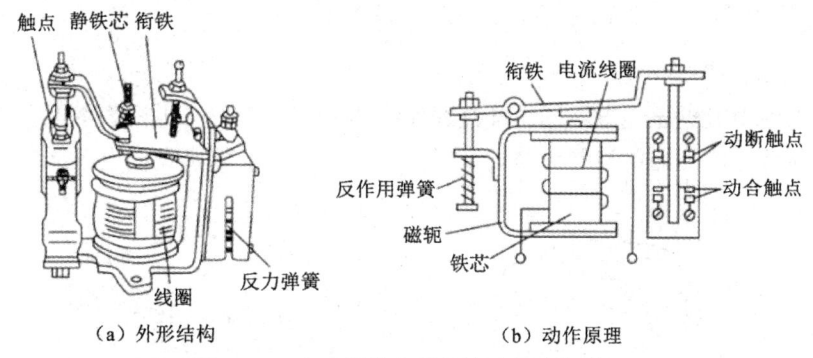

图 3-36 电磁型继电器的构造和动作原理

1）电磁型过电流继电器

熟悉电磁型过电流继电器的过程中应注意以下几个要点。

（1）继电器的型号、额定电流和动作电流的调整范围等铭牌数据。

（2）继电器的主要组成部分，包括铁芯、线圈、可动舌片、活动触点、固定触点、弹簧、引出线及接线端子。

（3）在整定值刻度盘上调整继电器起动电流的方法。对于电磁型过电流继电器，继电器的内部接线如图 3-37 所示，铁芯上绕有两个线圈。当两个线圈串联时，动作电流位于 1.5～3.0A 范围内；当两个线圈并联时，动作电流位于 3～6A 范围内。在两种线圈连接方式下，通过调整整定型刻度盘上指针的位置，进而改变弹簧的反抗力矩来平滑地改变起动电流。

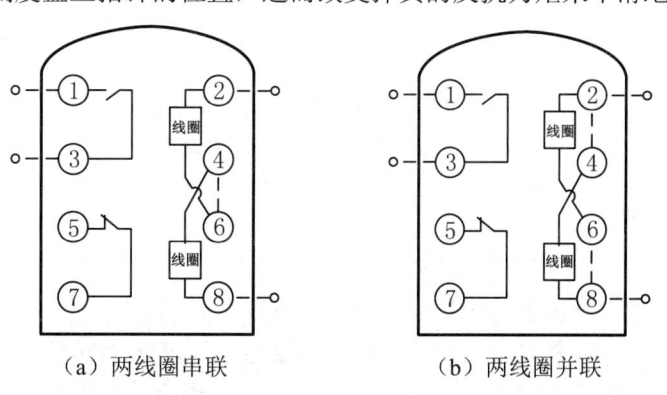

图 3-37 电磁型过电流继电器的内部接线

电磁型过电流继电器的实验内容为测定和校验其起动电流 $I_{dx,j}$、返回电流 $I_{fh,j}$ 和返回系数 K_h。电磁型过电流继电器的实验原理如图 3-38 所示。

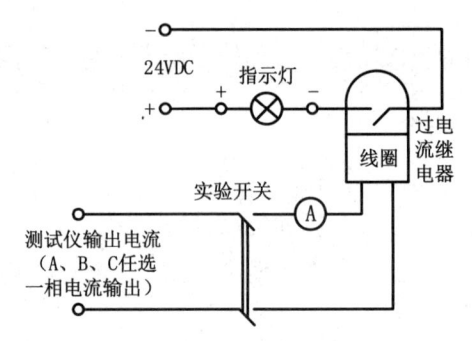

图 3-38　电磁型过电流继电器的实验原理

2）电磁型低电压继电器

DY-36 电磁型低电压继电器的内部接线如图 3-39 所示。由于电磁型低电压继电器是随电压的降低而动作的，因此需要用其动断触点去动作信号。电磁型低电压继电器的实验原理如图 3-40 所示。

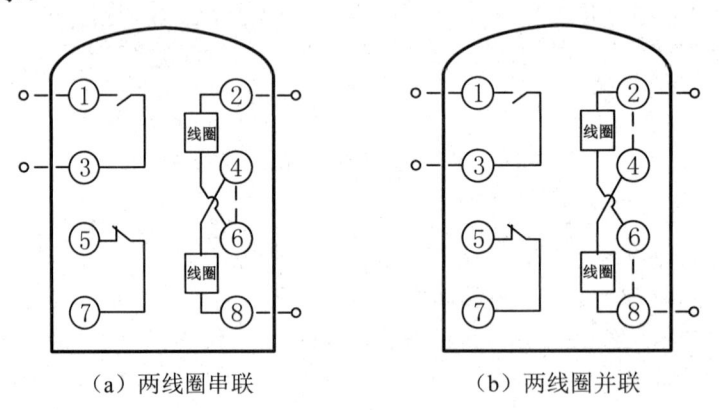

（a）两线圈串联　　　　　　　　（b）两线圈并联

图 3-39　电磁型低电压继电器的内部接线

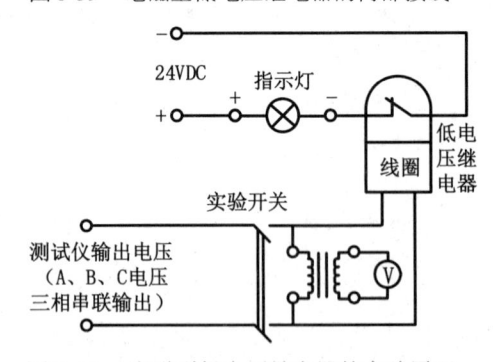

图 3-40　电磁型低电压继电器的实验原理

熟悉电磁型低电压继电器的过程中应注意以下几个要点。

（1）继电器的型号、额定电压和动作电压的调整范围等铭牌数据。

（2）继电器的主要组成部分，包括铁芯、线圈、可动舌片、活动触点、固定触点、弹簧、引出线及接线端子。

（3）对于电磁型低电压继电器，当两个线圈串联时，动作电压位于 80~160V 范围内；当两个当线圈并联时，动作电压位于 40~80V 范围内。在两种线圈连接方式下，通过调整整定值刻度盘上指针的位置，进而改变弹簧的反抗力矩来平滑地改变起动电压。

3）电磁型时间继电器

设置电磁型时间继电器的计时时间，对继电器交流线圈施加额定电压后，计时器开始计时，计时完成后闭合触点动作。电磁型时间继电器的实验原理如图 3-41 所示。

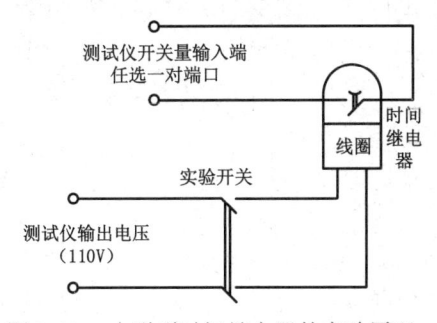

图 3-41 电磁型时间继电器的实验原理

熟悉电磁型时间继电器的过程中应注意以下几个要点。

（1）继电器的型号、额定电压和计时时间调整范围等。

（2）继电器的主要组成部分，包括线圈、磁路、可动铁芯、时间机构、触点和接线端子。

（3）动作时间的调整方法。对于电磁型交流时间继电器，铁芯上只绕有 1 个线圈，两个计时器分别对应 1 个延时闭合触点。延时动作时间等于 t_1×0.01s 或 t_2×0.01s，延时范围为 0~9.99s。

3．实验步骤

1）DL-32 电磁型过电流继电器

（1）实验接线：按照图 3-38 所示进行接线。

（2）参数设定：将保护测试仪的输出电压设置为 0，将电流相的输出设定为要求值，并将其他电流相的输出设置为 0。将所选取的电流相打开，其他电流相关闭（取消其前面的【√】）。例如，若选用 A 相电流输出，则 A 相电流设置为要求值，A 相电流前选择【√】，B、C 相电流设置为 0，B、C 相电流前的【√】取消。【输入信号功能】设置为【动作返回】。

（3）实验过程：实验时先将两线圈串联，将刻度盘上指针调整至某一刻度值，并用动合触点来控制信号指示灯，再合上实验开关，然后逐渐增加保护测试仪电流相输出值，直到继电器动作，信号指示灯点亮时所对应的电流值为继电器动作电流；在继电器过电流动作后，逐渐减小保护测试仪的输出电流，直到信号指示灯熄灭，信号灯熄灭时所对应的电流为继电器返回电流。通过动作电流和返回电流即可计算继电器返回系数 K_h。两线圈为并联时实验过程与两线圈为串联时相同，此处不再赘述。

两线圈串联和并联时分别选取 4 个整定值进行实验，实验结果记录于表 3-5 中。

2）电磁型低电压继电器

（1）实验接线：按照图 3-40 所示进行接线。

（2）参数设定：将保护测试仪的输出电流设置为 0，将电流相前的【√】取消。选取某一单相电压设置为要求值（需高于低电压继电器的整定值），若单相电压不满足实验要求，可以使用线电压进行输出，并将两相电压相位设置为相差 180°。【动作方式】设置为【动作停止】。

（3）实验过程：实验时先将两线圈串联，将刻度盘上指针调整至某一刻度值，并用动断触点来控制信号指示灯，再合上实验开关。因保护测试仪的输出电压高于整定值，继电器的动断触点应断开，信号指示灯不亮。然后逐渐减小输出电压，直到信号指示灯点亮，信号指示灯点亮时所对应的电压为低电压继电器的起动电压；在低电压继电器动作后，逐渐升高保护测试仪的输出电压，直到信号指示灯熄灭，信号灯熄灭时所对应的电压为继电器的返回电压。通过动作电压和返回电压即可计算继电器返回系数 K_h。两线圈并联时实验过程与两线圈串联时相同，此处不再赘述。

两线圈串联和并联时分别选取 4 个整定值进行实验，实验结果记录于表 3-6 中。

3）电磁型时间继电器

（1）实验接线：按照图 3-41 所示进行接线。

（2）参数设定：将保护测试仪输出电流设置为 0，将电流相前的【√】取消。选取某一单相电压设置为 100V，将【动作方式】设置为【动作停止】。

（3）实验过程：实验时先选择一个计时器设置整定时间，并将该计时器所对应的延时闭合触点连接至保护测试仪的开关量输入端上，再合上断路器开关。控制保护测试仪某一单相开始输出 100V 电压，同时计时器开始计时，当达到整定时间时保护测试仪自动停止输出，保护测试仪会在对应的开入量上显示继电器的动作时间。每个整定时间重复 3 次实验，3 次测量结果取平均值作为实验动作时间。分别选取 4 个整定值进行实验，实验结果记录于表 3-7 中。

4．实验结果

根据实验要求记录实验数据，并将结果填写在表 3-5～表 3-7 中。

表 3-5 电磁型过电流继电器实验结果记录表

参数	线圈串联				线圈并联			
整定电流 I/A								
实测起动电流 $I_{dz,j}$/A								
实测返回电流 $I_{fh,j}$/A								
返回系数 $K_h = \dfrac{I_{fh,j}}{I_{dz,j}}$								

表 3-6 电磁型低电压继电器实验结果记录表

参数	线圈串联				线圈并联			
整定电压 U/V								
实测起动电压 $U_{dz,j}$/V								
实测返回电压 $U_{fh,j}$/V								
返回系数 $K_h = \dfrac{U_{fh,j}}{U_{dz,j}}$								

表 3-7　电磁型时间继电器实验结果记录表

整定时间 t/s				
第 1 次测量结果				
第 2 次测量结果				
第 3 次测量结果				
平均值 $t_{dx,j}$				

5. 思考题

(1) 哪些因素会影响继电器的返回系数 κ_h？为什么 κ_h 不能等于 1？

(2) 时间继电器、中间继电器和信号继电器等辅助继电器的作用是什么？

3.2.4　使用微机线路成套保护的方向距离继电器特性验证实验

1. 实验目的

了解成套微机线路保护装置的构成原理，掌握调试方向阻抗特性的方法，掌握方向距离继电器的最大灵敏角、特性圆和精确工作电流的测量方法。

2. 实验内容

(1) 测量最大灵敏角 φ_{LM}：维持 A 相、B 相电流为 5A，改变阻抗角度（角度取值范围为 65°～75°），每隔 1°测量一次动作电压 $\dot{U}_{dz,j}$，最大动作电压所对应的阻抗角度为最大灵敏角。

(2) 测量方向距离继电器的特性圆：维持 A 相、B 相电流为 5A 不变，改变阻抗角度，每隔一定角度测量一次动作电压 $\dot{U}_{dz,j}$。以最大灵敏角 φ_{LM} 对应的故障阻抗为直径，圆周通过原点做一个圆，若圆偏小，则可适当增大故障阻抗数值；反之，应适当减小故障阻抗数值。

(3) 测量精确工作电流 $\dot{I}_{jq}$：阻抗角度固定为最大灵敏角 φ_{LM}，测量不同动作电流 $\dot{I}_j$ 所对应的动作电压 $\dot{U}_{dz,j}$。

3. 实验步骤

1) 测量最大灵敏角 φ_{LM}

(1) 实验接线：按照图 3-42 所示的实验接线图进行接线。

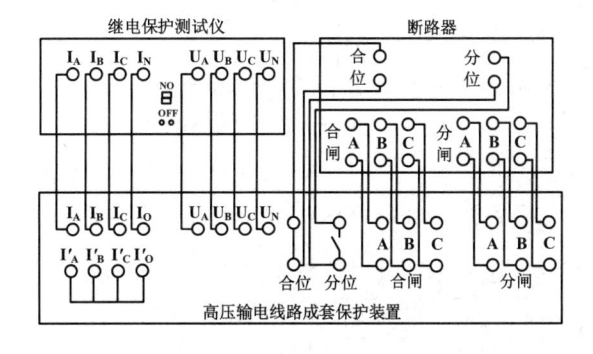

图 3-42　实验接线图

（2）参数设定。在保护测试仪中，"状态1"设定：三相电压均为57.735V，三相电流均为0，运行状态为空载，状态间隔时间为20s。"状态2"设定：A相、B相电压为0~40V，C相为正常电压，A相、B相电流为5A，故障阻抗为2Ω，故障类型为AB相间短路，状态间隔时间为1s。"状态3"设定：电压、电流全为0，状态间隔时间也为0。

（3）实验过程。实验时先设定任意一个阻抗角度（角度取值范围为65°~75°），再检查保护装置是否动作。将保护装置复位后，根据装置动作情况调整电压：若保护装置动作，则增大电压；若保护装置不动作，则减小电压，直至测得保护动作的临界点，记录该点对应临界动作电压。之后，每变化1°，重复上述实验，将实验结果填入表3-8中，并确认最大灵敏角。

2）测量方向距离继电器的特性圆

（1）实验接线。按照图3-42所示的实验接线图接线。

（2）参数设定。在保护测试议中，"状态1"设定：三相电压均为57.735V，三相电流均为0A，运行状态为空载，状态间隔时间为20s。"状态2"设定：A相、B相电压为0~40V，C相为正常电压，A相、B相电流为5A，故障阻抗为2Ω，故障类型为AB相间短路，状态间隔时间为1s。"状态3"设定：电压、电流全为0，状态间隔时间为0。

（3）实验过程。实验时先将阻抗角度设定为最大灵敏角，A相、B相电流为5A，在0~40V之间任取一个值设定为A相、B相电压，再检查保护装置是否动作。将装置复位后，根据装置动作情况调整电压：若保护装置动作，则增大电压；若保护装置不动作，则减小电压，直至测得保护动作的临界点，记录该点对应临界动作电压。之后，从最大灵敏角开始，每增加一定角度实验一次，测得对应角度的临界动作电压，直至测完整个圆周。然后将实验结果填入表3-9中，并做出特性圆。

3）测量精确工作电流 i_{jg}

（1）实验接线。按照图3-42所示的实验接线图接线。

（2）参数设定。在保护测试仪中，"状态1"设定：三相电压均为57.735V，三相电流均为0A，运行状态为空载，状态间隔时间为20s。"状态2"设定：A相、B相电压为0~40V，C相为正常电压，A相、B相电流为0.4~5A，故障阻抗为2Ω，故障类型为AB相间短路，状态间隔时间为1s。"状态3"设定：电压、电流全为0，状态间隔时间为0。

（3）实验过程。实验时先将阻抗角度固定为最大灵敏角，A相、B相电流为0.4A，然后检查保护装置是否动作。将装置复位后，根据装置动作情况调整电压：若装置动作，则增大电压；装置不动作，则减小电压直至测得保护动作的临界点，记录该点所对应的临界动作电压。之后按照表3-10中所示的电流，重复上述实验过程，测得对应工作电流的临界动作电压，将实验结果填入表3-10中，并做出电压-电流关系曲线。

4．实验结果

根据实验要求记录实验数据，并将结果填写在表3-8~表3-10中。

表3-8 最大灵敏角测试结果（$U_A = U_B$，$I_A = I_B = 5A$）

φ	65°	66°	67°	68°	69°	70°	71°	72°	73°	74°	75°
$\dot{U}_{dz,j}/V$											
最大灵敏角 φ_{LM}											

表 3-9 特性圆测试结果（$U_A = U_B$，$I_A = I_B = 5A$）

φ	φ_{LM}	φ_{LM}+30°	φ_{LM}+60°	φ_{LM}+70°	φ_{LM}+80°	φ_{LM}+85°	φ_{LM}+275°	φ_{LM}+280°	φ_{LM}+290°	φ_{LM}+300°	φ_{LM}+330°
$\dot{U}_{dz,j}/V$											
$Z_{dz,j} = \dfrac{\dot{U}_{dz,j}}{\dot{I}}$											

表 3-10 精确工作电流测试结果（$U_A = U_B$，$Z_{dz,j} = f(\varphi)$，$\varphi = \varphi_{LM}$）

$\dot{I}_j/A$	0.4	0.5	0.6	1	1.5	2	2.5	3	4	5
$\dot{U}_{dz,j}/V$										
$Z_{dz,j}/\Omega$										

5. 微机线路保护装置定值设置

1）微机线路保护装置菜单中的保护闭锁

因仅实验【Ⅰ段相间距离】保护动作特性，为防止Ⅱ段、Ⅲ段发生误动作，故将保护菜单中【Ⅱ段相间距离】【Ⅲ段相间距离】保护闭锁（【保护参数】设定的关键字为【1】时投入，为【0】时闭锁）。

2）设置 0°接线方向阻抗继电器的整定阻抗和最大灵敏角

【Ⅰ段相间距离】整定阻抗设定为 2Ω，动作时间设定为 0s。正序灵敏角设定为 70°，零序灵敏角设定为 70°。

6. 思考题

（1）若积分时间不等于 5ms，则方向距离继电器的特性圆有何变化？

（2）解释测定最大灵敏角 φ_{LM} 的方法。

3.2.5 同步发电机励磁调节装置比较整定电路验证实验

1. 实验目的

掌握比较整定电路的基本原理与输入-输出特性，通过测量了解不同参数下的元件对电路特性的影响，以加深对比较整定电路的理解。

2. 比较整定电路原理

比较整定电路将整流和滤波电路输出正比于同步发电机端电压，并与给定电压比较，得到一个反映同步发电机电压偏差的电压差值，然后将电压差值输出到综合放大单元。另外，可根据需要对同步发电机给定电压重新校验，以满足同步发电机相应工况的要求。

通过实验可以得到比较整定电路的输入-输出特性，并在实验过程中改变电路中各元件参数，通过实验了解不同参数下元件对电路特性的影响。

3. 实验内容

（1）空载。按图 3-43 所示选定元件参数值。输入端接入直流稳压电源，调节稳压电源由 0 逐步增加，按照实验要求每增加一定电压值，测量输入、输出电压值，将实验结果填入表 3-11 中，并绘制输入-输出特性曲线，即 $U_{de}=f(U_{sc})$。

（2）负载。输出端接入负载电阻 R_s，按图 3-44 所示选定元件参数值。输入端接入直流稳压电源，调节稳压电源由 0 逐步增加，按照实验要求每增加一定电压值，测量输入、输出电压值，将实验结果填入表 3-11 中，并绘制输入-输出特性曲线，即 $U_{de}=f(U_{sc})$。

(3) 增加电压给定电位器。保持负载电阻 R_s 不变，按图 3-45 所示选定元件参数值。在运算放大器输入端增加电压给定电位器，通过改变 R_p 大小，可以得到不同的输入-输出特性。实验中选取 5 个不同的 R_p 阻值，按照上述实验过程测量输入、输出电压值，将实验结果填入表 3-11 中，并绘制不同 R_p 下输入-输出特性曲线，即 $U_{de}=f(U_{sc})$。

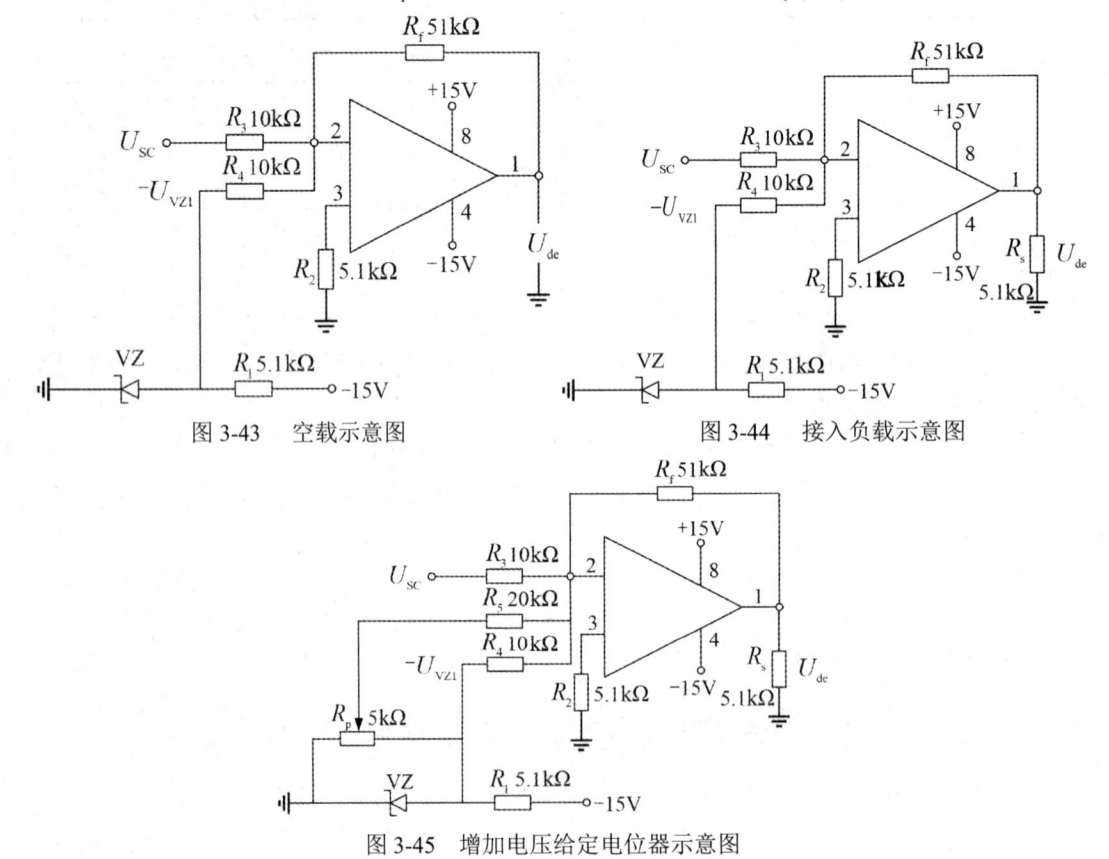

图 3-43　空载示意图　　　　　图 3-44　接入负载示意图

图 3-45　增加电压给定电位器示意图

4. 实验结果

根据实验要求记录实验数据，并将结果填写在比较整定电路的输入-输出特性记录表（见表 3-11）中。

表 3-11　比较整定电路的输入-输出特性记录表

空载	输入	3.5V	4V	5 V	6V		8V	10V
	输出			0				
负载	输入	3.5V	4V	5 V	6V		8V	10V
	输出			0				
2圈	输入	3.5V	4V	5 V	6V		8V	10V
	输出			0				

续表

4 圈	输入	3.5V	4V	5 V	6V		8V	10V	
	输出					0			
6 圈	输入	4V	5 V	6V	7V		8V	10V	12V
	输出					0			
8 圈	输入	4V	5 V	6V	7V		9V	10V	12V
	输出					0			
10 圈	输入	4V	5 V	6V	8V		9V	10V	12V
	输出					0			

5．思考题

（1）简述比较整定电路的工作原理及其在发电机励磁调节装置中的作用。

（2）电压给定电位器参数变化及加入负载电阻对比较整定电路的输入-输出特性有何影响？

第 4 章

分布式发电与智能微电网虚拟仿真实验

"分布式发电与智能微电网虚拟仿真实验"于 2020 年获批国家虚拟仿真实验教学一流课程，于 2021 年入选虚拟仿真实验教学创新联盟"百门实验教学应用示范课程"。其以海岛和工业园区微电网工程为范例，以虚拟仿真的形式再现了微电网规划设计、能量管理和运行控制的全过程，设计了三个层次、五个模块的实验教学方案。学生可开展设备自主选型、参数定制化设计、运行工况与场景自由变换等实验操作，观察实验现象，归纳实验结论，从而加深对教学内容的理解与认识。

4.1 实验目的

微电网是一个自治化的小型电力系统，集成了分布式电源、储能、能量转换、负荷、监控和保护装置等，具备完整的发电、配电和用电功能，既可以解决海岛和边远地区用电难题，又可以为城市提供清洁、高效、可靠的能源供应。然而，光伏、风机等分布式发电设备构造复杂，造价昂贵，运行模式多变，能量转换装置的控制参数不易更改，在实际系统中开展故障、扰动、运行模式切换等实验具有危险性，使电气工程专业学生的实践教学环节受到很大限制。而实践教学环节对培养和提高学生的实践能力、创新能力具有不可替代的作用。

结合课程需要及"新工科"对人才培养的要求，充分考虑微电网技术的特点，以微电网规划设计、能量管理、运行控制为主线，开设本虚拟仿真实验。本虚拟仿真实验采用了从易到难的递进式教学方法，构建了三个层次（实例认知、仿真实验、综合设计）、五个模块的实验教学内容。这些教学模块既相互独立，又互有联系。应用本虚拟仿真实验可达到以下目的。

（1）掌握不同类型微电网规划设计原则与方法。
（2）掌握微电网稳态运行原理与能量管理方法。
（3）掌握微电网暂态分析原理与控制器参数设计方法。
（4）了解微电网的动态特性，掌握微电网运行模式切换方法。
（5）培养运用理论知识解决实际问题的能力。
（6）提高在微电网工程技术领域的综合分析能力与创新能力。

4.2 实验原理

本虚拟仿真实验以独立型与并网型两类微电网的建设、运行为主线，对微电网规划设计、能量管理、运行控制全过程进行综合设计，将各过程相关基本理论、基本操作、设备结构等知识贯穿于操作全过程。其中，规划设计原理包括微电网功率与能量平衡原理，投资成本计算原理；能量管理原理包括独立型微电网功率平滑控制策略原理、柴油机最短运行时间控制策略原理、微电网协调运行控制策略原理、并网型微电网经济运行控制策略原理、联络线功率平滑控制策略原理等；运行控制原理包括光伏、风机恒功率控制原理、电压频率控制原理、最大功率追踪控制原理、微电网运行模式平滑切换原理等。

本实验依托实际微电网工程，所构建微电网的组成结构与设备类型均以实际微电网为准，光伏、风机、柴发、储能、逆变器、控制室等微电网设备的外观、功能、特性与实际装置一致，微电网规划设计、能量管理、运行控制过程与实际微电网相同，包含以下 5 个知识点。

（1）微电网规划设计方法，包括功率平衡原则和能量平衡原则。
（2）微电网能量管理方法，包括分布式电源、储能等控制策略。
（3）微电网控制器参数设计方法。
（4）微电网运行模式切换方法。
（5）光伏、风机、储能、柴发运行原理与动态特性。

4.3 实验网址及登录操作

（1）打开浏览器（须使用 Google Chrome 浏览器或 Firefox 浏览器），进入"实验空间——国家虚拟仿真实验教学课程共享平台"（以下简称"实验空间"）界面（见图 4-1），单击界面右上角的【登录/注册】按钮，进入注册界面，如图 4-2 所示。

图 4-1　实验空间界面

（2）注册。这一过程包括添加手机号、填写账号信息、设置密码、完成注册。

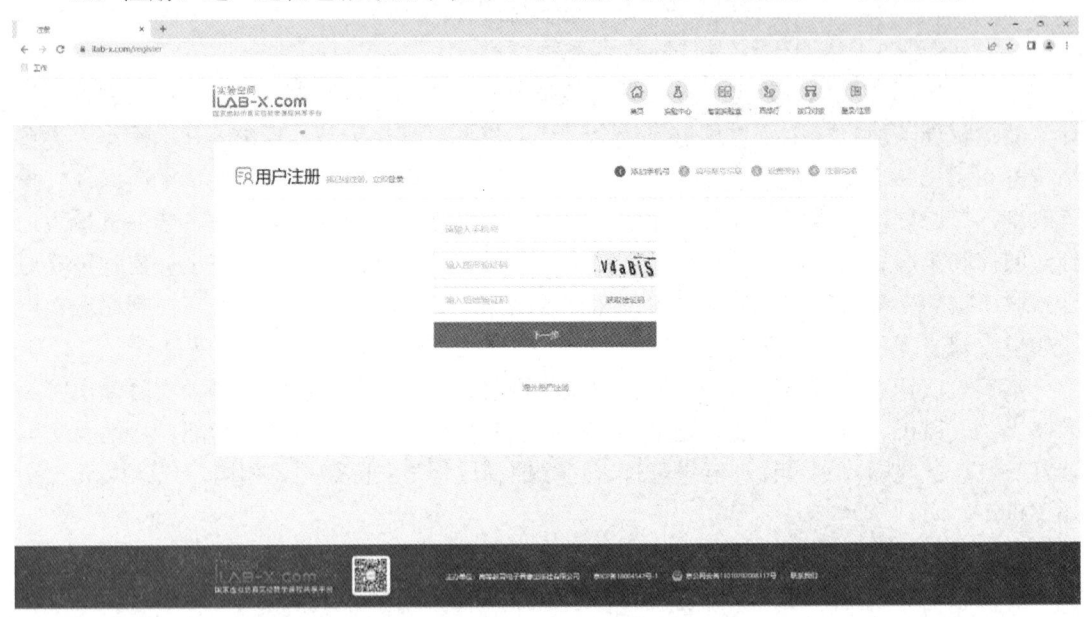

图 4-2 注册界面

（3）登录。注册完成后会跳转到登录界面（见图 4-3），输入手机号和密码，单击【立即登录】按钮即可。

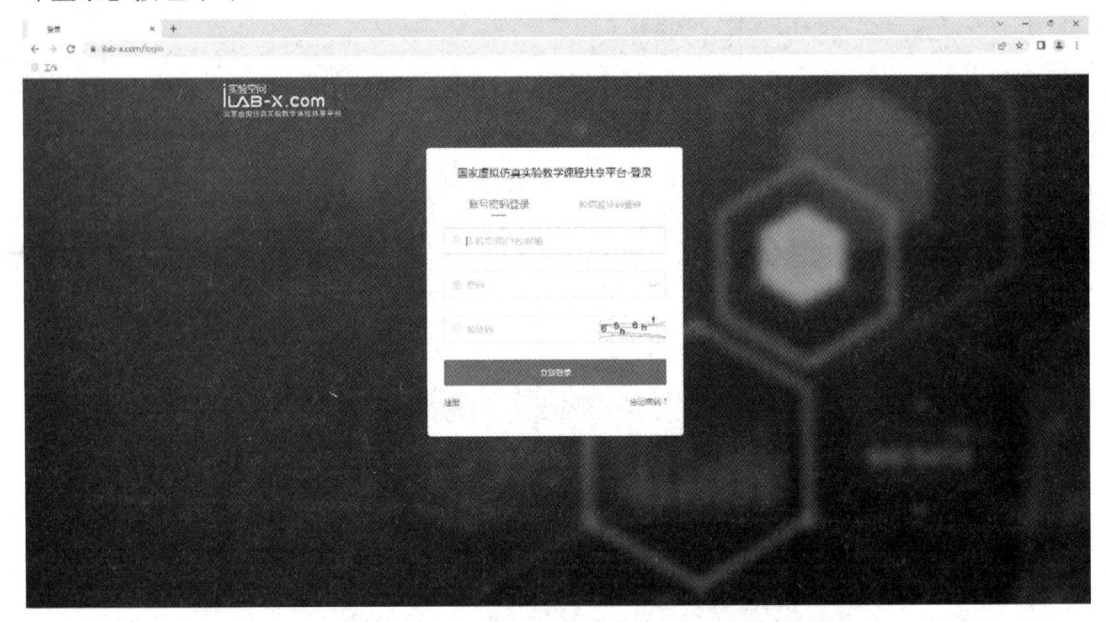

图 4-3 登录界面

（4）登录成功（见图 4-4）后，先单击【实验中心】按钮，再单击【电气类】按钮，进入该学科实验列表，如图 4-5 所示。

图 4-4　登录成功界面

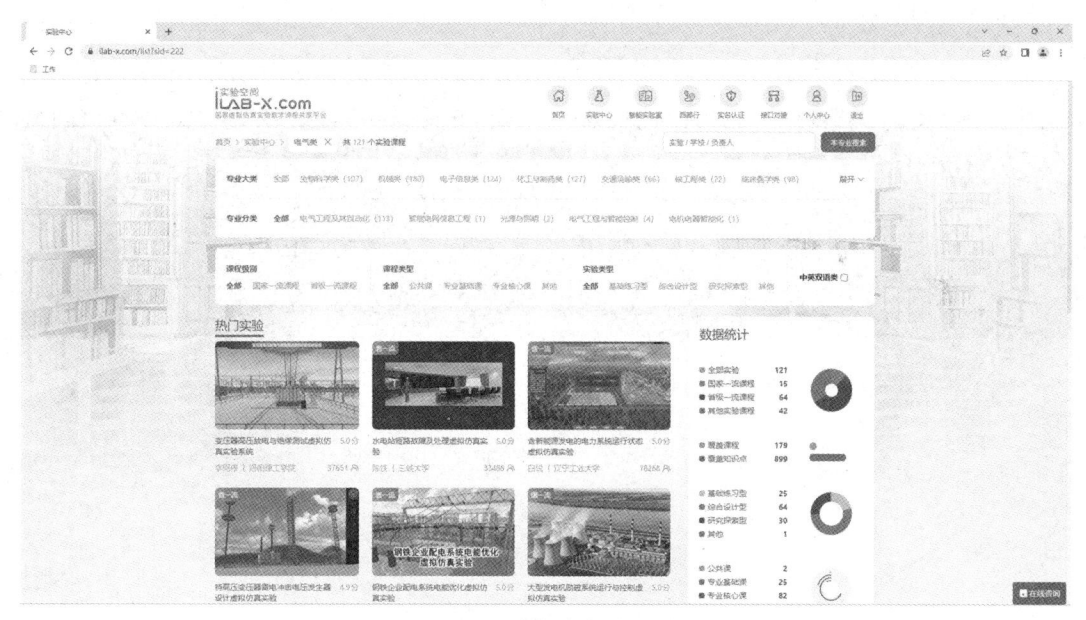

图 4-5　电气类实验列表

（5）在【本专业搜索】文本框内填入"天津大学"，查找本实验"分布式发电与智能微电网虚拟仿真实验"，如图 4-6 所示。

图 4-6　实验搜索界面

（6）单击该实验，查看实验详情，如图 4-7 所示。

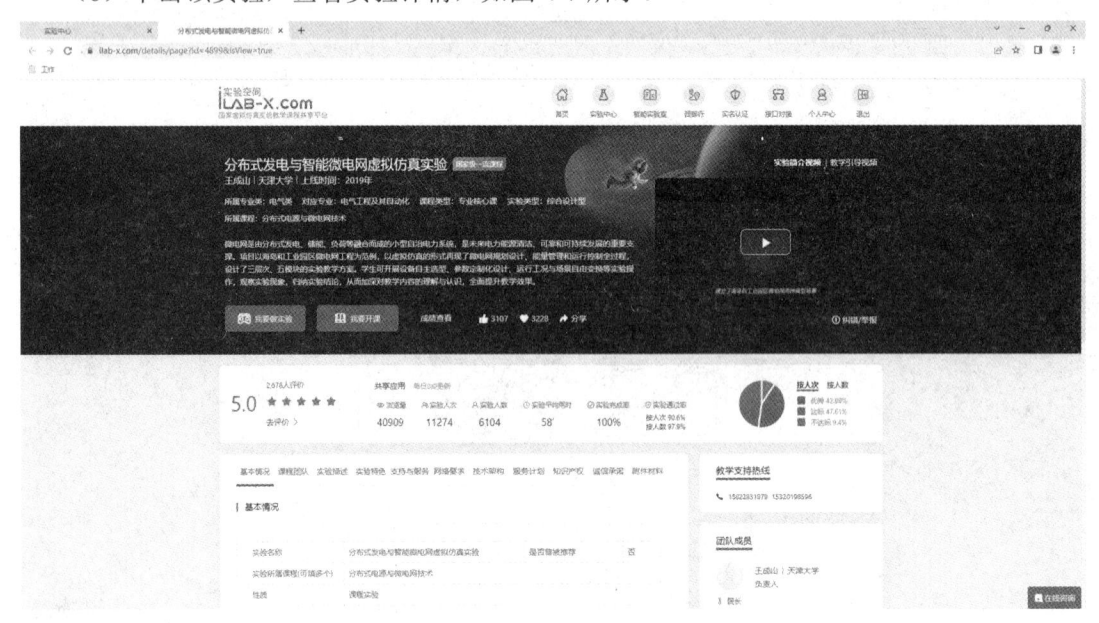

图 4-7　实验详情

（7）进入实验界面，单击右侧的简介视频和引导视频进行学习，学习后单击【我要做实验】按钮后会出现一个跳转网址（见图 4-8），单击网址进入实验申报网站。

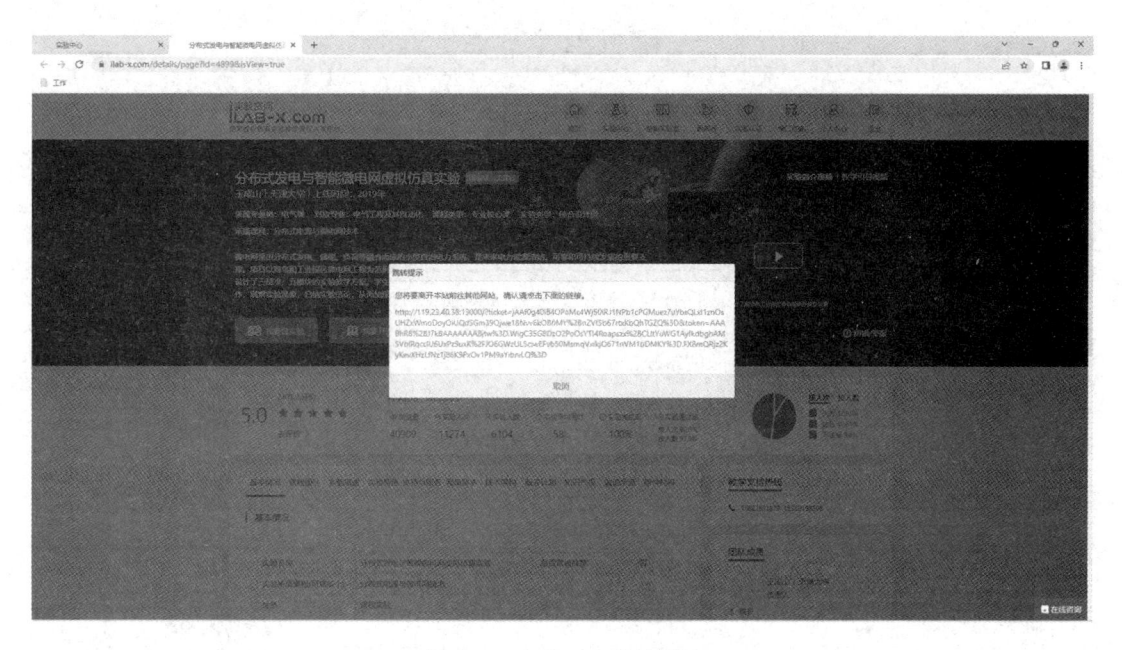

图 4-8　出现一个跳转网址

（8）单击【启动实验】按钮，如图 4-9 所示，开始进行实验操作。

图 4-9　单击【启动实验】按钮

4.4　实验系统参数

本虚拟仿真实验的实验对象为海岛和工业园区微电网，构成两类微电网的主要装备包括光伏发电系统、储能系统、风力发电系统及柴油发电系统，控制参数含义详见实验系统，具体控制参数如表 4-1～表 4-5 所示。

表 4-1　光伏发电系统逆变器控制参数

参数	外环 K_{dp}	外环 K_{di}	内环 K_{dp}	内环 K_{di}	外环 K_{qp}	外环 K_{qi}	内环 K_{qp}	内环 K_{qi}
数值	0.5	0.5	10	0.002	0.01	10	10	0.002

表 4-2　储能系统逆变器控制参数

参数	外环 K_{dp}	外环 K_{di}	内环 K_{dp}	内环 K_{di}	外环 K_{qp}	外环 K_{qi}	内环 K_{qp}	内环 K_{qi}
数值	1.0	0.02	0.5	0.05	1.0	0.02	0.5	0.05

表 4-3　风力发电系统整流器控制参数

参数	外环 K_{dp}	外环 K_{di}	内环 K_{dp}	内环 K_{di}	外环 K_{qp}	外环 K_{qi}
数值	0.5	0.2	4.0	0.02	4.0	0.02

表 4-4　风力发电系统逆变器控制参数

参数	外环 K_{dp}	外环 K_{di}	内环 K_{dp}	内环 K_{di}	外环 K_{qp}	外环 K_{qi}	内环 K_{qp}	内环 K_{qi}
数值	0.01	20	2.0	0.05	0.1	0.2	2.0	0.05

表 4-5　柴油发电系统调速器参数

参数	N_0	N_1	N_2	D_0	D_1	D_2
数值	1.0	0.2	0.0	1.0	0.01	0.02

4.5　实验步骤要求

本虚拟仿真实验共设计了"规划设计"、"能量管理"、"参数设计"、"基础实验"和"拓展实验"五个教学模块。其中,"规划设计"属于第一层次"实例认知","能量管理"、"参数设计"和"基础实验"属于第二层次"仿真实验","拓展实验"属于第三层次"综合设计"。针对海岛微电网和工业园区微电网两种典型场景进行微电网容量配置、策略制定和参数设计,并在此基础上开展光伏、风机、储能运行特性分析,以及扰动实验、模式切换实验等教学实践环节。

虚拟仿真实验场景加载界面如图 4-10 所示。从海岛微电网与工业园区微电网两种场景中选择一种,如图 4-11 所示,下面以"海岛微电网"为例说明后续实验步骤。

图 4-10　虚拟仿真实验场景加载界面

第 4 章　分布式发电与智能微电网虚拟仿真实验

图 4-11　虚拟仿真实验场景选择界面

第一模块"规划设计"属于第一层次"实例认知",包括微电网装备选择与容量配置、微电网规划设计方案判定。可自主设计微电网结构与容量,系统将根据配置的分布式电源容量与数量,判断学生设计的微电网的正确性与有效性。

步骤 1　微电网装备选择与容量配置

【规划设计】界面如图 4-12 所示。在该界面单击【年度负荷】按钮,其所示内容可作为微电网装备选择与容量配置的基本依据,阅读界面右下方的微电网规划设计知识点,明确各种分布式电源、储能设备组数与容量。单击界面下方的【光伏】【风机】【储能】【柴发】按钮,可进入对应设备的安装位置。以光伏为例,说明其安装方法。单击【光伏】按钮,界面中出现表示光伏待安装位置的图标,任选并单击鼠标左键,进入光伏安装界面,如图 4-13 所示,将右侧【光伏电池板】图标拖曳至屋顶,即可完成光伏安装,单击已安装的光伏,即可拆除。继续单击其他光伏待安装位置,完成光伏安装。依次完成风机、储能、柴发设备的安装后,返回【规划设计】界面。

图 4-12　【规划设计】界面

图 4-13　光伏安装界面

步骤 2　微电网规划设计方案判定

完成所有微电网装备选择与容量配置后，可在【配置方案】中查看已安装光伏、风机、储能、柴发的配置容量，单击【提交配置】按钮后，系统将判断所设计的微电网是否满足功率和能量平衡，如图 4-14 所示，如果提示"配置成功"，则继续下一步骤；如果不满足功率和能量平衡，则根据系统提示的功率和能量缺额，修改光伏、风机、储能、柴发的安装数量，并重新提交配置方案，直到系统提示"配置成功"。如果所设计微电网始终不能满足功率和能量平衡，则单击【默认配置】按钮，系统将按照默认值配置分布式电源与储能设备容量。配置方案成功后，可单击【投资成本】按钮，查看整个微电网的工程造价。

完成配置后，可进入漫游模式，其界面如图 4-15 所示，认知所搭建的海岛微电网工程，也可单击光伏、风机、储能、柴发、逆变器室、控制室索引，快速进入对应区域，了解海岛微电网结构及组成，完成第一层次"实例认知"。

图 4-14　微电网规划设计方案判定成功

图 4-15 微电网漫游界面

第二模块"能量管理"属于第二层次"仿真实验",包括微电网能量管理策略选择与制定、微电网运行状态观测与讨论。选择不同场景(光照强度、风速及负荷),制定微电网能量管理策略,通过对比不同场景下能量管理策略的异同,加深对微电网运行过程的认知。

步骤 3　微电网能量管理策略选择与制定

单击微电网综合监控系统屏,进入【海岛智能微电网主接线图】界面,如图 4-16 所示。阅读界面左侧的控制方法与控制原理,学习电力电子变流器 MPPT 控制、PQ 控制与 V/f 控制方法,以及光伏、风机、储能、柴发的控制原理;在典型场景中,分别在【光照强度】【风速】【负荷】下拉列表中选择一种场景,选定后查看曲线,如图 4-17 所示,系统将给出该场景下的"光照强度曲线""风速曲线""负荷曲线"。

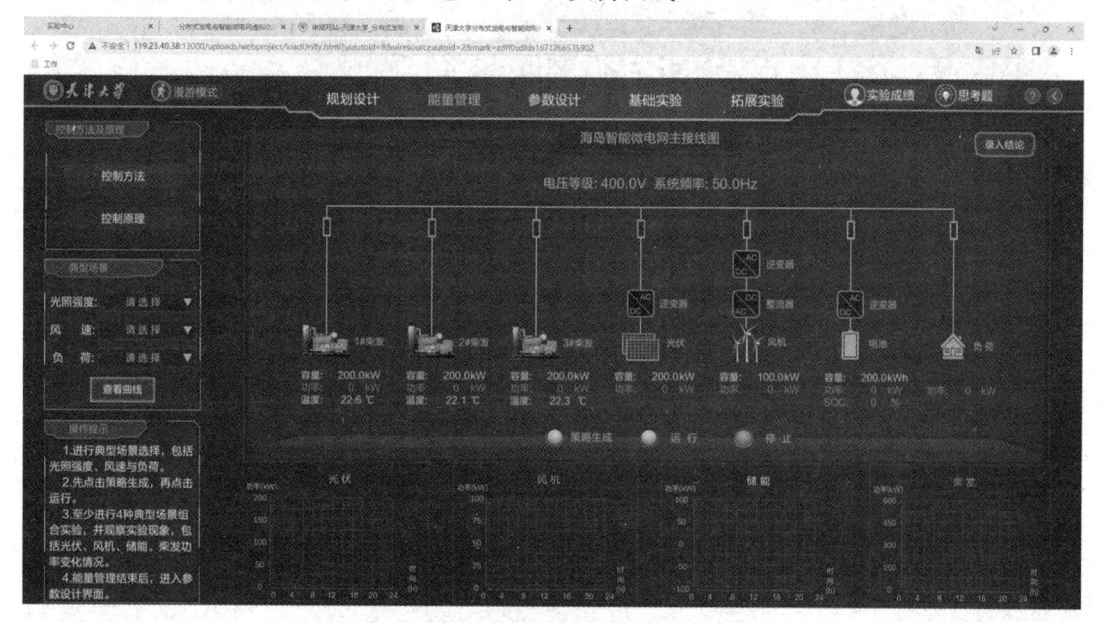

图 4-16　"海岛智能微电网主接线图"界面

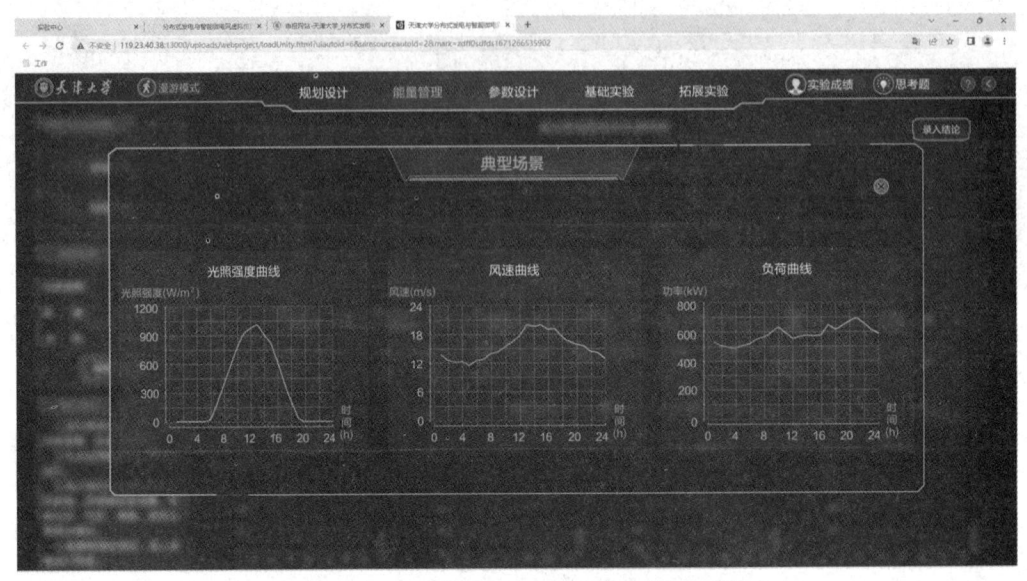

图 4-17 选定微电网典型场景后查看曲线

步骤 4　微电网运行状态观测与讨论

先单击【策略生成】按钮，再单击【运行】按钮，系统会给出对应运行策略：24h 的光伏、风机、储能、柴发曲线，如图 4-18 所示。重新选择典型场景，观察并分析不同场景能量管理策略的异同，并将所得到的结论录入系统中，如图 4-19 所示。

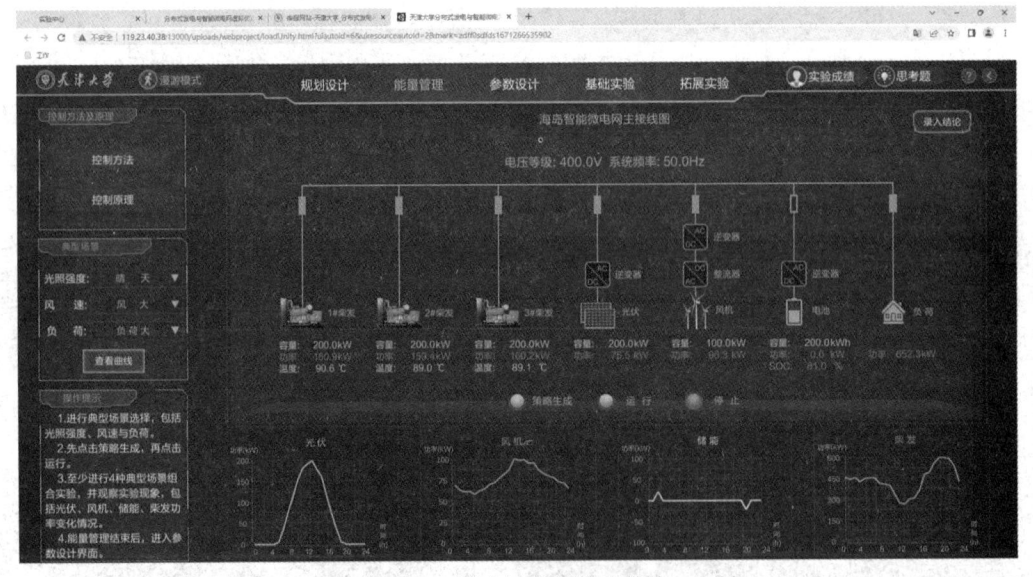

图 4-18 微电网能量管理策略

第三模块"参数设计"属于第二层次"仿真实验"，包括微电网控制方法选择与制定、微电网控制器参数设计。这一模块可以对光伏、风机、储能、柴发的典型控制参数进行更改，通过对比不同控制参数下微电网运行状态的不同，进一步加深对微电网中电力电子变流器控制方法的理解。

步骤 5　微电网控制方法选择与制定

本模块参数设计仍在微电网综合监控系统屏上操作，单击后进入【海岛智能微电网主接线图】界面。首先需要阅读界面左上方的控制参数含义,并依次选择光伏、风机、储能控制方法,系统将根据选择情况做出判断,如果正确,则继续下一步,否则需要重新选择,直到系统提示"控制方法正确"。

图 4-19 微电网能量管理实验结论录入界面

步骤 6 微电网控制器参数设计

本步骤需要完成多种控制参数的选择与对应运行状态的记录。先分别单击【光伏逆变器】、【风机逆变器】以及【储能逆变器】按钮,再在弹出的【光伏控制参数设置】【风机控制参数设置】【储能控制参数设置】下拉列表中,选择对应控制参数,如图 4-20 所示。完成微电网控制参数设置后,依次单击【指令下发】【运行】按钮,将给出系统电压、系统频率、光伏输出电流与有功功率、风机输出电流与有功功率、储能输出电流与有功功率、柴发输出电流与有功功率波形图,如图 4-21 所示。然后重新选择光伏逆变器、风机逆变器及储能逆变器的控制参数,并观测系统波形图。最后通过对比不同控制参数下的系统运行状态,分析不同微电网控制参数对系统运行的影响,将所得到的结论录入系统。

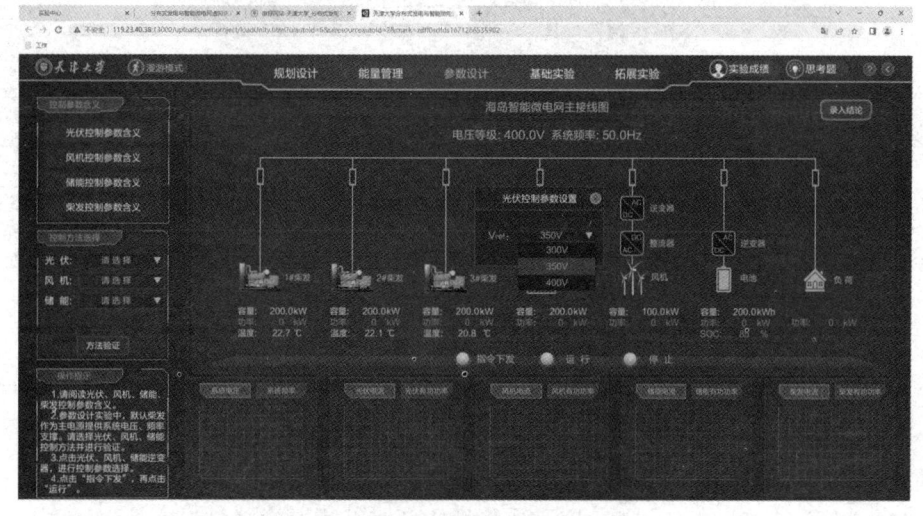

图 4-20 微电网控制参数选择

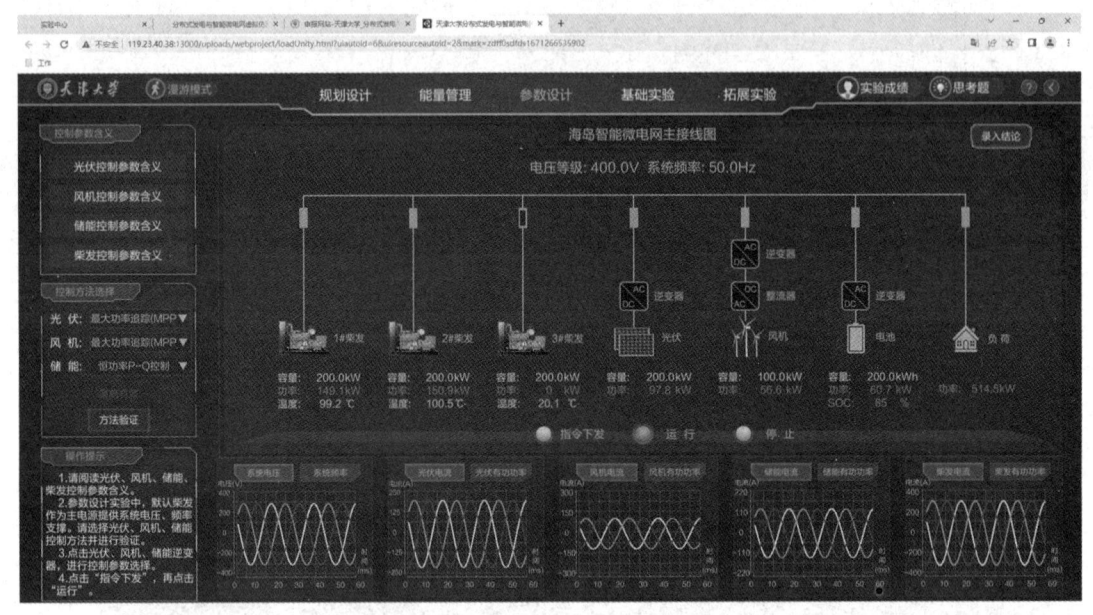

图 4-21 微电网实时运行波形图

第四模块"基础实验"属于第二层次"仿真实验",可进行光伏扰动实验、风机扰动实验及储能充放电实验,如图 4-22 所示。通过改变微电网运行环境,主要包括光照强度、温度、风速、负荷,进一步掌握不同类型分布式电源与储能的动态特性。

图 4-22 微电网基础实验界面

步骤 7 光伏发电系统动态特性实验

光伏发电系统动态特性实验界面如图 4-23 所示,分别观测光照强度与温度两个环境因素对光伏动态特性的影响。进行恒定温度 290K(ok=-273.15℃)下光照强度变化特性实验时,通过滑动【光照强度】滑块,观测光照强度变化时光伏电流-电压与功率-电压曲线;进行恒定光照强度 1000W/m² 下温度变化特性实验时,通过滑动【温度】滑块,观测温度变化时光伏电流-电压与功率-电压曲线。最后总结与分析光照强度、温度对光伏运行状态的影响，并将所得到的结论录入系统。

图 4-23　光伏发电系统动态特性实验界面

步骤 8　风力发电系统动态特性实验

风力发电系统动态特性实验界面如图 4-24 所示，通过滑动【风速】滑块，观测风速变化时风机转速的变化与不同风速下风机转速-功率曲线，总结并分析风速对风机运行状态的影响，并将所得到的结论录入系统。

图 4-24　风力发电系统动态特性实验界面

步骤 9　储能系统充放电特性实验

储能系统充放电特性实验界面如图 4-25 所示，在该界面需要完成"恒定光伏"与"恒定负荷"两种条件下储能系统充放电特性实验。单击【恒定光伏功率】按钮，进行光伏功率恒定、负荷功率变化时，储能充放电特性实验。通过滑动【负荷功率】滑块，观察光伏功率、负荷功率、储能功率及 SOC 变化。单击【恒定负荷】按钮，进行负荷功率恒定、光伏功率变化时，储能充放电特性实验。通过滑动【光伏功率】滑块，观察光伏功率、负荷功率、储能功率及 SOC 变化。总结与分析负荷、光伏功率变化对储能运行状态的影响，并将所得到的结论录入系统。

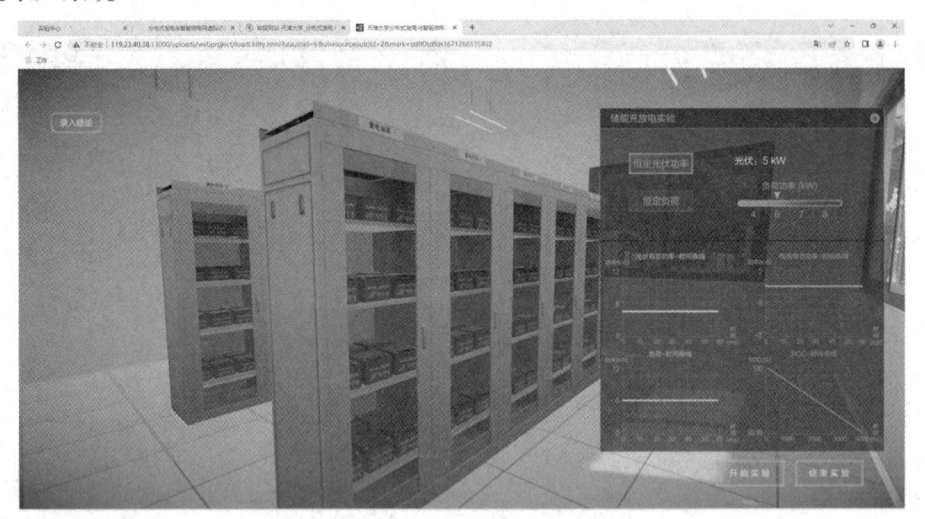

图 4-25　储能系统充放电特性实验界面

第五模块"拓展实验"属于第三层次"综合设计"，该模块设置了多种微电网模式切换场景，系统随机生成实验场景，实验结果具有明显差异。在模式切换过程中，本模块将实际微电网系统中自动模式切换操作分解为多个步骤，需要按顺序完成全部步骤。

步骤 10　微电网初始运行模式选择

本步骤在微电网综合监控系统屏上进行操作。查看【控制策略原理】窗格后，单击【初始状态设置】按钮，系统将随机给出微电网运行状态，包括风机有功功率、光伏有功功率、储能 SOC 值及负荷有功功率。随后，根据系统初始状态选择运行模式，如图 4-26 所示，由系统判断运行模式是否选择正确，如果正确则继续，否则重新选择运行模式，直到系统提示运行模式选择正确。

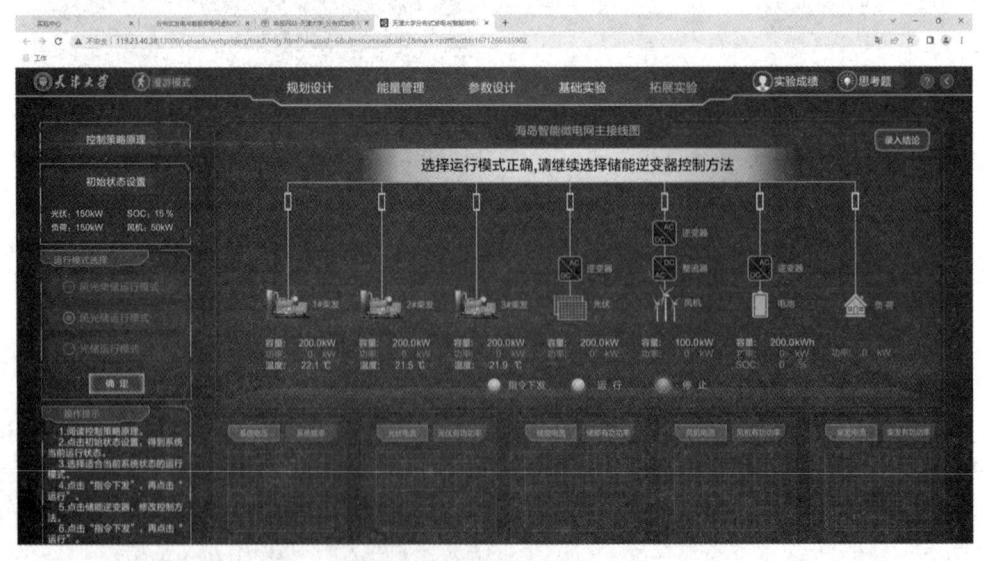

图 4-26　微电网拓展实验界面

步骤 11　储能逆变器控制方法选择

单击【储能逆变器】，根据微电网当前运行状态，选择正确的控制方法，如果选择错误，系统将给出提示，需要重新选择控制方法，直至系统提示正确。单击【指令下发】→【运行】按钮，系统将给出系统电压、系统频率、光伏输出电流与有功功率、风机输出电流与有功功率、储能输出电流与有功功率、柴发输出电流与有功功率波形图，如图 4-27 所示，观测系统运行状态。

步骤 12　微电网运行模式切换

系统运行后，将给出"净负荷>储能最大放电功率"等运行状态变化提示，如图 4-28 所示，根据系统状态变化情况，判断柴发并网开关状态，并重新选择储能逆变器控制方法。系统将判断运行模式选择是否正确，如果正确则继续，否则重新选择柴发并网开关状态与储能逆变器控制方法，直到系统提示运行模式选择正确。单击【指令下发】→【运行】按钮，系统将给出系统电压、系统频率、光伏输出电流与有功功率、风机输出电流与有功功率、储能输出电流与有功功率、柴发输出电流与有功功率波形图，观测系统运行状态。通过对比系统运行模式切换前后波形图（见图 4-29），总结与分析微电网模式切换原则与方法，梳理微电网模式切换步骤，并将所得到的结论录入系统。

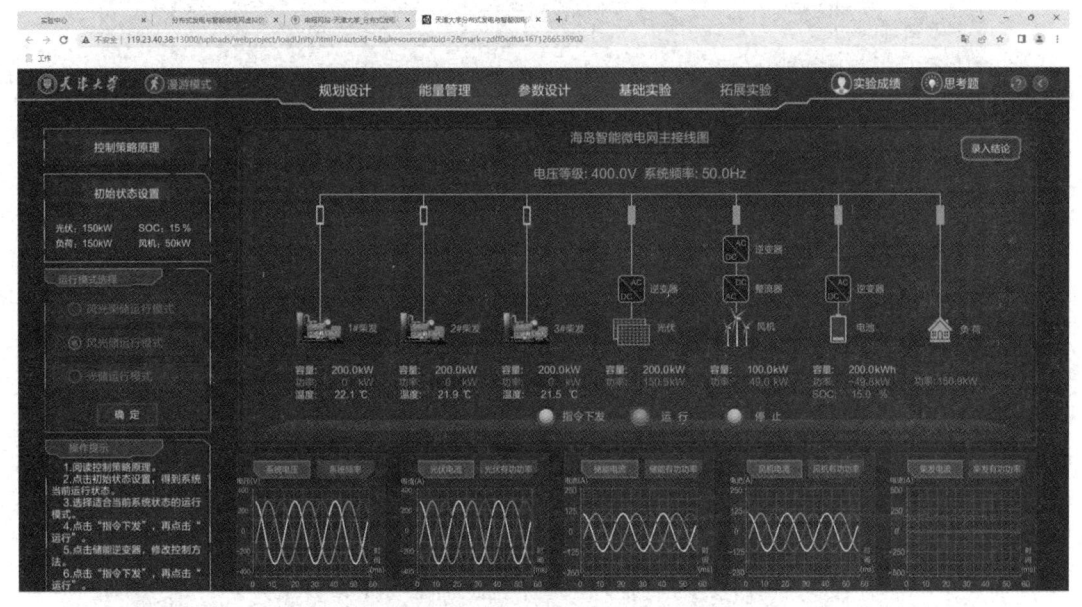

图 4-27　微电网初始运行状态

在整个虚拟仿真实验中，需要查看每个模块对应的实验原理，并根据系统提示完成操作。系统会根据实验任务的正确性、有效性及尝试次数进行评分。完成全部实验步骤后，单击【实验成绩】按钮，系统给出实验操作得分，如图 4-30 所示。单击【思考题】按钮，自行填写答案后提交。可自行导出实验报告，指导教师对实验结论与思考题进行评阅，并给出实验课程最终成绩。

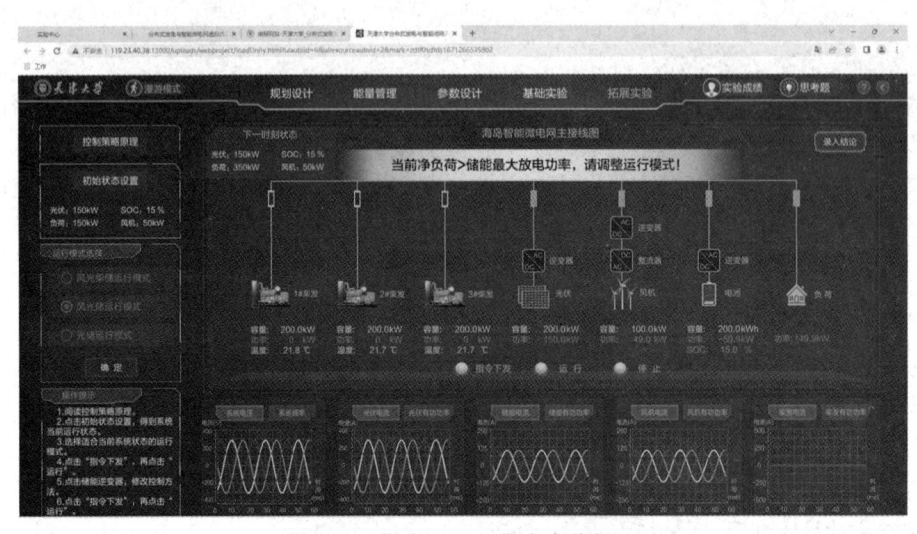

图 4-28 微电网运行状态变化提示

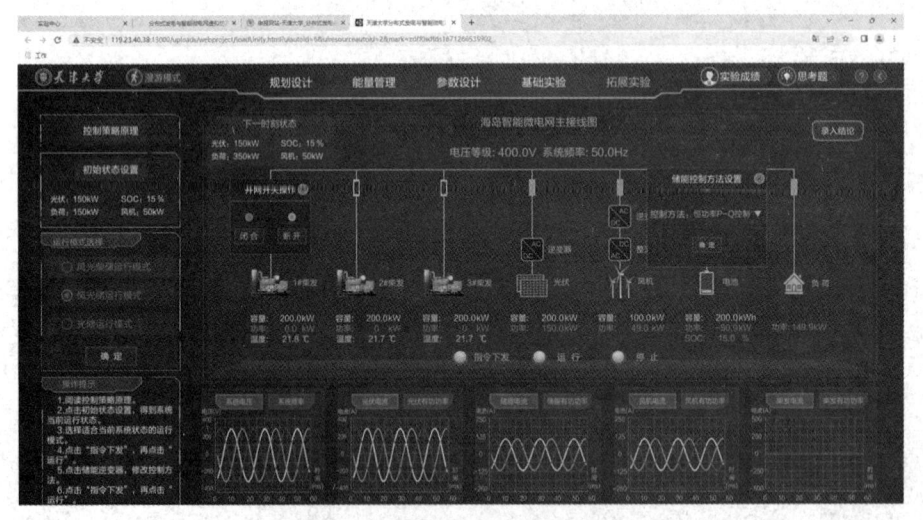

图 4-29 微电网模式切换操作

图 4-30 微电网实验操作得分

4.6 实验评价

本虚拟仿真实验从实验认知、实验操作、实验数据、实验报告、思考题等维度考查学生是否熟练掌握实验内容，是否达到实验目的要求，根据各项考核内容权重给出成绩。本虚拟仿真实验整体考核要求如表 4-6 所示，实验操作、实验报告、思考题满分均为 100 分。实验操作评分细则如表 4-7 所示，实验报告评分标准如表 4-8 所示，实验思考题评分标准如表 4-9 所示。实验操作、实验报告、思考题 3 项内容加权平均分即为本虚拟仿真实验课程的最终成绩。

表 4-6　本虚拟仿真实验考核要求

考核要求	考核内容	比例
实验操作（50%）	考查学生对主要实验设备的了解情况	10%
	实验步骤是否清楚，数据记录是否准确	10%
	设备操作方法是否正确、规范	10%
	对实验现象观察是否细致	10%
	数据分析、处理是否正确	10%
实验报告（40%）	对实验结果的分析是否完整、正确	20%
	实验结论是否准确	20%
思考题（10%）	对思考题的回答是否正确	10%
总计		100%

表 4-7　实验操作评分细则（系统自动导出）

实验步骤	得分要点	评分细则
规划设计（20 分）	记录是否主动查看【年度负荷】	主动查看，得 4 分； 经提示后查看，得 2 分
	记录查看【能量及功率平衡要点】时间 T	$T \geq 3\min$，得 6 分； $1\min \leq T < 3\min$，得 4 分； $5s \leq T < 1\min$，得 2 分； $T < 5s$，得 0 分
	记录提交微电网设备选型与容量配置情况	一次配置成功，得 10 分； 修改配置方案后成功，得 6 分； 以默认配置提交，得 2 分
能量管理（20 分）	记录查看【控制方法】时间 T	$T \geq 3\min$，得 4 分； $1\min \leq T < 3\min$，得 2 分； $5s \leq T < 1\min$，得 1 分； $T < 5s$，得 0 分
	记录查看【控制原理】时间 T	$T \geq 3\min$，得 4 分； $1\min \leq T < 3\min$，得 2 分； $5s \leq T < 1\min$，得 1 分； $T < 5s$，得 0 分
	记录生成不同能量管理策略次数	次数为 7~8，得 12 分； 次数为 4~6，得 8 分； 次数为 1~3，得 4 分； 次数为 0，得 0 分

续表

实验步骤	得分要点	评分细则
参数设计（20分）	记录查看【光伏控制参数含义】、【风机控制参数含义】、【储能控制参数含义】和【柴发控制参数含义】总时间 T	$T \geq 1\text{min}$，得4分； $20\text{s} \leq T < 1\text{min}$，得2分； $5\text{s} \leq T < 20\text{s}$，得1分； $T < 5\text{s}$，得0分
	记录出现错误方法验证结果情况	未出现错误，得4分； 出现错误，得0分
	记录光伏、风机、储能、柴发参数选择次数（分别为 N_{pv}、N_{wt}、N_{bat}、N_{dg}），记录的次数只有在单击【运行】按钮后得到仿真结果才有效	$N_{pv}=3$，得3分；$N_{pv}=2$，得2分；$N_{pv}=1$，得1分 $N_{wt}=3$，得3分；$N_{wt}=2$，得12分；$N_{wt}=1$，得1分 $N_{bat}=3$，得3分；$N_{bat}=2$，得2分；$N_{bat}=1$，得1分 $N_{dg}=3$，得3分；$N_{dg}=2$，得2分；$N_{dg}=1$，得1分
基础实验（20分）	光伏：记录每组光照强度选择情况	选择3组，得4分；选择2组，得2分；选择1组，得1分
	光伏：记录每组温度选择情况	选择3组，得4分；选择2组，得2分；选择1组，得1分
	风机：记录每组风速选择情况	选择5组，得4分；选择4组，得3分；选择3组，得2分；选择2组，得1分；选择1组，得0分
	储能：记录每组负荷功率选择情况	选择4组，得4分；选择3组，得3分；选择2组，得2分；选择1组，得1分
	储能：记录每组光伏功率选择情况	选择4组，得4分；选择3组，得3分；选择2组，得2分；选择1组，得1分
拓展实验（20分）	记录观看【控制策略原理】时间 T	$T \geq 30\text{s}$，得2分； $T < 30\text{s}$，得0分
	记录出现错误运行模式选择情况	未出现错误，得4分； 出现错误，得0分
	记录运行模式切换操作顺序	正确，得14分； 错误，得0分
总分		100分

注：工业园区微电网评分细则与海岛微电网相同，选一个场景进行实验即可。

表 4-8 实验报告评分标准（指导教师评阅）

教学模块	实验报告内容	评分细则
能量管理	不同场景下，光伏、风机、储能、柴发运行策略分析	20分
参数设计	光伏、风机、储能、柴发控制参数对微电网运行状态影响分析	20分
基础实验	光照强度与温度对光伏输出功率的影响分析	10分
	风速对风机输出功率的影响分析	10分
基础实验	负荷或光伏波动对储能输出功率的影响分析	10分
拓展实验	不同场景下微电网模式切换步骤与方法	30分
总分		100分

表 4-9　实验思考题评分标准（指导教师评阅）

序号	题目	评分细则
1	什么是分布式发电	25 分
2	什么是微电网	25 分
3	什么是最大功率跟踪控制	25 分
4	微电网模式切换原则是什么	25 分
5	微电网规划设计目标有哪些	25 分
6	储能主要分哪几类？每类列举 2 种典型储能	25 分
7	微电网规划设计影响因素有哪些	25 分
8	分布式电源并网逆变器控制方法有哪些	25 分
总分（第 1、2 题必答，第 3~6 题系统随机选取 2 题作答）		100 分

参考文献

[1] CHENGSHAN WANG，JIANZHONG WU，JANAKA EKANAYAKE，etal. Smart Electricity Distribution Networks[M]．Baca Raton:CRC Press，Taylor & Francis Group，2017．

[2] 王成山．微电网分析与仿真理论[M]．北京：科学出版社，2013．

[3] 王守相，王成山，现代电力系统分析 [M]．2版．北京：高等教育出版社，2014．

[4] 王成山，罗凤章．配电系统综合评价理论与方法[M]．北京：科学出版社，2012．

[5] DOMMEL H W．电力系统电磁暂态计算理论[M]．北京：水利电力出版社，1991．

[6] WATSON N，ARRILLAGA J．Power Systems Electromagnetic Transients Simulation [M]．London:The Institution of Electrical Engineers，2003．

[7] 贺家李，李永丽，董新洲，等．电力系统继电保护原理[M]．5版．北京：中国电力出版社，2017．

[8] 辜承林，陈乔夫，能永前．电机学[M]．4版．武汉：华中科技大学出版社，2018．

[9] 房大中，贾宏杰．电力系统分析[M]．北京：科学出版社，2010．

[10] 张凤鸽，杨德先，易长松．电力系统动态模拟技术[M]．5版.北京：机械工业出版社，2014．

反侵权盗版声明

电子工业出版社依法对本作品享有专有出版权。任何未经权利人书面许可，复制、销售或通过信息网络传播本作品的行为；歪曲、篡改、剽窃本作品的行为，均违反《中华人民共和国著作权法》，其行为人应承担相应的民事责任和行政责任，构成犯罪的，将被依法追究刑事责任。

为了维护市场秩序，保护权利人的合法权益，我社将依法查处和打击侵权盗版的单位和个人。欢迎社会各界人士积极举报侵权盗版行为，本社将奖励举报有功人员，并保证举报人的信息不被泄露。

举报电话：（010）88254396；（010）88258888
传　　真：（010）88254397
E-mail：dbqq@phei.com.cn
通信地址：北京市万寿路173信箱
　　　　　电子工业出版社总编办公室
邮　　编：100036